第二辑
（2015年）

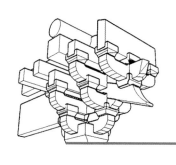

北京古代建筑博物馆 编

北京古代建筑博物馆文丛

学苑出版社

图书在版编目（CIP）数据

北京古代建筑博物馆文丛. 第 2 辑/北京古代建筑博物馆编.
—— 北京：学苑出版社，2015. 12

ISBN 978 – 7 – 5077 – 4940 – 3

Ⅰ．①北… Ⅱ．①北… Ⅲ．①古建筑 – 博物馆 – 北京市 –
文集 Ⅳ．①TU – 092. 2

中国版本图书馆 CIP 数据核字（2015）第 301129 号

责任编辑：周 鼎
出版发行：学苑出版社
社 址：北京市丰台区南方庄 2 号院 1 号楼 100079
网 址：www. book001. com
电子信箱：xueyuanpress@ 163. com；xueyuanyg@ sina. com
销售电话：010 – 67675512、67678944、67601101（邮购）
印 刷 厂：三河市灵山红旗印刷厂
开本尺寸：787 × 1092 1/16
印 张：24. 25
字 数：380 千字
版 次：2015 年 12 月第 1 版
印 次：2015 年 12 月第 1 次印刷
定 价：280. 00 元

《华夏神工》科普展进校园（一）

《华夏神工》科普展进校园（二）

《华夏神工》科普展进校园（三）

育才小学在馆内举行活动

中学生在体验科普项目（《华夏神工》科普展，北大附中）

王翠杰副局长到馆视察

2015 年敬祀先农

徐明馆长在介绍展品（法国展）

与法方人员一起合影（法国展）

5.18 文物鉴定

《中华古建彩画展》在密云县博物馆举办巡回展览

2015 年古建馆学术委员会例会

博物馆讲解接待活动

《中华古塔》展开幕

《中华古塔》展观众参观

工会组织员工参加市文物局纪念抗战 70 周年主题合唱

庆成宫區复原

拜殿匾复原

神仓匾复原

太岁殿匾揭幕

太岁殿匾复原

匾额复原揭幕式吴梦麟致辞   李永泉书记向满文专家安双成颁发证书

《中华民居——北京四合院》展

窗格尺子

门环冰箱贴

门礅儿转笔刀

彩画丝巾

2015 年文化创意产品

磁性书签

荷叶墩 U 盘

流苏书签

文具礼盒

2015 年文化创意产品

工会组织的集体活动

参加 2015 年上海展会

参加 2015 年北京文博会

观众选购古建馆文创产品

古建馆参加 2015 年广州文物博物馆版权交易会

古建馆参加第 19 届北京香港经济合作研讨洽谈会

原全国人大副委员长路甬祥同志参观北京古代建筑博物馆

原全国人大副委员长路甬祥同志参观北京古代建筑博物馆

原全国人大副委员长路甬祥同志参观北京古代建筑博物馆

北京古代建筑博物馆文丛
第二辑（2015 年）

编委会

目录

博物馆学研究

坛庙文化研究

北京古代建筑博物馆文丛 第二辑 2015年

举办"敬农文化展演活动"有感

◎ 吴梦麟

在这春光明媚、万物复苏、谷雨节气即将来临之际，北京古代建筑博物馆举办第二届敬农文化展演既应时又专业，为文化古都弘扬传统文化增添光彩。

我国先民们早在200万年前就已在神州大地上生息繁衍，长江三峡巫山龙骨坡发现的"巫山人"化石和石制工具解开了我国人类发展的历史。先民们在与自然搏斗中增强了体质，逐步适应了我国地理环境、气候等因素的制约，利用黄河、长江两条母亲河的自然条件，选择了主要从事农耕劳作并持续发展的道路。今日已在浙江萧山跨湖桥、浦江上山和湖南玉蟾洞等遗址中发现了距今8000年左右的稻壳遗骸，展示了江南地区农耕发展的程度，提早了我国种植稻谷的历史。北方发现较少，但在甲骨文中已有"五谷"的概念，即有黍、稷、麦、秜（野生稻）、䅈（大豆），而提到最多的是黍和稷。秦汉时北方普遍种植小麦，这些发现和文献记载有力地证明我国是农业发展的国家。稳定的农耕生产和独特的文字，使我国成为历经千年不衰的世界上唯一的国家。古代甚至今日我们都无法完全战胜自然灾异的肆虐，何况先民们，可以将幻想和寄托崇拜保佑家园和自身的某种神灵，可以教民耕种、寻药治病的先农神就自然地成为我们古代传说中最早被祭祀的神灵。作为农业国家，风调雨顺，保障丰收是第一要素，逐渐形成的理念促使统治者和先民都有这种愿望。所以早在周代起就开启了对农神的祭祀，而且历朝不衰，直至明清时臻于完备。今日还在首善之地幸存下对天地日月先农等祭祀的场所实属不易，先农坛则成为祭祀先农的位唯一场所。这里不但有皇帝亲耕的"一亩三分地"，殿内还陈设这经过科学研究后复制的祭器，再现了隆重而肃穆的仪式场景，多座殿宇规模宏大、等级高，营建技术精湛，为我国古建中的精华。观众身临其境，好似穿行在历史的长河之中，领略明清两朝皇室祭农的理念和具化仪式，具有真实感、震撼感，是北京传统文化遗产保护和合理利用的典范，其良苦用心值得称道。

　　古建馆业务人员不多，但领导能知人善任，发挥个人的专长，积极开展学术研究和交流，近年推出多项极具特色的展览，一方面丰富了首都人民的文化生活，同时还利用古建馆的优势将丰富多彩的展览推出国门，走向世界，让碧眼黄发的观众享受我们东方文化的魅力精髓，目前已经收到良好的效果。我作为一名"老文物人"目睹了这座从荒芜到繁盛的博物馆的重大变化，感慨万千，祝愿这支向上的团队在好的引路人的带动下继续努力、攀登座座高峰。老树发新芽，为这座博物馆我也想出把力！

　　在此向热情的观众和古建馆的全体同仁表示祝贺与敬意。

吴梦麟（北京石刻艺术博物馆，研究员）

赞先农坛古建博物馆悬匾盛举

◎ 吴梦麟

我国传统文化博大精深，价值是多方面的，表现形式更是丰富多彩，既有文学作品的传说，也有口头讲述的传承，甚至有些还以载体的形式寓目。这里讲述的就是匾联类。东汉许慎在《说文解字》中称："扁，署也，署门户之文也。"段玉裁在《说文解字注》中解释为"扁，署也，署者，部署有网属也。从户册，户册者，署门户之文也。署门户者，秦书八体。六曰署书。"萧子良云："署书，汉高祖六年萧何所定。以题苍龙、白虎二阙。"从二书解释，"扁"字应理解为会意字，从户、从册，本意是在门户上题写字。秦始皇统一文字时，规定秦书有八种，第六种为署书，也称榜书，是专门用于题写官署门首的文字。可见，早在秦汉时，官署、宫殿的门上就已悬匾。在出土的汉画像石中也有竖匾的出现。唐代时，匾只是作为建筑的标记。宋代文人墨客所提匾额已非只作为标注、装饰作用，而是要创造出一种清新高雅的境界。宋代李诫《营造法式》中已在专项中制定了制匾的法式。之后更加发展。无论礼制建筑的宫殿、太庙、孔庙、国子监中均有设置，其后在寺观、民宅、桥梁、商铺等处也题匾悬挂。一方面表述建筑物的名称，同时，也表述主人的寄寓志向和抒发情怀。有时与匾相匹配的还有一种联，又称楹联，是指题写、张贴或镌刻在楹柱或门扉上的联语，是对联的雅称，也是中华民族独创而历史悠久的一种文学形式，多书写或勒刻在门壁、楹柱甚至其他器物上。采用上下两联相对、内容又相关的语句连缀而成。通常，一方匾与一副联构成一组，简称匾联。它对建筑是一种点缀，其文字简练、措辞文雅、书法精湛、纹饰美观。匾联是中国独有的多种艺术形式融合的产物，将中国传统的辞赋诗文、书法篆刻、建筑艺术融为一体。匾联在不同地点的安置，是依主体文物为主的，所以文字内容和形式差别很大。当观众徜徉在不同建筑群中时，可领略到不同的匾联文化，其感染力是不能低估的，是我国传统文化中的一种重要载体。我国的造园术在世界上独树一帜，尤其在园林中匾联更是随处可见。比如有"万园之园"美誉的圆明园和长春园中被命名的景群、景点就近420余处，悬挂的匾联多出自帝王的御书。虽许多实物已不存，但从文献和今日遗存的石匾联等都可见一斑。大文学家曹雪芹在《红楼梦》中就说："偌大景致，若是无文字标题，任是花柳山水，也断不能生色"，生动地点明了匾联在私家园林中的主要作用，也是曹雪芹亲身目睹的真实写照。现归纳为如下几点供参考。

一、匾联的分类

因为有些匾是嵌在建筑物上的，如各种材质的牌坊上。所以有人就将悬挂的和镶嵌的额一并称为匾额。我们认为这和一般的匾额还是有区别的。

匾从外形上可以分为竖匾和横匾两大类。又可分为有边框和无边框的两种，其中华带竖匾形如量谷物的斗，就有斗匾的特征。宋《营造法式》卷三十二中的小木作法式中称为"牌"、"华带牌"，可见其历史之久远。华带匾由牌面和华带组成，牌面上方称牌首，牌面两侧称之为牌带，牌面下方称之为牌舌，因华带与牌面不在一个平面上，有一个倾斜的角度，呈斗形，故又称"斗匾"、"陡匾"。华带匾多是悬挂在气势恢宏、庄严肃穆的礼制建筑的明间醒目位置上，如故宫太和殿、天安门、神武门、长寿宫、太庙拜殿、明十三陵、清东西陵祾恩殿、圆明园、颐和园仁寿殿等也多悬挂此类匾。今天宋代的华带匾早已不见踪迹，但北京却保留下众多清代华带匾。古建馆为先农坛诸多建筑上重新挂匾，可丰富京师匾文化重要内容。

横匾：呈长方形，又可分为有边框和无边框横匾。后者大多数为文人题匾。北京孔庙中这种匾居多，一般称为"黑漆金字一块玉"，简称"一块玉"，即黑底金字，十分素雅。有边框横匾又分为素匾框横匾和边饰横匾。其匾芯四周为素匾框，无纹饰。从孔庙神库、致斋所、省牲亭为素匾框匾的形制分析，先农坛内的神库、具服殿等也可能会采用了此形制，孔庙遗物也可作为参考。

边饰横匾，就是在边框上进行雕刻、绘画创作，融入传统绘画纹样和木雕工艺。在孔庙中则有雕龙华带横匾、雕龙边框横匾、描龙边框横匾和简单纹饰边框匾。这些留存的实物均为我们复制起到参考和借鉴作用。当然，雕龙华带横匾是在华带竖匾的基础上发展

北京古代建筑博物馆文丛

第二辑

2015年

而来，其重要性仅次于华带竖匾。雕龙边框横匾，是在匾的四周边框雕刻群龙、髹饰金漆，精美华丽。孔庙国子监皇帝御书匾为此类，且均为清帝御书。

描龙边框横匾，是在匾的四周边框描绘金龙。国子监彝伦堂内从清顺治帝到光绪帝御书匾至今仍留存，弥足珍贵，也是重要的附属文物。

总之，我国的匾种类繁多，与古建筑融合在一起，相得益彰。

二、匾与联的制作

因为匾联悬挂或镶嵌在建筑的醒目地方，尤其礼制建筑上要体现庄严性，还要体现等级效果，其它建筑则可能随意一些，这样在制作上就是十分严肃的事。因此我国为此有严格的要求，要按法式办。在用料上讲究，要作木料的精选，做工要严谨，一丝不苟。如清代时，先清皇帝御书匾、联文辞，宫内造办处木作、裱作、雕銮作或苏州织作承担制作。当年圆明园中匾联质地多样，就有木、漆、石、铜、铜镀金，甚至玻璃芯的。著名的海晏堂匾就是乾隆四十六年御笔玻璃芯楠木边西洋式花纹彩漆金花横匾。今大觉寺西路的憩云轩明间悬挂着一件树叶形的"憩云轩"匾，当我到大觉寺时在匾下驻足凝视时，都思绪万千。这些别具匠心的匾联是我们祖先独到的一种文化载体，但至今还研究不够，有待关注者整理与研究。

三、匾联文化内涵的丰富韵味

匾联，是一种独特的文学形式。不同地点悬挂的匾联文字内容差别很大，其内容多引自经典，尤其是体现儒家思想。在搜集整理基础上应诠释后向观众做普及，在搜集大量资料的前提下在匾联内容上的诠释，成为青少年喜闻乐见的课外阅读内容。

四、先农坛的匾联复原的可能性和必要性

自从先农坛部分建筑划归古建馆后，他们做了大量调查保护与研究工作，正向科学保护迈进，已具备了复原匾联的客观条件。另外，先农坛这组坛庙建筑是北京五坛八庙的重要组成部分，是中轴

线上的重要内容。复原其原貌，让观众能完美地了解其内涵，还原历史是必要的。该馆已经专家论证，提出慎密的计划和原则，考虑是周密的，作法是审慎的，启动制作匾联工作已经是水到渠成，待将来在大型古建上悬挂匾联时，古建必将是熠熠生辉。我称赞此良苦用心和高瞻远瞩之见，当在不久后再来时再一睹其风采。

吴梦麟（北京石刻艺术博物馆，研究员）

浅谈坛、庙

◎ 齐 心

坛庙文化是中国传统文化的重要组成部分，它的起源很早，确切时间较难追究，只能根据考古发现和文献记载追求大概。

辽宁省，是中华古文化发祥地之一，这里的坛庙文化内容丰富，并且起源较早。

辽宁的坛庙文化以城市标之，朝阳、辽阳、沈阳等为中心，河流则以辽河上游、凌河，辽河中游、浑河、太子河最具代表性，其他各地都有不同档次、官民各建的坛庙为数众多。

一、坛

在喀左东山嘴子和建平与凌源交界处的牛河梁的坛、庙、冢，就是这个时期的重要遗存，这些发现对中华民族文明起源提前了一千年。①

东山嘴遗址是一处以石器建筑群为主体的红山文化遗址，位于喀左县兴隆庄乡东山嘴村北约两里的山梁正中一块长方形台地上，南邻大凌河谷，东、西、北为黄土山丘环抱。遗址长约180m，宽约60m，海拔高度为353m，高出大凌河床55m。整个遗址占据了台地向南伸展的前端，整体布局井而有序，可分为三个部分：首先是中心建筑物，二是东西两侧建筑物，三是南北两端建筑物。明显这是一处先民聚落。此聚落与更古的聚落不同，已经有了中心，即社会组织的权威。并且其权威有了让全体先民心悦诚服的理念支撑。②

在中心建筑物南端约15m处，有一完整的圆形台址，直径约2.5m，四周用薄石板砌出整齐的边缘，圈内铺一层小河卵石。在这块小天地的边缘发现了陶塑人像残块，属不同个体，大约为正常人

① 郭大顺《喀左东山咀红山建没遗址发堀报告》，1986年11期。
② 辽宁省考古所《红山文化女神庙，积石冢群发掘简披》，《文物》1986年8期。

体的一半高度，姿态多两手交叉于胸前，盘坐式，有的腰系绳带。还有两件小型裸体孕妇塑像，其高度分别为7.9厘米和5.8厘米，皆站立式，双手抚于腹部，腹部前隆起，臀部肥硕。在圆台基南侧不远有几个紧相连接的近圆形建筑基址，为大河卵石铺砌。

由此可见整个建筑群体绝不是简单的一般建筑，体现着极为密切联系的先民社会组织状态。这里出土了大量陶器，多为彩陶，还有黑陶。出土的大量石器多为打制和磨制，还有精美玉石制品。

经过专家们讨论研究认定，圆形台址是我国发现最早的原始宗教遗存，是先民们进行祭祀活动的重要场所，这个圆形台地就应该是所称的坛。此坛及此建筑群的发现具有重要的学术价值，对于中华民族的形成、国家的形成，及对燕山南北、长城地带的北方地区从远古到秦统一以前社会文化发展具有里程碑的意义。①

红山文化中的先民们庄严的祭祀活动，肯定要表达他们对关系生存的天地山河及万物的崇拜敬畏，表达他们祈求收获和繁衍子孙，表达他们思想意识的统一与对权威的服从，等等。尽管他们的表达方式肯定与后来帝王们的祭祀不同，但这是最原始的祭祀活动。

大清帝国建立时的祭坛。

大清帝国的建立是于1616年在沈阳由皇太极完成的。明崇祯八年即后金天聪九年，皇太极做好了登基的准备，但就是不举行大典，理由是"未知天意，不允众请，必待上天眷佑，式廓疆蝼圉，大业克成之时，然后郊禋践祚躬受鸿名"（《清太宗实录》卷26）。其实是托词，谁都明白。管礼部事贝勒萨哈连再派文臣探问原因："伏思皇上不受尊号，其咎实在诸贝勒，诸贝勒不能自修其身殚忠信以事上……如诸贝勒皆克殚……今诸贝勒宜誓图改行，竭忠辅国，以开太平之基，皇上始受尊号可也？上称善。"于是第二天，萨哈连召集诸贝勒，令他们各写誓词，要忠于皇太极。这些事情都做完了，皇太极才说："内外诸贝勒大臣合词劝进，似难固让……"（《清太宗实录》卷26）。

皇太极于崇祯九年四月十一日祭告天地，之前斋戒三天，以示对天的敬畏和虔诚，并且早已修好了"坛"，在沈阳城的南郊。这一天黎明，"上率诸贝勒、满洲、蒙古、汉官出德盛门，至坛上，上下

① 《文明曙光期祭祀遗珍》，《中国考古文化文集1》，（北京）文物出版社、（台湾）光复书局1984年版。

马立。陈设祭物毕，引导官满洲一员，汉人一员，引至坛前。上东向立，导引官复从西侧至坛西南。上至西南升阶，在东侧西向立。赞礼官赞就位，上至正中，向上帝神位立。赞礼官上香，上从东阶升至香案前，跪。导引官奉香，上亲三上香，毕，从西阶下复位，北向正立。赞礼官赞跪，上率诸大臣行三跪九叩头礼。赞礼官复赞跪，上率诸大臣皆跪，东侧奉帛官跪奉上帛，上献毕，受西侧奉爵官，皆跪受，亦从中阶升置神位前祭品案上。执事官俱于坛内西侧东向立，赞礼官赞跪、赞叩，俱行三跪九叩头礼。赞礼官赞跪，上率诸贝勒、大臣皆跪，读祝官奉祝文至坛上，北向跪读祝文。其文曰：维丙子年四月十一日，满洲国皇帝臣皇太极敢昭告皇天后土之神位前：臣以眇躬嗣位以来，常思量置器之重，时深履薄冰之虞，夜寐夙兴，兢兢业业，十年于此，幸赖皇穹降佑，克兴祖父基业，征服朝鲜、混一蒙古，更获玉玺，远拓边疆，今内外臣民，谬推臣功，合称尊号，以副天心……"这是一个拜天礼，隐含的意义是君权神授的理念。

至此拜坛的礼仪并没有完事，在上述天坛之东还筑有社稷坛。于是大清国的皇帝大驾卤簿，"升坛御金椅"（《清太宗实录》卷28），接受群臣朝拜。

皇太极称帝的大礼是在"坛"前举行的，虽然与前文中所述东山嘴祭坛规模不同、形式不同、祈求的内容不同，但其庄严与神圣是相同的，权威的至高无上是相同的，解决全社会大问题的目的是相同的。这就是从古流传下来的坛文化。

二、庙

庙的起源仍能从红纱文化遗迹中找到代表性的例证。在距离东山嘴西北35千米处，此处位在凌源与建平两县交界处的山梁上，因有牤牛河在此中流过，所以称牛河梁。此梁有一"平台"，南北宽75m，东西长159m。在此平台南端有一遗址称为"女神庙"，它由一个多室和一个单室的半地穴式建筑组成，多室建筑在北，为庙的主体，单室建筑在南，与多室建筑相隔2.05m，同在一个中轴线上。多室建筑南北长18.4m，东西最宽处6.9m，结构较为复杂，包含有一个主室和几个相连的侧室及前后室。单室长6m，最宽处2.65m。在生土壁内竖立5～10厘米粗的园木作为墙体骨架，结扎秸秆，再敷着3~4厘米的草拌泥，最后抹上2~3厘米厚的细泥加固墙体。在加固的墙体上加赭红间黄白的三角形或勾连形和条带形几何图案进行装饰，在庙内供奉数尊大型泥偶像。从出土的头、肩膀、臀、乳房、手足等部位的残块看，她们的形体是现代人的1~3倍，其姿态各不相同，有坐有立。特别是一尊保存相对完好的女神头像，整个表情庄重，塑造手法十分精湛。庙内还供奉了一些神话了动物泥塑像，庙外周围有十余处大型集石冢群，凸显出了女山庙的崇高地位。由此可见，"女神庙"是当时极为重要的场所，即红山先民们共有的祭祀活动中心。①

从东山嘴的祭坛到牛河梁上的女神庙，看到红山先民的社会意识形态，及对女性的崇拜与女性的地位。

庙的文化在后来历朝历代得到发扬光大。仍以清朝在沈阳建立时为例，皇太极首先建立的是孔庙，在他筑"天坛"之同时建筑了孔庙，在他议定典制同时祭拜孔庙，标志着儒家理论在这个新建立的国家中的统治地位。同时建立太庙，之后又建立了用以接纳西藏高僧的"黄寺"等。沈阳城在明朝时庙宇繁多，皇太极时期促进了繁盛。

在辽宁地区除孔庙之外，为数众多的是佛教寺庙和道教宫观，还有伊斯兰教的清真寺和近代以来基督教的教堂，在此捡几处要者略述一二。

在朝阳，这里是东北地区最早接受佛教文化的地方，在4世纪的前燕时期，已有僧侣和寺庙建筑了。到后燕和北燕时期佛教已经相当兴盛。北燕和尚燕无竭（又名发勇）曾于420年率僧徒25人赴印度取经，成为我国最早西行求法僧人之一。此后，佛教文化绵延不绝，佛寺建筑不可胜数。可惜的是金元以前的木结构宗教建筑"寺庙灰烬，宫观丘墟"。现在所能见到的都是清代以后的宗教建筑，如，佑顺寺：俗称喇嘛寺，位在朝阳市新华路东段北侧，现存寺院南北长233m，东西长64m，总面积14912平米，院外东西两侧还有粮仓、僧房等附属建筑。惠宁寺也是喇嘛庙，位于北票市下府蒙古族乡下府村，其前有凌河，背依官山，西北有凉水河，东北有牤牛河。其南北长192m、宽63m，占地面积12000多平米。万祥寺坐落

① 辽宁省考古所《红山文化女神庙，积石冢群发掘简披》，《文物》1986年8期。

于凌河市宋杖子乡康官营子村北山南坡上，当年乾隆皇帝东巡时曾驻跸于此。天成观位于喀喇沁左翼蒙古族自治县城内，原来占地一万多平米，现存主体建筑以四合院方式族群布局，还有石碑、楹联等文字遗存。在朝阳地区还有关帝庙、玉清宫、灵佑宫等。

蒙古族是最信喇嘛教的，在阜新蒙古族自治县有一处喇嘛教建筑，名为瑞应寺，笔者曾于 20 世纪 90 年代到访此处，其建筑遗存已经很小，但在辽宁省博物馆看到了该寺的彩色平面图，堪称规模宏大。当地流传该庙的僧众数量"喇嘛三千，小僧无数"。笔者在僧房里看到了约 10 来个 10 岁以下小男生，他们剃着光头，很欣然地坐在炕上学习经书上的梵文。据介绍，孩子们是主动要求到这里出家的，这样的事情在其他地方是少见的。据介绍，"文化大革命"时期，当地百姓主动认领了众多的僧人，供养他们到终了，原来这里有佛教传播的深厚土壤。

在辽宁中部地区有一处旅游景区叫千山，其距曾经的钢都鞍山40 华里，是长白山向南延伸的余脉。这里素有"无峰不奇，无石不俏，无庙不古"的赞誉，其总面积 44 平方千米。千山庙宇众多建筑宏伟，至今保存完好的当属闻名遐迩的五大禅林：祖越寺、龙泉寺、中会寺、大安寺、香岩寺，和位居道观之首的无量观。这里庙宇壮观山色秀丽，除僧人之外历代名人多会于此，酬唱诗文甚多，这里都是辽宁省文物重点保护单位，位于南坡的香岩寺于"文化大革命"期间是辽宁省图书馆善本书的库房，这里的宁静与险峻使众多善本书得以完整保存。千山历史悠久，远在 1300 多年前的隋唐时期，这里就有了寺庙，以后历代在这里继续扩建，又由于离中心城市较远被破坏较少，历史遗存较完整，所以这里成为佛教、道教的胜地，吸引了无数中外游客观赏山景、宫观建筑，徜徉在古文化的长廊中。

总之，辽宁地区的众多早期坛庙文化遗址及后期宗教古建遗迹，成为中国宗教祭祀文化文明的曙光之地，对中华民族的精神世界演化发展有着非比寻常的重要意义。

齐心（北京市文物研究所，研究员）

世界上最大的祭祖建筑群
明清太庙的保护和修缮

◎ 贾福林

一、明清太庙简述

太庙是明清两代皇帝祭祖的地方，始建1420年，即明永乐十八年。是紫禁城的重要组成部分，占地面积19.7万平方米，是我国现存最完整的、规模最宏大的皇家祭祖建筑群，1988年被国务院列为全国重点文物保护单位，是位于已划定的世界文化遗产北京故宫保护缓冲区内最重要的皇城建筑。

太庙的建筑是三重红墙，布局和紫禁城一样，中轴对称从南向北是四座殿式建筑。首先是礼仪之门——戟门；然后是太庙正殿即享殿，是太庙举行祭祖大典的地方；其后是寝殿是供奉皇帝祖先牌位的地方，最后祧庙是供奉皇帝远祖的地方，附属建筑主要有东、西配殿、牺牲所、神厨、神库、井亭、太庙街门等。

1911年辛亥革命推翻了腐败的清王朝，建立中华民国。已经下台的皇帝溥仪住在紫禁城的乾清宫，仍继续祭祖并占有太庙。1924年冯玉祥发动北京政变，从乾清宫内赶走了溥仪，太庙归由民国政府管理，1926年曾一度辟为和平公园，1930年改为故宫博物院分院。

二、古老太庙成为人民群众的文化场所和公园

1949年中华人民共和国成立以后，劳动人民当家做主。1950年4月由周恩来总理提议，第一次政务院会议通过，太庙被辟为"北京市劳动人民文化宫"，请毛泽东主席亲笔题写了宫名匾额。文化宫在行政上隶属北京市总工会管理。

在北京解放前夕，由于日本帝国主义侵占北京，使太庙十分荒

凉。到解放战争期间，长时间的荒于管理，加上解放军围城，国民党军队把这里当成了垃圾场，使太庙院内有四大"景色"：一是垃圾成山，二是野草弥漫，三出鸟兽麇集，四是特务出没。当时的垃圾已经和红墙一般高，蒿草有一人多高。所以，新中国建国后，第一批文化宫的领导和职工，对太庙的首次清理就是清除垃圾，砍掉杂草。当杂草除尽，垃圾运走，太庙才显露了真容。可喜的是太庙建筑保存尚好，进行了简单的维修，太庙从此成为首都劳动群众文化活动的重要场所。同年5月1日，北京市劳动人民文化宫正式对外开放，此事并写进了《中华人民共和国大事记》。同一天，著名作家赵树理赋诗一首："古来数谁大？皇帝老祖宗。如今数谁大？工农众弟兄。世道一变化，根本不相同，还是这所庙，换了主人翁！"艺术地记载了这一中国现代中国重大的历史演变，同时也使太庙进入了一个新的时代，不仅成为劳动人民学习和休憩的良好场所，而且成为首都重要的历史文化名园和旅游景观

三、太庙建筑文物和古树的保护

劳动人民文化宫建立以后，作为太庙的使用单位，举办了无数大、中、小型各种群众文化活动，如书市、灯会、市民学外语、六一国际儿童节游园会等。同时，这里还是党和国家、北京市重大政治、文化活动重要的中心场所，是五一劳动节、十一国庆节庆祝游园的主场地之一，曾经留下了几乎所有党和国家三代领导人的足迹，接待了包括荷兰女王、日本首相海部俊树等许多外国首脑和贵宾。与此同时，由于地处首都核心区域，党的代表大会和全国人大会议等重要的中央级会议，以及天安门地区举办的重大国事活动，文化宫都承担着保障安全、疏散观众、停车备勤等繁重细致的具体任务。近60年来，特别是在1989年的政治风波、2003年非典和2008年北京奥运会期间，劳动人民文化宫的领导和职工都把文物保护当作头等大事，制定了严格的规章制度，建立了40多人的安全保卫队伍，夜以继日地巡逻守护，和举办活动的单位和驻园单位签订安全消防和文物保护责任书是合作协议的重要组成部分。文化宫还及时跟进科技发展步伐，逐步建成了全园的监控设施，人防和机放相结合，使太庙的文物保护水平不断提升。2002年和2004年两期安全技防工程，总投资195.9万元，其中市总工会130万元，文化宫65.9万元。

2008年市总工会和文化宫各投入35万元，共70万元增设安全机房设施，使文化宫全园监控探头增至53个，全园实现电子安全监控，形成了太庙古建以及所有安全的强有力保障。

60多年来，太庙的建筑文物和至今保持得相当完好，这主要是归功历年政府的投资修缮和北京市劳动人民文化宫的管理和保护。

同样，园内明清两代种的700多棵古树，是无法复制的有生命的文物，是极为重要和独特的人文景观。文化宫成立以来，不论经济上多么困难，都担负起了古建的日常维护和古树的养护工作，早在1951年，文化宫就请来农业大学的专家指导对古树的养护。近60年来，一直遵循北京市古树名木的保护法规，对古树进行全面的养护，从未松懈。浇水、施肥，复壮、生物防治病虫害等，浸透着艰辛和汗水。现在这些古树郁郁葱葱，和古建的红墙黄瓦相互映衬，形成了首都中心独具特色的皇家园林环境。

四、太庙牺牲所的首次修缮

1952年，劳动人民文化宫的各项功能逐步健全，开始筹建图书馆。图书馆的地点选在了位于太庙东南的牺牲所，这里是明清时期皇帝祭祀祖先制作牺牲贡品的地方，独立地形成一个院落。始建于明代，是太庙的主要建筑之一，主要建筑北殿和治牲房，在当时是较大的室内空间，做图书馆十分适宜。但由于年久失修，必须加以修缮才能使用。在新中国建国之初，百废待兴，同时正在抗美援朝的关键时期，由市政府拨出专门资金，对牺牲所进行维修，同时对室内彩画重新绘制。当时施工人员是彩绘世家王金山（故宫古建部专家王仲杰的父亲）为首，汇集当时京城的古建彩画高手。其中，花鸟由王金山绘制，画桃柳叶、喜鹊、绶带鸟等图案。山水由何文东绘制，鱼由王宝林（王仲杰的叔叔）绘制，当年18岁的王仲杰老师参与了绘制。从此太庙牺牲所焕然一新，成为首都中心地带的一个古香古色的工人图书馆。

1956年文化宫对古建殿堂进行了一次维修，主要维修项目是油漆殿廊、安装避雷网等，并建设东假山景区。这里1932年建有一座小亭子，新中国成立前已经成为垃圾山，文化宫开幕时临时进行了简单的覆盖。1956年堆石筑景，掘土成池，种草植树，重建凉亭。假山的砌制由著名的山石张设计完成，具有很高的艺术性，成为首

都中心区人民群众和外国游客游览休憩的一个良好场所。

五、20世纪60年代太庙修缮和彩画

1964年下半年开始对文化宫古建进行全面修缮油饰，并接通热力，铺设电缆，修铺道路、更换地砖等，是新中国建国以来文化宫最大规模的一次维修。次年"五一"前全部完工。历时半年的维修使沧桑陈旧的太庙主体建筑油饰一新，使之和日益增多的国家级的政治文化活动相得益彰。太庙在首都的地位也更加重要。

六、改革开放后太庙的保护和修缮

改革开放以后明清太庙地理位置的特殊更加重要和明显，既是劳动人民文化活动的中心场所又是政治敏感的中心地带；既是劳动人民当家做主的象征，又是历史文物、旧城保护中轴线的中心地带；既是党和国家重大政治活动的重要场所，又是人民群众参观游览的首都的主要公园之一。太庙是国家重点文物保护单位，自然损坏已十分严重，急需修缮。太庙的修缮和整治由于国家和政府对文物的前所未有的高度重视，

1990年由文化宫承办的北京市文物古迹保护委员会第十五次工作会在长岛疗养院召开，专题研讨文化宫太庙文物的保护利用规划，白介夫、单士元、张博、罗哲文、李准等领导和专家共30多人出席并发表了意见。

在大规模的修缮之前，文化宫陆续对一些古建和基础设施进行了小规模的修缮和改造。

1997年7月1日，文化宫南大门门厅翻修工程竣工验收并投入使用。

1999年7月14日，紫禁城护城河文化宫水面段清淤整治工程完工，共整治面积2372平方米。7月26日，文化宫新建污水系统工程完工，总长度227.5m。7月28日，文化宫园内环宫道路维修工程竣工，总面积11623.7平方米。

2000年8月30日，文化宫拆除科技馆，此建筑原为五色门内临时建筑，拆除后对周边红墙地面进行了维修。

2001年8月21日，北京旅游区厕所首次评级活动在文化宫举

行。文化宫大殿院内厕所被评为四星级，其他经陆续改造后建成四星级一个、三星级一个、二星级七个，文化宫成为北京市公共厕所改造的样板。全部改造费用350万元，其中市总80万元，区政府旅游局13万元，引资200万元，文化宫57万元。

2003年"太庙牺牲所修缮和金水桥防风化保护工程"被列入北京市市级以上文物建筑抢险修缮计划的工程，11月太庙牺牲所修缮工程开工。太庙牺牲所是位于太庙东南角的一组明代建筑，建于明永乐十八年（1420年），由井亭、治牲房、宰牲亭和值房组成，建筑面积430平方米。为实施此次保护工程，在修缮过程中，牺牲所各建筑屋面全部补配了残缺的吻兽、小跑及瓦件，为部分漏雨糟朽严重的檐口更换了瓦件；对脱落残毁的彩画进行了修补，门窗补配了斜方格棂芯，并按传统工艺重新进行了油饰；墙体铲除现存的抹灰，恢复了历史原貌。

2004年6月，金水桥防风化保护工程启动。太庙戟门前的金水桥，亦称玉带桥，经过几百年的风吹日晒和酸雨的侵蚀，部分栏板、望柱已经出现了深浅不一的裂纹，风化严重的地方甚至出现了孔洞和整体疏松现象。为此，文物部门启动了金水桥防风化保护工程，通过小面积试验，选出了防风化、耐老化等性能最好的化学材料，对金水桥这一珍贵的石质文物进行了化学保护。

2004年12月，太庙牺牲所修缮及金水桥防风化保护工程竣工。12月29日，太庙牺牲所修缮工程竣工发布会举行。两处工程已全部完工并通过验收，全部投资牺牲所修缮100万元，金水桥防风化处理163万元，总计工程造价263万元。

2005年经过市文物局监察处勘查，发现太庙存在安全隐患，分别为消防栓数量少、消防水压力不足，防火报警装置不完善，避雷系统老化三项安全隐患。市文物局筛选出太庙等10个存在安全隐患的文物保护单位，总投入1750万元，涉及防火报警、消防水、避雷设施、电路改造四个方面，其中太庙消防水、避雷、报警工程被列入市政府2005年的实事项目。2005年8月11日，太庙等文物保护单位消防安全改造工程开工仪式在太庙广场举行，太庙大殿周围搭建起脚手架，开始重新安装避雷、报警和消防用水系统。2005年11月底前，不仅避雷、报警设施进行了更新，而且建成了可喷射30m高的水泵、避雷带等现代化设施，将成为太庙的"保护神"。

七、奥运期间最大规模的古建修缮

早在 2002 年 11 月北京市文物局《关于市政府与市总工会联席会议所提问题柳纪纲同志批示件的办理报告》（京文物［2002］852号）中，已把太庙古建的修缮列入人文奥运保护计划专项经费中。2003 年开始由北京市文物古建设计保护研究所负责对古建进行彻底的、全面的、细致的勘察和测量，2004 年制定修缮的设计方案的编制，这都显示出从政府主管部门到文化宫的主管部门对太庙修缮的高度的重视，太庙的大规模修缮拉开了序幕并逐步落实。

随着北京申办 2008 年奥运会的成功，太庙作为首都极为重要的人文景观，在修缮和整治上表现为两个特征：一出频度增加，二是力度增加。修缮和整治的范围和费用都是空前的，太庙文物的保护和园林景观的美化也是空前的。

2006 年 8 月 4 日，太庙大殿区古建修缮工程开工仪式在劳动人民文化宫举行。上午 9 时，新中国建国后对太庙大殿区进行的最大一次修缮工程正式启动，整个大修持续了将近一年时间。由于年久失修、雨水侵蚀、虫蛀霉变等因素，太庙现存文物建筑均出现不同程度损害和病害。此次太庙修缮彻底排除已存在的病情、隐患，使建筑合乎古代规制的前提下，外观达到整洁和统一的效果。

通过这次修缮所进行的勘察，摸清了太庙保护的现状。总的看来，太庙大殿区的古建筑群状况很好，主体结构不存在问题。因此，本次修缮本着"修旧如现"的原则，并未对建筑结构做较多保护性处理，不采取落架方式进行大修，而是对太庙外部进行集中修补，对建筑物表面进行保养，仅对屋面进行了除草、去灰等工作，保留太庙的历史沧桑感，对出现斑驳脱落的彩画按照原貌重绘，据统计，重新绘制的部分的面积占总面积的五分之一。据负责施工的彩绘专家介绍，太庙廊柱和门窗的颜色采用土红，而没有采用相对鲜艳的朱红，达到了与太庙古老的整体色彩和谐统一的效果。另外，太庙广场 1 万多平方米的水泥地面被剔除，更换为传统的青砖地面。

2007 年 6 月 9 日，北京中轴线的最后一项文物保护工程、首都市中心古老皇城的重要景观——太庙修缮工程竣工。整个工程投入 1500 万元资金，这是新中国成立以来对太庙大殿区进行的最大规模一次修缮，历时一年。

太庙竣工仪式当天，正值中国第二个文化遗产日，竣工剪彩仪式以后，这里成为首都非物质文化遗产日活动的主会场，安排了丰富多彩的文化、文物的展示、展览活动，如东配殿展出《北京市非物质文化遗产展览》，西配殿展出《北京近年来文物修缮成果展》和《奥运场馆、南水北调等近年来考古成果展》。还有戏剧脸谱、毛笔制作、雕漆、景泰蓝以及消失100多年的皇家兵部杠箱花会等非物质文化遗产项目的展示，为太庙的竣工增加了热烈的喜庆气氛。

八、奥运期间最大规模的环境整治

2007年7月26日，北京市市长王岐山对劳动人民文化宫（明清太庙）的奥运环境整治做出了重要批示："劳动人民文化宫是我市重要皇家园林，亦应拿出迎奥运整治建设、维护清洁的倒排期工作计划。"市总工会和文化宫的领导对这一批示极为重视，以最快的速度，以严谨科学的方法，制订计划，积极落实。在市政府08办、各有关综合部门的大力支持下，闭门谢客，全园进入倒排期的整施工。各项工程按照国家旅游局颁布的旅游景区（A级）质量标准，参照天坛公园和中山公园等景区的经验，结合文化宫的实际情况，达到园容环境优美、服务设施完备、文物保护良好、服务礼仪规范、安全保障有力的景观效果，成为合格的奥运服务窗口。

由政府财政支持的项目有：环境改造项目（包括古树保护及复壮、绿地景观改造、道路及林下铺装改造和绿地灌溉系统建设）、文物外围区修缮项目、玉带桥两侧道路铺装、夜景照明项目、厕所改造项目。

由市总工会支持、文化宫部分投入的项目有：地下管网整治改造项目、安保技防改造项目。以上项目一期工程在2008年7月底完成，8月4日文化宫（明清太庙）重新开放。

经过此次环境整治，与前几年太庙古建的大修形成良好的和谐与统一，太庙的基础设施和园林环境得到了极大的改善。不仅在奥运期间为首都"绿色奥运、科技奥运、人文奥运"发挥着重要的作用，同时为以后太庙的保护和利用起到重要的积极作用。太庙的环境整治二期工程于2009年6月完工，修缮和整治的焕然一新的太庙重新向游客开放。

结　论

明清太庙是古代的建筑瑰宝，是当之无愧的世界遗产。中华人民共和国成立后，太庙辟为劳动人民文化宫。随着古代文物进入新的时代，赋予新的文化功能，为新的时代服务，在不同的时期，在不同的经济条件下，太庙的保护和维修一直没有间断，并且取得了很好的成果。特别是人文奥运文物保行动，是太庙建成和文化宫成立以后的最大规模的古建修缮和环境整治，两项合并总计投资8000万元，创造了太庙历史上修缮和园林环境整治的高峰。对太庙这一无比珍贵的文化瑰宝的保护，使太庙这所历史文化名园环境更加优美宜人，对中华传统文化的传承，对世界物质和非物质文化的传承，都具有极为重要的意义，毫无疑问地载入中国和世界的史册。

贾福林（北京市劳动人民文化宫，副研究员）

坛庙文化研究

北京先农坛历史文化研究中的几个问题深析

◎ 董绍鹏

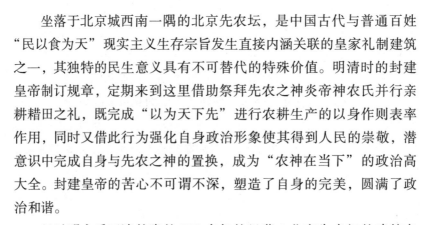

坐落于北京城西南一隅的北京先农坛，是中国古代与普通百姓"民以食为天"现实主义生存宗旨发生直接内涵关联的皇家礼制建筑之一，其独特的民生意义具有不可替代的特殊价值。明清时的封建皇帝制订规章，定期来到这里借助祭拜先农之神炎帝神农氏并行亲耕耤田之礼，既完成"以为天下先"进行农耕生产的以身作则表率作用，同时又借此行为强化自身政治形象使其得到人民的崇敬，潜意识中完成自身与先农之神的置换，成为"农神在当下"的政治高大全。封建皇帝的苦心不可谓不深，塑造了自身的完美，圆满了政治和谐。

经过明永乐至清乾隆的300多年的经营，北京先农坛的建筑布局日趋合理、功能建筑的营建逐步到位，较为清晰明确地体现了开展祭祀活动的实际使用要求。大体上说，全坛分为以先农神坛与具服殿、观耕台、神仓、庆成宫（明代斋宫）为核心的先农耕祭建筑，以太岁殿为核心的太岁月祭祀建筑，以神祇坛为核心的风云雷雨天神与岳镇海渎地祇祭祀建筑，以宰牲亭、神厨组成的祭祀服务建筑几部分，这些建筑营建的时间有别，形态各异，体现了不同时期统治者对先农坛使用功能逐渐深入的认知。虽历经500多年的春秋与磨难，至今多数建筑得以较为完好地保存，因此成为名副其实的古代建筑标本、展品。也正因为如此，在我国老一辈文物专家提议下，国家把北京先农坛辟为北京古代建筑博物馆，实现了古坛新生。

经过20多年的基础工作，目前北京先农坛的方方面面，诸如古建保护、坛区建设、普遍性历史研究等都取得丰硕成果，博物馆所辖坛区实现了公园式休闲环境，古建得到合理利用。随着近年博物馆每年春季推出的"敬农文化展演"的开展，社会知名度得以进一步提高。

作为遗址型博物馆，开展博物馆所在遗址的历史文化研究是日常业务工作重要内容之一。北京古代建筑博物馆自 20 世纪 90 年代初开始北京先农坛历史文化研究以来，陆续开展并完成古建测绘、古建维修、申报课题、史料编纂、先农文化普遍性研究、世界农神专题研究等工作，以研究专著和古建修缮报告作为成果面世（近 6 年研究专著已面世 4 种），同时伴以专题展"北京先农坛历史沿革展"（1994 年）、"北京先农坛历史文化展"（2002 年）、"先农坛历史文化展"（2013 年），向社会、向公众逐步揭开蒙在北京先农坛身上神秘的历史面纱，对公众了解先农文化起到了重要的引导作用。

在开展北京先农坛及先农文化普遍性研究过程中，一些专题性问题逐渐从普遍性问题中浮出水面，这些问题具有相同的特点，那就是文献记载寥若晨星，图像资料匮乏，因而解读的难度可想而知。笔者从 20 年的研究经历出发，试图对这些北京先农坛历史文化研究中的疑难点问题做出试探性的解读。

一、先农坛护坛地的浇灌水源从何而来

文献记载，北京先农坛明代拥有广阔的护坛地"先农坛围墙内，有地一千七百亩"（《养吉斋丛录》卷 8）。明代采取宋代做法，将部分护坛地租给农民耕作，种植农作物并于秋季变卖，折合的银两除留下必要的自用外，其余上缴先农坛祠祭署，作为先农坛日常维护费用。清初因清袭明制，这一做法得以延续。清乾隆十九年（1754 年），乾隆帝下诏大修先农坛，废除了这个类似自食其力式的以坛养坛的好做法，"（乾隆）十八年谕：先农坛外墙隙地，老圃于彼灌园，殊为亵渎。应多植松、柏、榆、槐，俾成阴郁翠，以昭虔妥灵。著该部会同该衙门绘图，具奏，钦此"（清乾隆《工部则例》）。明明先农坛就是祀拜农业之神场所，开展一些农业活动应该是与坛内的文化主题相吻合，不过乾隆帝更为强调先农坛是敬神之所，庄严肃穆应该是这里的主题，故而先农坛自此开始，坛内耕地与其他空地一起都种上了松、柏、榆、槐。

与栽种树木只需要天然降雨不同，清乾隆十九年之前坛内一直种植作物的 200 多亩坛地则需要水源浇灌，但文献没有文字记载坛地的浇灌问题。传统浇灌方法，不外乎井水浇灌、河湖引水浇灌，辅以天然降水。抛却天然降水不说，先农坛南为护城河，北为龙须沟（民国初年之前的龙须沟，是南城的一条小河，河水清澈，水量

适中，曾经在今天桥一带形成水洼。20世纪20年代末期开始成为日后周知的城市污水沟），西侧还有不少积水洼地（代表性的洼地为黑龙潭），三面似乎水源并不缺乏，但查遍史料，并无发现先农坛存在穿墙引水的现象，近20年在维修坛墙过程中也没有发现相关历史痕迹。因此，坛地浇灌毫无疑问地要使用井水。

结合文献与现存遗址，我们知道坛内存在两口神厨水井、一口山川井，以及庆成宫东北侧水井，但这四处水井均为皇家祭神事务相关之用。20世纪内坛北门外的东北方发现过一口水井，此外再没发现过水井痕迹。明代所耕作的护坛地，分布在内坛之北，也就是分布在今天的东经路、南纬路、北纬路、福长街一带，这里自清亡民国之际，逐步被开辟为城南游艺园、杂货市场、市井杂居区，坛墙随之拆除，最终于20世纪20年代末彻底成为市区一部分，直至今天。经过清乾隆初年之后的270多年沧桑，水井的痕迹消失得踪迹皆无。

二、山川井的功能及形态推测

明成祖朱棣"天子镇边"，登基伊始决定将自己的燕王封地首府北平（元大都）作为新国都，更名北京。经过十几年的营建，北京新的宫殿、坛庙等皇家设施"悉仿南京旧制"，实现了政治上的"无缝连接"，自然，作为明朝开国皇帝朱元璋在南京城外营造的山川坛，也顺理成章地在北京城郊外仿建。山川坛是北京先农坛在明嘉靖十一年（1532年）前的名称，也成为日后老北京人对先农坛的一个俗称。

仿建之初的山川坛建筑数量、布局与南京山川坛相同，其中建筑包括山川坛正殿（清代改称太岁殿）及拜殿、两庑、焚帛炉，旗纛庙，具服殿、仪门，先农神坛，神版库及神厨、神库，宰牲亭及山川井。经过500多年的历史变迁，目前绝大多数当时始建的建筑仍旧"健在"，能为人们一睹风采。十分可惜的是，山川井毁于20世纪初期，成为我们无缘目睹的太古文物。

山川井的功能是什么呢？从历史图形资料中，我们看到山川井并不位于神厨院落，而是单独位于神厨院落正西、宰牲亭之南。过去有一种看法，认为宰牲亭屠宰牺牲，送到神厨院落的西房——神厨进行加工，而屠宰和处理牺牲及祀神食物所取用的水源，来自神厨院内的两口盝顶井亭内的水井。事实上，神厨内处理牺牲和祀神食物，以及祀后祭祀礼器的清洗、清洁，用水的确取自井亭水井，但宰牲亭内的牺牲初步洗涤、去污、烹煮，还是要依靠山川井之水。因为，宰牲属于杀伐之事，不便于进入敬神的厨房——神厨院取用水源，以保证敬神之物彻底的洁净，因此宰牲亭前方的山川井就成为初步去除污秽之物用水的提供处，这是山川井用途之一。其二，是因接天地之露、凝聚山川之泉的初衷开辟山川井，因此对于山川井寄托的是承载天子率土之滨的天授之水的愿望，为此，皇帝在先农神坛祭祀先农之神前，要位于神坛东侧的"盥洗位"用山川井之水净手，借以表达对这里祭祀的山川众神、先农之神的敬意，天授之水的内涵其实也是前述第一种用途的深层原因。

先农坛山川井迄今没有留下任何历史照片。《明会典》、《清会典》中，都是用简单的木版刻绘形式勾勒出山川井的大致外观，但过于抽象。我们参考天坛祈年殿东侧神厨（北神厨）盝顶井亭内水井形态，对先农坛山川井外观做出推测：砖砌井壁，井口为一整块白石雕凿而成的井口石，井口石断面、平面均为矩形，井口石长侧两端为直竖的、以白石为材的两块板式井架，井架最大高约1.85m，宽约0.8m，井口石两侧的石基础凿有卯洞，使井架安置其中；井架顶端中心位置，是一个U形槽，两个井架U形槽之间横卧截面圆形木材一根，这就是辘轳的主轴，与普通辘轳不同的是，该主轴一端没有摇把，主轴中段有绕绳轴缠绕井绳，井绳一头为取水桶，使用时由取水之人放松井绳，使取水桶落井装满水，再反方向拉动井绳提出取水桶。这种外观的原因，是因为井架高大，无法安装辘轳摇把。

山川井想象复原图（复原：董绍鹏，绘图：苏振）

2002年先农坛神厨建筑全面修缮，其中涉及的建筑地面是历史上绝无仅有的重新海墁，加上神厨四殿、宰牲亭等的落架及室外彩绘新作，可谓工程浩大。修缮期间，在神厨西殿明间后身西延线与宰牲亭明间正向南延线的交叉点处，发现一处砖砌井壁的水井。回想20世纪90年代初期，笔者在这一区域的基建施工期间见到的地下埋有巨大细泥停城砖，以及地表散落长条状青白石的疑似构件，真切希望能将历史上的这一重要文物遗址的查询列入国家考古工作日程，为山川井在不远的将来能够复建做出科学的依据。

2002年发现的宰牲亭前方地面井口

三、太岁殿、神仓圆廪、仓房、收谷亭的瓦件为什么是黑色

北京先农坛古建筑形态各异，功能不一。坛内建筑的琉璃瓦件色彩，以绿色、黑色及素胎不着釉色的削格瓦为主，其中，神厨院内神版库、神厨、神库及神仓碾房是削格瓦，井亭、具服殿、庆成宫等为绿色，太岁殿、东西庑、拜殿、神仓圆廪、仓房、收谷亭等为黑色。

按通常理解，神仓诸建筑既然为农所用，瓦件色彩理应与农业相关，比如绿色、黄色，可为什么这里的瓦件是黑色呢？

先农坛神仓建筑始建于明嘉靖帝时期，明嘉靖十年（1531年）七月乙亥"以恭建神、祇二坛并神仓工成，升右道政何栋为太仆寺卿"（《明实录·世宗实录》卷128），说明嘉靖十年（1531年）时神仓已建成。神仓建成的一段时间，北京皇家坛庙的粢盛一半取自先农坛神仓，另一半取自嘉靖帝在西苑建造的恒裕仓。至隆庆帝即位，下令废止西苑恒裕仓，北京所有皇家坛庙的粢盛仍旧取自先农坛神仓，先农坛神仓的重要性可见一斑，这一做法一直延续至清亡（因清袭明制）。清乾隆十八年（1753年）时，乾隆帝因先农坛常年不经修葺，建筑满目陈旧，感觉对不住所敬享的先农之神，于是下令大修坛内建筑："朕每岁亲耕耤田，而先农坛年久未加崇饰，不足称朕祇肃明禋之意。今两郊大工告竣，应将先农坛修缮鼎新。"《清朝文献通考》卷110）。同时，又因"旗纛殿以前明旧制，本朝不于此致祭，毋庸修葺"，下令拆除该庙的前院。此次大修，主要涉及太岁殿院落、庆成宫院落，以及原位于旗纛庙和斋宫（庆成宫）之间的神仓，神仓西移到原旗纛庙前院，形成今天所见的格局。因庆成宫是皇帝的行宫，故大修、改建中保留了绿色琉璃瓦的使用，但太岁殿院落和神仓的几座建筑则改用了黑色绿剪边琉璃瓦。

太岁殿黑色瓦件的使用，源自明中期以后至清代对太岁之神的功能定位。太岁神及十二月将神在这一时期所发挥的功能，是掌管旱涝雨雪，也就是说都与水有关：

水旱则祈。孟夏常雩后不雨，致祭天神、地祇、太岁三坛。

祭告三坛后，如七日不雨，或雨未沾足，再祈祷三坛。屡祷不雨，乃请旨致祭社稷坛。

又雨潦祈晴，冬旱祈雪，均致告天神、地祇、太岁三坛。与祈雨同。

——《清会典》卷35

清乾隆十八年（1753年）的修缮，是有清一代规模最大的修缮。从近些年的修缮过程中的考察看，乾隆帝时的大修规模推测体现在落架、重上彩绘、更换糟朽木构、重覆瓦件。传统文化的阴阳五行中水归玄武，位于北方，主寒冷，色黑，因此附会成分管水资源问题的太岁神及十二月将神所在的太岁殿院的整组建筑就一律采用黑色琉璃瓦，以配合其属性。神仓也是这时移建，因此两处建筑群主体建筑因修缮便利之故一并改用黑瓦，就成为可能。

推测，移建之前的神仓瓦件色彩应为绿色。

四、具服殿的匾联之谜

清代皇家建筑，尤其是具备特定功能的建筑，通常都有挂匾

（匾额）。北京先农坛也不例外，从历史资料上看至少在清代晚期（清代覆灭前的几年），先农坛建筑还有规整的匾额。

先农坛具服殿，是皇帝对先农之神祭拜完毕行将进行躬耕耤田礼之前，进行短暂休息和更换亲耕礼服之处。明代皇帝在此更换皮弁服，清代皇帝更换黄色龙袍。

现藏于法国吉美博物馆的清郎世宁画作《雍正帝先农坛耕耤图》，是一幅真实记录雍正帝在先农坛耤田扶犁推耕场景的纪实作品，画面上显示，具服殿室外并无挂匾。从反映 1900 年八国联军驻扎先农坛的史料中，也没有看到具服殿有挂匾。因此可以肯定地说，先农坛具服殿清代室外无匾额。

不过，具服殿在清代疑似存在室内一方挂匾和一对抱柱联：

具服殿御制额曰：劝农劝稼，联曰：千亩肇农祥寅清将事、三推勤御耦亥吉祈年，皆皇上御书。

——《日下旧闻考》卷 55

可惜的是，虽然《日下旧闻考》是编入《四库全书》的书目，但书中这一记载是史料中的孤例，未见到旁证，因此十分存疑。

民国时期，为了环境美化之需，也为了当时城南公园建设，具服殿作为当时的城南公园管理处办公地，曾悬挂过新的匾联，民国文献对此有多处记载：

民国十六年，内务沈总长瑞麟额题"诵豳堂"，以志重农遗意。

——《先农坛古迹纪略》

民国十六年，改称诵豳堂，堂柱悬木刻"民生在勤务滋稼穑、国有兴立庇其本根"联，为沈瑞麟撰书。

——《北平旅行指南》

近年新发现的历史资料，显示民国中期时（20 世纪 20 年代末、30 年代初），具服殿室外确悬挂黑色金字横匾一方，上书"诵豳堂"，这证明，民国的具服殿匾联是存在的。

1930 年观耕台，远处为悬挂"诵豳堂"匾的具服殿（时为城南公园管理处）

近年文献查证和口述历史调查，最迟到 20 世纪 50 年代初时，有人发现原来悬挂的具服殿室内抱柱联消失了。也有当年的目击证人说，最迟在 1958 年时，还见到具服殿室内横匾存在，但上书不是《日下旧闻考》所说的"劝农劝稼"，而是"遗民教稼"，这就为具服殿匾联的存在增添了更多的迷雾。

2013 年确定的具服殿室内挂匾清乾隆御笔字形

2014 年经"北京先农坛部分建筑匾额复原"
课题组专家论证后的具服殿室内挂匾形态

2013 年，经过申报市文物局课题，2014 年成立专家组进行论证，明确了具服殿室内清乾隆挂匾的形态为壁子匾，即木胎，边框覆黄锦，匾芯覆高丽纸，墨书"劝农劝稼"，并加盖乾隆印玺（墨书及印玺均仿），以此为复原设计方案，遂定于 2015 年立项进行仿制。具服殿乾隆挂匾的仿制成功，实现了北京先农坛科学复原原坛内文物的重要一步，对北京先农坛历史文化的深入揭示具有十分重要的参照意义。

五、具服殿东壁石碣的来历

民国时期，北京先农坛一直作为公共开放场所——城南公园对社会开放（1917 年始）。当时的公园管理部门还是做了不少公益事业，以加强先农坛的公园特色。根据文献记载，早年公园刚刚开放的几年，坛内增建了观耕亭，使用当时平民百姓还作为奢侈品的玻璃作为亭子的四面装饰；在公园西北部，建造了一座四面钟，采用西洋的建筑方法，成为坛内空旷"原野"的一处人文景观；坛庙管理机构甚至打算把原立于天桥十字路口西北角的乾隆"皇都篇、帝都篇"石幢运至坛内，作为进入北天门内的一个景致。除此之外，坛内内各处空地广植花卉、农作物，以致在坛内偏僻处放养梅花鹿。公园管理者的努力，不少通过历史照片得到印证。比如编纂于1934年的《旧都文物略》中，就有观耕台前伫立太湖石，及具服殿前种植花卉的照片。其中太湖石现在仍保留在先农坛，经近年考证，为艮岳遗石。

先农坛具服殿东壁，今天可见一方镶嵌在墙面内的石碣，经过不知多少人传拓，碣面已发黑，观察内容，知为清代铁保所书：

嘉庆十有八年四月保以吏
部左侍郎擢礼部尚书时汉
尚书为王春甫先生左
右侍郎则英煦斋和胡西庚
长龄秀楚翘宁汪瑟庵廷珍
保壬辰会试出春甫先生门
下而煦斋诸君又保己酉癸
丑戊午春秋典试所得士也
春甫先生谓保曰从来师弟
同官或后先接武而不同
时或仅得一二人而不能一
官之长皆属师弟要未有一
堂三荣若斯之盛者盖为文

以纪之保按古者宗伯之职
治神人和上下厥责綦重是
以前代枚卜会推非曾任礼
宗者不同今先生与煦斋辈
共居斯职保十余年闻连典
对圻远涉边徼奔驰万三千
里纡折归来恰与师若弟共
掌邦礼同堂六座衣钵相承
不唯一时僚寀侈为口谈
召对时仰蒙
圣主垂询历数渊源许为艺
林胜事尤千载希逢之异数
也爰承先生命略述言勒
诸堂口为容一佳话开试
本朝科目之盛云
梅庵铁保纪并书

具服殿东壁石碣

铁保（1752—1824），清中叶乾嘉时期的臣僚，也是一位当时的书法家，以楷书为工，长于行草，优于文学，长于书法，词翰并美，"铁公《神道碑》楷书模平原，草书法右军，旁及怀素、孙过庭，临池功夫，天下莫及"（《书林藻鉴》）。铁保楷书取法颜真卿的厚重，极善吸取晋唐名家中有益的书法营养，草书除了师法怀素等人，更加推崇和师法张旭，正因为他遍临遍学晋唐名家的法帖，才形成了自己独特的书法面貌。

查对1900年八国联军占据先农坛的历史照，并无显示具服殿东壁镶嵌石碣，况且，作为皇帝举行躬耕典礼的更衣之所，也不可能把一位大臣的碑刻作品镶嵌在墙上。

因此这方石碣只可能于民国时期来到先农坛。由于城南公园的管理者自从公园成立后就一直没有停止对公园的建设，经查对当年公园的上级管理部门——坛庙管理所的档案，可以说，这一石碣到来的最大可能的时间段是20世纪20年代末至30年代中，与坛内目前保存的一方"撷云"太湖石是同一时期。

六、无缘的存在——神祇坛北门

北京先农坛，由先农神坛、太岁坛、风云雷雨天神坛、岳镇海渎地祇坛四处祭坛组成，先农坛之名是始自明万历四年（1576年）的概称。其中，风云雷雨天神坛、岳镇海渎地祇坛（合并简称神祇坛），建于明嘉靖十年（1531年），"七月，乙亥，天神、地祇坛及神仓工成。升右道政何栋为太仆寺卿"（《明实录·世宗实录》卷128）。建成后明代做过少数的几次祭祀活动，如"（嘉靖十一年）八月，乙未，祭风云雷雨并岳镇海渎于神祇坛，遣成国公朱凤代"（《明实录·世宗实录》卷141）。明隆庆帝登基后，采用大臣之谏，废止了神祇祭祀。清乾隆二年（1737年），重又开始神祇之祭，并一直延续到清亡。其间，以清道光帝时对神祇坛的祭祀活动最盛，道光帝甚至多次亲自莅临神祇坛致祭，如道光十二年（1832年）"五月，戊辰，上诣天神坛"（《清实录·宣宗实录》卷212）。

按照光绪《清会典图》所绘，神祇坛位于先农坛内坛南门之南，外围是一道围墙，内里天神和地祇呈左右分布，地祇坛在左，天神坛在右，每坛还有一道壝墙（矮墙）。两坛外围墙，只在南部开有共同的坛门——神祇门，为三座门。当年的祭祀路线，就是祭祀者进入先农门（先农坛正门，位于外坛东墙南侧），到达庆成宫前广场中央时南折，穿过庆成宫广场南墙的三座门，向南，在向西折，到达神祇门进入神祇坛。光绪《清会典图》颁布于光绪二十五年（1899年），所收录资料截止于光绪二十二年（1896年），也就是说，光绪二十二年（1896年）时的先农坛神祇坛，只开有南门。

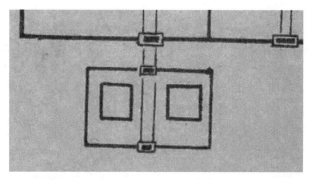

光绪三十四年（1908 年）北京地图中的先农坛"雩坛门"

但是，清朝的最后 10 年间出版的地图中，却在神祇坛北墙画有一座坛门。进入民国后，部分民国地图将这座门标识为"雩坛门"。所谓雩，简而言之指的是远古时期人们为祈求降雨而举行祭祀舞蹈、高呼祈祷词等祭祀行为，"舞者吁嗟而求雨"。原来明嘉靖至清乾隆初年，北京天坛的东南方确有雩坛一座，后废除。因天神坛也是掌管雨雪的祭坛，所以简称雩坛也不为过。按《清会典图》没有神祇坛北门，但地图上却标有此门，且经过口述历史调查，此门确实一直存在至 20 世纪 60 年代，按目击者的描述，为普通穿墙门，"雩坛"二字镌刻于大门过梁，或镌刻于石门额上。

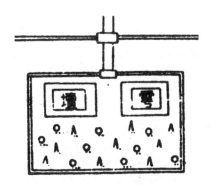

20 世纪 30 年代地图中的先农坛"雩坛门"

我们设想，是否清代最后 10 年时，国家虽礼崩乐坏，日渐式微，但祖制不能违，祀神做样子还是要继续，只不过勉强支撑，为了官员进出方便，于是神祇坛开了北门，祭祀者就不必绕道，而很方便地就近进入神祇坛，这应该是比较合乎历史实际的一个解释。这种与会典有较大出入的现象，在考察部分现存制作于庚子之乱以后的先农坛礼器过程中（2011 年对天坛公园库存清光绪时期礼器的考察）就已发现，可为一参照。

七、神厨后身流水口排出的废水如何处理

家居生活中，厨房是一处重要活动之地。作为祭祀神祇的坛庙，敬神如敬人，也要建造敬神的厨房制作祭品，以为祀神之用。先农坛的神厨，位于神厨院落的西侧，清代时祭祀先农神前一天，这里的厨子们忙忙碌碌，准备第二天要使用的各式供品，诸如牛肉清汤、牛肉五味汤、各种肉干等等，只不过工作量远不如想象中的那样沉重。

我们今天家中厨房的洁净设施都是舶来品，反映的多是西方近现代的生活设施理念，比如厨余垃圾桶、洗碗池、排水下水管道。虽然中国古代大城市或皇家宫苑、陵区从考古的角度看也发现过陶制、石制、砖砌排水管道，但毕竟不是普遍现象（比如城市排水管道，只存在城市中主干道两侧的排水），通常的情况下，不设局部的、区域的排水设施，主要依靠自然下渗。比如老北京四合院中以前就常有雨水、生活废水自然下渗的辅助设施——渗井，依靠这种简单设施完成水的土壤下渗。

所谓渗井，简单地说就是在需要渗水的地方，先开挖一个土坑（可大可小），内里叠层放置破旧的陶罐、陶瓶、陶碗等陶器，其数量不等，然后以土掩埋结实。这样，地表水渗下后，陶器起到承上启下的缓冲作用，适当减缓水的下渗速度，避免土壤水分的急剧饱和，同时废旧陶器埋在地下，也有一定的防止雨季渗水导致地表沉陷的作用。旧时的老北京城里，渗井几乎到处都是，有时在不大的四合院内，为了渗水方便，渗井占据院内面积相当大的部分，甚至完全取代不发达的管道排放系统。

神厨后身的流水口

北京古代建筑博物馆文丛

第二辑

2015年

先农坛神厨的后身，建有一个出水的石水嘴，明显地，这是从前室内准备祭品过程中的废水倾倒处。令人诧异的是在近20年的修缮过程中，流水嘴下方地面以下没有发现排水渗水设施遗迹（暗沟或前述渗井）。难道每年的洗涤祭祀用品污秽之水就直接倾倒在神厨的后身地表？试想，几百年的污秽之物的积累，这里不成为臭气熏天之地？因为没有见到沟渠等排放系统，也没见到渗井，因此推测依靠土地的自然下渗应该成为洗涤废水的排放方式。这样看来，昔日先农坛这个皇家禁地对卫生问题的解决之道，也许不会比寻常百姓高明到哪里去。

八、太岁殿内是否存在神龛

太岁殿，始建于明永乐十八年（1420年），明嘉靖初年以前，供奉太岁、岳镇海渎、风云雷雨、城隍、天寿山等十一尊神祇，称山川坛正殿，是先农坛前身山川坛的主要敬神之所。随着嘉靖十年（1531年）山川坛内坛南墙外嘉靖帝下令新辟建的天神地祇坛落成，山川坛正殿内的神祇只余下太岁神一尊，岳镇海渎、风云雷雨分别移至地祇坛、天神坛祭祀，而祭祀方式由原来的山川坛正殿室内合祀，随之改为神祇坛神坛露祭，从此至清亡，太岁殿成为太岁神的专用祭祀场所。明末，山川坛正殿改称太岁殿。

但明代史料对于太岁殿的建造，还存在嘉靖时期建造的说法，如：

（嘉靖）十一年，改山川坛为天神坛、地祇坛，及别祭太岁、月将、旗纛、城隍等神。……太岁坛建太岁殿，每岁十二月太裕之日遣官祭之……　　　　　　　　　　——《国朝典汇》卷117

嘉靖十年，命礼部考太岁坛制。遂建太岁坛于正阳门外之西，与天坛对。　　　　　　　　　　　　　　　——《明史》卷49

……嘉靖十一年，即山川坛为天神、地祇二坛……别建太岁坛，专祀太岁。　　　　　　　　　　　　　　——《天府广记》卷7

这里所说的"坛"，如果按照通常意义理解的堆土为坛的露祭之所，显然是与现实矛盾。我们是否可以这样理解：在多神合祀的情况下，供每尊神祇祭祀使用的一整套礼器用具，涵盖供桌、供案等，可以视为一坛，以示区分。这种称呼，在明代史料中，尤其是反映明代早期祭祀情况的史料中是存在的，例如：

> 山川坛在正阳门南之右。永乐十年建……洪武三年建山川坛于天地坛之西。正殿七坛：曰太岁、曰风云雷雨、曰五岳、曰四镇、曰四海、曰四渎、曰钟山之神，两庑从祀六坛，左京畿山川，夏、冬月将；右都城隍，春、秋月将。
>
> ——《春明梦余录》卷15

甚至编纂于清乾隆时期的《明史》中，仍然保留这种称呼，因此，太岁殿也称为太岁坛。

今天的太岁殿内明间北侧山墙下，建有一汉白玉须弥腰石座，高1.24m，进深1.6m，面阔3.18m，与高大空旷的太岁殿室内空间比起来并不醒目，但令人奇怪的是，这座石座史料上没有任何明确的制度记载和形制记载，甚至就连它的外观也没有一幅图形资料！清代历经康雍乾嘉光五朝的国家典章制度大全《大清会典》（《五朝会典》）内，也没有形象记载。清初，朱彝尊《日下旧闻》卷16引《嘉靖祀典》说：

> 礼臣上言：太岁之神，自唐宋以来祀典不载。惟元有大兴作，祭于太史院，亦无常祭。国朝始有定祀，是以坛宇之制，于古无稽。按说文：太岁，木星也，一岁行一次，应十二辰而一周天。其为天神，明矣，亦宜设坛露祭。但坛制无考，应照社稷坛筑造，高广尺寸差为减杀，庶于礼适宜。诏可。

这恐怕是唯一一处关于太岁坛重设露祭之坛的描述。当然，史学界熟知的明人史料记述的自相矛盾的状况，也在太岁之神的祭祀场所记载中得以体现。

但物质文化遗存是不可无视的实证材料，更应该是历史学研究的重要依据。太岁殿的石座，虽然没有明确的文字记载，但文物本身经过鉴定，体现出清晰的明代特征，因此可以肯定，这座青白石石座建造于明代无疑。

在中国古代，庙祭人鬼，坛祀自然神祇。太岁之神非人鬼，但却采用屋而不坛的室内祭祀方式，应该说违反了周以降的古制，是明代开国之君朱元璋的创举（因永乐建造山川坛，悉仿南京旧制，除尺寸有过之，其他照旧）。姑且不论太岁的属性，既然采用了室内祭祀的"庙祭"之制，相关的一系列制度要求也就应该与之符合。其中，石座上设木龛，是重要的一个特征。而同样怪异的是，寻遍明代、清代文献，太岁殿内的图形资料没有任何石座上设木龛的形象，但清代文献中，寥寥几处却提及"龛"字，成为太岁殿应设太岁神木龛的间接证明：

> 岁祀太岁之礼，初春为迎，岁暮为祖。正殿奉太岁神位，南向，神位依年建干支，黄纸墨书"某年太岁之神"覆于位上豫设龛内。礼毕，太常寺官恭请太岁神位，并两庑神位，复于龛内，如仪，各退。
>
> ——《清朝文献通考》卷97
>
> 乾隆十六年，礼臣言：同属天神，不宜有异，自是二祭及分献皆上香。太岁、月将神牌，旧储农坛神库，至是亦以殿庑具备，移奉正屋。临祭，龛前安神座。毕，复龛。
>
> ——《清史稿》卷83

俗语说的老北京城九坛八庙中，先师庙（文庙、孔庙）、历代帝王庙、太庙，以及天坛皇穹宇配殿中，都存在须弥座上设神龛，其内供奉神牌的庙祭规制现象。

1950年秋，原管理坛庙事务所在先农坛城南公园办理撤园手续并向天坛公园管理处开具移交物品手续过程中，列有忠烈祠（即太岁殿，民国初年袁世凯当政时，为纪念黄花岗七十二烈士和辛亥革命等共和烈士，改名忠烈祠）保留原地物品"红漆木龛一座"之语；近年根据原北京育才学校老教工口述，称新中国成立初见到过忠烈祠里大石座上有"佛龛"（民众因无法区分自然崇拜与人为宗教的差异，通常把所见疑似宗教用品都认为是佛教用具），这就更进一步说明，虽然文献不具图形记载和明确的文字描述，但历史上太岁殿须弥座上应该设有类似文庙大成殿，或历代帝王庙景德崇圣殿内的祀神木龛。

只不过因资料的严重稀缺，复原几乎成为难以实现的愿望而已。

2012 年 1 月复原的清光绪末年时期的太岁殿常祀陈设

九、内坛北门外的旗杆之谜

一处文物古建场所，历经建筑的变迁实在是很常见之事。北京先农坛自建成之时，到今天我们所处的时代，已经发生了根本性的历史演变，先农坛根据所处的不同历史时期，建筑有增有减，随时适用于所处的时代。

翻开清《五朝会典》中的康熙、雍正会典，可见进入清代以后，北京先农坛的建筑布局存在一个未经变化的时期，也就是清乾隆十八年（1753 年）之前的清初 109 年时期。这一时期，是历经明末战乱后，清王朝入主中原统一华夏的政治休养、社会生产大力恢复阶段。对十清统治者而言，从一个渔猎民族文明急速演进为农耕民族文明，需要的是文化上的以小学生心态求教于汉家高度发达的礼教文明，需要的是一个相对长的安定时期消化汉家地区的各种物质文明，同时还要面对明末以来进入中国的西方文明因素，这对于清统治阶层来说，无异于洗心革面。为了王朝的江山永祚，清初几代天子采取了历史上的成功经验，以仿效西汉初期黄老无为的心态，大力恢复生产，缓和民族对立情绪，个人行为上的政治少作为和待民低调，以此在天下安定中急速完成自身的文化演进（清初时期，清帝注重对贵族子弟加强汉族礼教文化的教育，快速吸收汉家高阶文明的营养），学习汉家文明成为政治要务。史学界众所周知的"清袭明制"，就是这个时期的重要文化、政治特征，特别体现在国家典章制度方面。因此，北京先农坛的这个时期，也应该是沿袭明制阶段。

观览康雍的先农坛全图，比较突兀的是，在内坛北门外仁立着一根旗杆，而乾隆时期的图形资料中，这根旗杆消失。

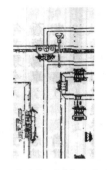 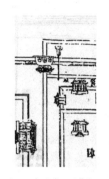

内坛北门外旗杆（《康熙会典》）　　内坛北门外旗杆（《雍正会典》）

古制，庙堂之前立旗杆，悬旌旗，旌旗或上绘图形，或书词语，主旨是体现庙堂的功能内涵，如立于祖庙、祠堂、民间杂祀神祇祭祀之庙（今有河北安国药王庙为证），甚至佛寺、道观等宗教场所门前也有仁立。除此以外，祭坛前也有立杆的做法，只不过不悬旌旗而悬灯笼，比如北京天坛内的圜丘坛，至今尚存始于明嘉靖时期、建于清嘉庆时期的望灯杆，原为三处，现尚存一处。这种望灯杆在天子祭祀之前悬挂天灯，据说灯笼巨大（两米多高，一米多宽），燃烛是清内务府特制，不流蜡油，可连续燃烧十几个小时，完全可以满足天子祭祀之用。因此说，悬立杆之处非庙堂即神坛。

天坛圜丘坛的望灯杆

北京先农坛内坛北门外伫立的旗杆又是怎么回事呢？

这使我们想起清乾隆十八年（1753年）修缮先农坛时乾隆帝的下诏：

奉谕旨：朕每岁亲耕耤田，而先农坛年久未加崇饰，不足称朕祗肃明禋之意。今两郊大工告竣，应将先农坛修缮鼎新。次第修缮，并太岁殿、天神、地祇坛俱崇饰鼎新。惟旗纛殿以前明旧制，本朝不于此致祭，毋庸修葺。

——《清朝文献通考》卷110

又奉旨：先农坛旧有旗纛殿可撤去，将神仓移建于此。

——《清会典事例》卷865

旗纛庙，是祭奠军事主题内容的祭祀之庙，祭奠五猖之神、枪炮号角滚木礌石等，创始于明洪武帝时期，祭奠之制也创设于这个时期，而且众明之世未做修改。《明会典》卷92载"洪武元年，诏定亲征遣将诸礼仪……今牙旗六纛藏之内府，其庙在山川坛。每岁仲秋祭山川日，遣官祭于旗纛庙；霜降日，又祭于教场；至岁暮享太庙日，又祭于承天门外，俱旗手卫指挥行礼"，因遵从军队出征前要祃祭所过山川之古礼，旗纛庙建于山川坛旁，便于天子致祭。同时，军队的五军校场及承天门（天安门）外也择日致祭。进入清代，清军不在此致祭，旗纛庙始终闲置，未见修缮，因此乾隆帝下令将庙的前院拆除，仅余后院，将原存放祀旗纛诸神礼器的祭器库改作存放耤田亲耕、从耕农具的收纳之所，前院同时移建原庙之东侧的神仓，从此构成今天所见功能完整的皇家神仓。

旗纛庙作为一处神庙，庙前立悬挂祀神旌旗的旗杆合乎常理。

但旗杆的位置并不在庙前门，而是立于内坛北门外东侧，虽然不合庙前立杆的规矩，但似乎是在表明这处坛门是祀神入口之处。虽然明代史料的图形资料中并没有画出这处旗杆，但依据旗杆的使用规律，我们仍大体可知它的用途是因为旗纛庙的存在而立，也因为这样，清乾隆帝下令拆除旗纛庙后，这根旗杆也就失去的存在价值，随着庙的消失而被拆除，再也没有出现在乾隆之后的清代史料中。

以上是第一种推测。

北京先农坛的沿革中，明代嘉靖帝时期、清代乾隆时期，以及疑似中的清末时期（后议），应该是三个对于坛内建筑物变迁产生过重要影响的时期，突出体现在，嘉靖帝添建神仓、神祇坛，乾隆帝改建斋宫、移建神仓等。这其中，因嘉靖帝信奉道教，在下诏先农坛（山川坛）添建祭祀建筑过程中，似乎还对先农坛做过小的手脚。

众所周知，嘉靖帝朱厚熜好鬼神，笃信道教，也正是因为天子的"上有所好"，当时无论道教还是一些民间杂祀都大为盛行，道教还将原本与其无干涉的民间杂神，择要收纳为自己的神祇，其中包括先农神、太岁神等等，加上更早时期收纳的岳镇海渎、风雨雷雨等自然神祇，俨然形成神祇体系的大杂烩，既纷繁复杂、眼花缭乱，但又不失内在的一些功能上的逻辑联系。北京先农坛的山川坛，因涵盖众多关系民生的自然神祇，天子重视本在应当，但这一时期，受到道教思想盛行，尤其是天子还崇尚鬼神万物，意识中有意无意将初衷为自然神祇崇拜的太岁、山川诸神等，等同于道教神祇。嘉靖帝最初见到山川坛正殿神祇复杂众多，自虑多而不专，难以体现敬神的庄重性，又言自古天神地祇为露祭之神，屋而不坛有违周代古制，于是着手分建南部的天神地祇之坛，以中祀之礼体现着北郊方泽坛的一样职能，重点不过是祈雨、祈雪或雨雪过淫祈求停止之用，因天神地祇严格按照一坛二墠四棂星门之制重新规划建造，满足了嘉靖帝的愿望，故而正统国家神祇祭坛功能得以明确。而太岁自古无祭祀之道，不过始于太祖朱元璋的创制，尤其室内祭奠，为此神祇移出后，偌大的山川坛正殿只余下太岁神供奉，成为事实上的太岁神庙。这样，庙祭人鬼的属性自然就顺理成章附和在太岁神上，原来的一尊自然神祇就这样顺势成为主管年时运作的不是人鬼但享用人鬼之祭制的一尊神祇。这样，原来先农坛外坛墙的东墙北门，演变为专门祭祀太岁之神的太岁门，而内坛北门成为进入太岁坛（山川坛正殿，即太岁殿）的必经之路。因此，这里立有一座旗杆，于岁尾年初祭拜太岁神时悬灯或旌旗以为标识，似乎也可以成为一说。按照这个思路，推测这个旗杆如果服务于太岁之神，那么它的树立应该发生于明代嘉靖帝时期，至少在清乾隆十八年（1753年）下令修缮北京先农坛时，这根旗杆还应竖立在内坛北门外的东侧，随着修缮的完成，旗杆因体现的是前明之制，故予以拆除。

十、神牌库（先农坛神厨正殿）
历史上是否存在过重檐

清《五朝会典》，是一部重要的清代国家典章制度大全，记述了

有清一代康熙、雍正、乾隆、嘉庆、光绪五个时期典章制度的内容，可以看出清代贵族不断地吸取汉家王朝各个方面的成功经验，加紧学习汉家典章，对于前明的制度只要是能为清人所用便尽量予以保留沿用。对于国家祭祀的庙宇坛场这类承载中华礼仪文化的重要物质载体，没有像历史上的改朝换代进行拆除，而是继续沿用，这就无形中为后人能够看到源自明代的皇家建筑提供了可能——虽然，个别建筑有所改建、扩建。

前文已述，清代近百年的初期阶段，北京先农坛的建筑布局和形态沿袭明代末期，没有改动；乾隆时期大修，坛内才发生了一些变化；清末时，极个别之处也有所调整，如庆成宫的围墙改建、添建的白石琉璃砖包就的观耕台，所有建筑重新油饰、重做彩画。

从图形资料中我们留意观察到，今天作为博物馆基本陈列主要展厅之一的神厨正殿神牌库，竟然与今天所见外观有着巨大不同，现存建筑是单檐悬山，而《五朝会典》里所绘均为重檐——虽然只绘正面，无法判断屋顶是否为悬山。

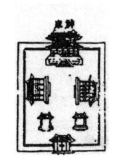
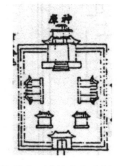

神牌库（《康熙会典》）　　神牌库（《雍正会典》）　　神牌库（《乾隆会典》）

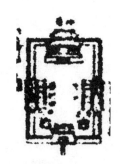

神牌库（《嘉庆会典》）　　神牌库（光绪《会典图》）

纵观北京先农坛现存各处建筑，今天的神牌库可谓等级低下，使用悬山顶、素面瓷土胎的削割瓦，房檐较低，无斗拱，建筑形态竟然与神厨院内西东两侧作为享神厨房和储物之所的配殿相同。研究过这里的人们无法相信，当年先农神位、太岁神位，以及天神地祇诸神位，怎么能够屈尊于这样等级低下的享殿之内呢？比对同属中祀，同样体现农耕社会基本民生观念的北京先蚕坛蚕神殿，虽使用单檐硬山顶，但上覆绿色琉璃瓦，檐下设仿木斗拱，开间三间虽不比先农坛神牌库开间五间，但总的来说，这处隶属清内务府掌管、祭奠的属于"帝祭"性质的祭坛享殿，看起来显然比隶属清礼部掌管祭祀事宜、属于"太祭"性质的先农坛神牌库要华丽精美得多。

令人奇怪的是，虽然众所周知清袭明制，但明代史料中的先农坛神牌库均绘制为单檐顶建筑，不知为何进入清代屋顶样式变为重檐。

神牌库西侧的宰牲亭，因为悬山重檐之样式，被已故著名古建专家单世元先生誉为中国古代官式建筑化石，全国遗存的古代官式建筑中独此一份。我们查对近些年的测绘资料，发现两处建筑的平面柱网分布具有高度相似性，而据故宫古建专家分析，宰牲亭这类明式建筑的建造中，存在将建筑的檐柱围墙外移，从结构上在合适的位置另行辟建围墙，在原屋檐下另行挑出一层屋檐，在外移的围墙处新增立支撑挑檐的檐柱，而原檐柱成为金柱的现象。根据这一分析，如果我们假设今神牌库经过屋顶的重大改变，那么改变之前的神牌库屋顶，极有可能与今宰牲亭外观类似，即重檐悬山顶。

尽管古人在具体物质描述中因袭传统文化重形而上忽略形而下的作风影响，容易出现以讹传讹、轻视实地考察、习惯沿袭已有著述的症结，但作为国家大典的会典，历经近300年将先农坛的神殿进行与实际不符的错误描绘，更不要说还历经乾隆时期的全坛大修（大规模修缮时期，工部编制造价等数据时，必须按照实地发生的工料费进行核算，报皇帝批准，因此这个过程是取得第一手真实数据的机会），未免过于离奇。

如果这个现象的存在是历史事实的话，但今天所见史料全然未见描绘、记载。光绪会典成书颁行于光绪二十五年（1899年），其中把神牌库绘成重檐，只能说明至少该会典在编制搜集资料阶段，神牌库仍然是重檐。这也就是说，神牌库如果改建，应该在光绪会典编制过程中至晚至清亡时的十几年期间。

不过，据2002年神牌库挑顶大修施工方口述，施工期间并没有考察到神牌库室内举架之间有拆改迹象，绘制于乾隆初期的彩画在神牌库室内各处表现特征连贯，未见异常特征，这就更加显得神牌库的诡异，为解开会典所绘重檐现象增添了绕不开的难题。我们也因此高度怀疑，在先农坛的沿革史上，有可能存在一个清代晚期发生的不为人知的坛内建筑变化时期，以疑似中的神牌库屋顶改建，以及前述神祇坛北门辟建为重要特征。这个时期是否真的存在，诡异的问题是否能被未知的证据给予解答，有待于今后史料的新发现。

董绍鹏（北京古代建筑博物馆保管部，主任、副研究员）

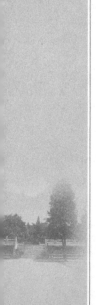

明代山川坛与先农坛的传承关系

◎ 潘奇燕

　　明朝建立后，出于治理国家和巩固政权的需要，几代皇帝皆十分重视一统志和地方志书的编纂。明洪武二十八年（1395年），詹事府右春坊右赞善王俊华奉命纂修《洪武京城图志》，分宫阙、城门、山川、坛庙、官署、学校、寺观、桥梁、街市、楼馆、仓库、厩牧、园圃13类，并附有明初南京"皇城"、"大祀坛"、"山川坛"、"寺观"、"官署"、"国学"、"街市桥梁"、"楼馆"等在内的线描图，这些绘制精细的线描图直观形象地展示了明初南京城的雄伟规模和宏大气象。

　　南京山川坛建于洪武二年（1369年），根据史书记载：明初建山川坛于天地坛之西，祭太岁、风、云、雷、雨、岳、镇、海、渎、钟山之神；东西庑祭京畿山川、四季月将及都城隍之神，皆躬自行礼。定祭日，每岁以清明、霜降，后又改定惊蛰、秋分后三日遣官致祭。洪武七年，诏令春秋仲月上旬择日祭山川坛。十年，定正殿七坛帝亲行礼。二十一年，每年八月中旬择日祭之，命礼部更定山川坛仪与社稷坛同。明成祖朱棣迁都北京，于永乐四年（1406年）开始营建北京宫殿，永乐十五年六月开始郊庙的建设工程，永乐十八年天地坛、山川坛建成，据《明太宗实录》记载："凡庙社、郊祀、坛场、宫殿、门阙，规制悉如南京，而高敞壮丽过之。"明初北京的山川坛，就是依照南京旧都山川坛规制而建的，山川坛建于正阳门外，合祭太岁、风、云、雷、雨山川诸神。

　　祭祀活动，在中华民族的发展史中占有重要的地位，是人在精神上维系和延续与神灵和祖先关系的礼仪形式。山川祭祀源于上古时期人们对天地山川的崇拜，处于蒙昧时期的原始先民，以其原始的思维和本能，赋予了大自然万物有灵思想。接天通地的山川既然能够孕育万物，他们就是万物的主宰，由于古人生产力低下，他们对许多自然现象感到害怕和奇怪，山川对他们来说充满着神秘感，这种未知的恐惧自然而然的会引起一些对山川的幻想，这就是说，山神和水神是古人将山川加以神化而崇拜的。为了战胜这种对自然的恐惧并祈求自然为人们降福，便出现了对山川的崇拜。

一、先秦时期的山川崇拜

把自然物和自然力视作具有生命、意志和伟大能力的对象而加以崇拜，是最原始的宗教形式。《说文解字》解释"山"字说："山，宣也。谓能宣散气、生万物也，有石而高。"处于蒙昧时期的原始先民，背靠高山，临水而居，山林川泽中蕴藏着丰富物质资源，为古人采集渔猎式的生存方式，提供了一定的物质需要。在农业生产完全依赖自然的情况下，古人对自然界的风云雷电、洪水山崩等自然现象感到幽深莫测，甚至对植物的春生夏长、禽畜的突然死亡、农作物的歉收都认为是超自然的神力在作祟。《礼祭·祭法》载："山林、川谷、丘陵，能出云为风雨，见怪物，皆曰神。"实际上，云绕山谷是常见的自然现象，然而先民们认为高山云谷中涌出的白云是神灵在兴云作雨，由此而萌生敬畏心里。古人以其原始的思维和本能，赋予了大自然万物有灵思想。为了战胜这种对自然的恐惧并祈求自然为人们降福，便出现了对山川的崇拜。

《尚书·舜典》中的"肆类于上帝，禋于六宗，望于山川，遍于群神"，是最早出现在文献中关于祭祀山川的记载。在一些卜辞中，有祈求山神降雨或停止降雨、免除雨灾的记载，礼仪隆重、祭品丰厚，"岁二月，东巡守，至于岱宗，柴。而望祀山川"。[①] 山川祭祀有两种，一种是就祭，亲临山川所在地。另一种叫"望祭"，便是"望于山川"，向山、河行遥望祭礼，献祭的物品多为美酒玉帛和牺牲。沉、埋是祭祀山林川泽基本方式，祭祀川泽时将玉帛、牺牲等物品沉入江河献给神灵，祭祀山林则将祭品掩埋。河流作为整个生命世界和人类的大动脉，与人类的生死相关。水为生命之源，人类初起时代就认识体验到自己与河水的关系，在殷商时期，山川河岳之神是至尊致敬之神，其重要性往往与天神并论，其祭典也是国家重要的大典之一。甲骨卜辞有很多关于祭祀河岳的内容，其中为

---

① 参见《尚书·舜典》。

了祈求好收成，焚燎三条牛，沉三条牛俎牢，还将一头牛在砧板上切割之后码放在器具里敬献给河、岳之神。用了这么多牺牲，又以不同的用牲方法向河神敬献，足见祭典的丰厚与隆重。《公羊传》曰："山川有能润于百里者，天子秩而祭之。触石而出，肤寸而合，不崇朝而遍雨乎天下者，惟泰山尔！"山川能泽被四方，赐予万物，养育万民，为人们提供生活资源，是人们安身立命之所，是构成生态环境的基础。早期的山川祭祀，是对自然的敬畏，对自然万物和芸芸众生的感激。商人祭祀山川还包括河岳之祭，并赋予河神、岳神不仅能兴云雨、与山川有同样的自然属性，同时还具有治愈疾病、保佑战争的社会属性，《左传·哀公六年》："楚昭王有疾，卜之曰，河为祟。"商代山川祭祀为周代将山川崇拜与国家制度、政治思想相结合使之等级化、制度化奠定了基础。

我国古代一部重要的典章制度《礼记·王制》记载："天子祭天下名山大川，五岳视三公，四渎视诸侯。诸侯祭名山大川之在其地者。"意思是只有天子祭拥有天下，而诸侯只拥有自己的领土，因此，周王可以祭祀天下所有的名山大川，诸侯只能祭祀自己领土上的山川，不得僭越。周代是我国礼仪制度开始完善的时代，也是对山川祭祀礼仪制度化时期，周人对山川崇拜有了新的认识，并规定："山川神祇，有不举者为不敬，不敬者君削以地。"在这个规定中称对山川之神有不祭祀的就是不敬，不敬则国君就要削其封地，显然其中明确提到了对违反祭祀制度的处罚。祭祀被纳入礼制体系上升为国家制度后就有了强制性，国家用强制力保障祭祀制度的实行，有破坏这种制度规范的行为出现，则国家就会给予相应惩处。之所以把山川祭祀看的如此重要，是因为周王认为"国必依山川，山崩川竭，亡之征也"。① 他们把山崩川竭看作是亡国的象征，因此我们不难看到周王祭祀山川的身影。我国第一部诗歌总集《诗经》中就记录了周天子巡守祭祀名山大川的情况："于皇时周！陟其高山，嶞山乔岳，允犹翕河。敷天之下，裒时之对。时周之命。"意思是：辉煌的周朝，登上那巍峨的山顶，眼前是丘陵峰峦，沇水沇水邰水与黄河共流。普天之下，众山川之神皆接受祭拜，保佑我大周长久。周天子登临高山，俯瞰大地，感到身上的责任，希望通过祭祀祈佑神灵保佑自己的江山稳固。《周礼·大祝》曰："遇大山川，则用事

---

① 参见《国语·周语上》。

焉。"说的是军队出行遇名山大川也要祭祀。"山川之灵，足以纪纲天下者，其守为神（国语），说明国家政权的建立与山川祭祀有直接的联系。此时山川祭祀，不仅成为国家祭祀序列中的重要门类，还是君权神授的重要象征。

先秦时期的山川崇拜有着丰富的文化内涵和巨大的影响力，山川崇拜渗透到政治、军事、文化等方面，对后世产生深远的影响。

二、汉代以后的山川祭祀

汉高祖初平天下，百废待兴，在延续秦朝礼仪同时，还制定了一些新的礼仪制度。汉武帝中期，山川祭祀格局发生了变化，五岳正式进入国家祭祀中，《汉书·武帝纪》载：武帝元丰元年祭祀西岳华山"春正月，行幸缑氏。诏曰：朕用事华山，至于中岳"。宣帝时"五岳四渎"成为国家常规祭祀。汉之前五岳之制因势而异，各有不同。西周建都于丰镐，以华山为中岳；东周周平王东迁洛邑以后，又以嵩山为中岳，华山为西岳，只有东岳泰山和北岳恒山称呼未变。至汉武帝时，才正式创立五岳制度，并登礼天柱山封为南岳。据《汉书·郊祀志》载，汉宣帝神爵元年（公元前61年）颁发诏书，重新规划天下山川，确定以泰山为东岳，华山为西岳，霍山（即天柱山）为南岳，恒山为北岳，嵩山为中岳。东汉将山川岳镇设坛祭祀纳入郊祀之中，《续汉书·郊祀志》记载："建武元年，光武即位于鄗，为坛营于鄗之阳。二年正月，初制郊兆于雒阳城南七里……为圆坛八陛，中又为重坛，天地位其上，皆南向，西上。其外坛上为五帝位，青帝位在甲寅之地，赤帝位在丙巳之地，黄帝位在丁未之地，白帝位在庚申之地，黑帝位在壬亥之地。其外为壝，重营皆紫，以像紫宫，有四通道以为门。……凡千五百一十四神，营即壝也。封，封土筑也。背中营神，五星也，及中官宿五官神及五岳之属也。背外营神，二十八宿外官星，雷公、先农、风伯、雨师、四海、四渎、名山、大川之属也。"由此我们看出，东汉南郊坛的建筑形制是：圆坛，双重，有八条登坛阶道，祭祀的神祇为天地、五帝、五岳、二十八宿、雷公、先农、风伯、雨师、四海、四渎及名山大川等1514神。关于山川岳镇祭祀坛制规模，我们只在史料中找到只言片语，《隋书·礼仪》中：星辰为方坛，崇五尺，方二丈。岳镇为坎，方二丈，深二尺。山林已下，亦为坎。坛，崇三尺，坎深一尺，俱方一丈。《唐书·礼乐志》："岳镇海渎祭于其庙，无庙则为之坛于坎，广一丈，四向为陛者，海渎之坛也。岳镇海渎以山尊实醍齐，山林川泽以蜃尊实沉齐……祭五岳、四镇、四海、四渎为笾豆十，簋二，簠二，俎三，牲皆少牢。"唐代还将岳、镇、海、渎、风、云、雷、雨、山林、川泽进行了祭祀等级划分。

汉武帝之后中国历代皇帝都对五岳不断加封，唐代把五岳封为王，宋代加封为帝，元代继续加封为帝，到了明代更被加封为神，并专门设坛祭祀。

三、明代山川坛的建立

（一）明南京山川坛

1368 年，布衣出身的朱元璋经过 16 年的打拼，终于定鼎天下，成为了大明王朝的开国皇帝，定都南京。明朝建立伊始，中华大地经过近 20 年战乱的破坏，一片凋敝。对此情形，朱元璋实行了发展生产、与民休息的政策。朱元璋还接受大臣建议，鼓励开垦荒地，并下令：北方郡县荒芜田地，不限亩数，全部免三年租税。他还采取强制手段，把人多地少地区的农民迁往地广人稀的地区。对于垦荒者，由政府供给耕牛、农具和种子，并规定免税三年，所垦之地归垦荒者所有。朱元璋虽然"以游丐起事，目不知书"，[①] 但在参加起义军并独树一帜以后，曾认真总结元朝政权倾覆的原因，其中一条就是元朝统治者缺少严格的礼仪制度，致使"主荒臣专，威福下移，由是法度不行，人心涣散，遂使天下骚动"。就连郭子兴等各股起义军队伍的先后失败，朱元璋也认为是由于"皆无礼法，恣情任私，纵为暴乱，由不知驭下之道，是以卒至于亡"。[②] 于是他念念不忘考礼、议礼。朱元璋称帝后，开始了以中国传统文化为基础的封建秩序的建设。自元至正二十七年（1367 年）开始，朱元璋召集全国朝野诸多文人，对中国传统文化最核心的部分——礼仪，进行了重新制订，制订了包括大祀、中祀、小祀等典礼的制度，曾数次诏

---

① 参见《二十二史札记》卷 32 太祖文义。
② 参见《明通鉴》前编卷 3。

令朝臣议定天地、岳、镇、海、渎及旗纛之礼，颁布新诏书，改变岳、镇、海、渎及城隍神号，"今宜依古制，凡岳、镇、海、渎并去其前代所封名号，止以山水本名称其神"。还依《周礼》定四时荐新、圭瓒之制。定都南京后，开始陆续兴建宫室庙社，其中在正阳门外东南一带，营建规模宏大、用于祭祀天地山川的"大祀坛"、"山川坛"。据《明实录》记载："初山川坛建于正阳门外，合祭太岁、风云雷雨山川诸神，至是始定太岁、风、云、雷、雨、岳、镇、海、读、钟山、京畿山川、四季月将、京都城隍凡十三坛。建正殿拜殿各八楹，东西庑二十四楹。坛西为神厨六楹，神库十一楹，井亭二，宰牲池，亭一，西南建先农坛，东南建具服殿六楹，殿南为耤田坛，东建旗纛庙六楹……缭以周垣，七百十二丈，东西北神门各四楹，皆甃以砖垣，垣内地七十亩，水田十亩，岁种黍稷稻粱来牟及青芹葱韭，以供祀事。"据史料记载，洪武三年六月因天旱不雨，影响庄稼生长，朱元璋觉得，君天下者不可一日无民，养民者不可一日无食，食之所恃在农，农之所望在岁。今仲夏不雨实为农忧，祷祀之事礼所不废。于是便择六月朔日，亲自到山川坛躬身祷雨。并命皇后与诸妃亲执爨为昔日农家之食，令太子诸王躬馈于斋所。朱元璋穿素服草履徒步到山川坛，设藁席露坐，昼曝于日，夜卧于地。带皇太子食五谷杂粮，三日后的晚上回到宫里仍斋宿于西庑，最终天降大雨，缓解旱情。

明代山川坛较前代山川祭祀有了自己独立的场所，所祭神祇更加明确，不仅有太岁、风、云、雷、雨、五岳、五镇、四海、四渎及京畿山川、春夏秋冬四季月将及都城隍之神等自然神祇，同时还将祭祀先农和旗纛神也设置在山川坛内的场所。究其原因，是因为先农与旗纛都与山川神祇有必然的联系。农耕社会是中国几千年封建历史时期的主要社会形态，原始农业靠天吃饭，山川河岳、风云雷雨、自然节气等都影响着农业的收成。汉武帝建元元年五月专门下诏曰：河海润千里，其令祠官，修山川之祠，为岁事，曲加礼。关于"为岁事"，孟康注认为专指农神之祈。汉宣帝神爵元年宣帝制诏太常："夫江海，百川之大者也，今阙焉无祠。其令祠官以礼为岁事，以四时祠江海洛水，祈为天下丰年焉。"反映其祭祀的目的是为天下祈祷丰年，所以山川神灵在早期就具有农业神的品格。

旗纛殿是祭祀旗纛神的殿宇，为古代军中专祭之礼，是国家制

度所规定的重要祭礼之一。祀神灵祈求神灵保佑战胜，是古代军队最重要的礼仪，这种庄重的礼仪同时也是用来坚定将士的必胜信念。《通典》："天子诸侯将出征，类宜造祃，并祭所过山川。"《隋书》上也说："建牙旗于蝉，祭以太牢，及所过名山大川，使有司致祭"。古代将士出征祭祀神灵，包括了后土、神州、岳镇、海渎、源川之类的行军将要经过的方位和山川神。明朝旗纛祭祀达到高峰，洪武元年，诏定亲征遣将诸礼仪。以为古者天子亲征则类于上帝、造于祖、宜于社，祃于所征之地，祭所过山川。若遣将出师，亦告于庙社，祃祭旗纛而后行。洪武二年建山川坛合祀旗纛，后将旗纛祭祀析出于山川坛，另建旗纛庙于山川坛左，每年仲秋，皇帝祭祀山川之日，同时去祭旗纛庙。

山川坛内众神云集，形成明山川坛祭祀特色，这只是明初礼制建设的一隅。朱元璋建立政权后，大肆兴建礼制建筑，修订礼仪制度，试图以儒家思想，建构起一套完备而系统的统治体系，通过强化礼制建设，来巩固朱明新王朝统治者的地位，尽快恢复由于元末农民战争而被削弱的封建秩序。元末剧变，使太祖亲历了"天命靡常"，精诚则感格，怠慢则祸生的忧患意识根植心中，于是制定《皇明祖训》："凡祀天地，祭社稷，享宗庙，精诚则感格，怠慢则祸生。故祭祀之时，皆当及其精诚，不可少有怠慢，其风、云、雷、雨师、山川等神，亦必敬慎自祭，勿遣官代祀。"朱元璋出身寒门，在农民起义中起家，最后做了皇帝，开创了大明基业。他看清了统治者与被统治者的关系，便需要借助神的威力，巩固政权统治。正像他对大学士宋濂所说的那样："朕立城隍神，使人知畏，人有所畏，则不敢妄为。"朱元璋的出身背景和经历，决定了他的治国方略，他想利用礼制的作用和力量达到他想要建立的理想社会，因此在礼制建设中也贯穿着他的治国思想，"人有田耕，安居乐业，男耕女蚕，无有游手，摧富抑强，贫富相携，轻徭薄赋，阜富与民，趁时稼穑，交完赋税。"他认为，这样社会才能四海升平，万民乐业，风调雨顺，君正臣良，由此山川坛内设有耤田、先农坛也在情理之中。

在《洪武京城图志》中，有一幅绘制详细的山川坛线描图，南京山川坛是我们见到的有图形史料记载比较详细的祭祀山川诸神的坛宇。

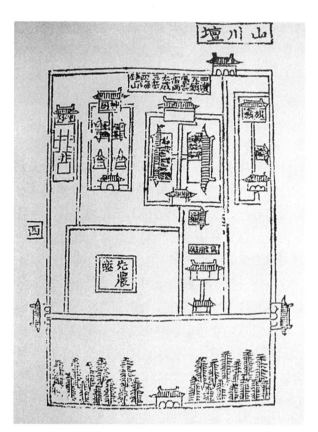

《洪武京城图志》南京山川坛

（二）明中都山川坛

在中国古代都城营建中，祭祀建筑占有极其重要的位置。朱元璋出身贫寒，没有任何根基，这对于代表天帝来治理人间的天子来说无疑是一大缺憾，为了弥补这一缺憾，他把祭祀当作万年基业来对待。明洪武二年（1369年），全国统一，朱元璋召集诸老臣，议论建都之地。明太祖听了大臣们关于在长安、洛阳、汴梁、北平等地建都的意见后，认为"所言皆善，唯时不同耳"，洪武二年九月，朱元璋下诏以自己的家乡临濠为中都，"命有司建置城池宫阙如京师之制"。① 朱元璋为在其发祥地营建一座高质量、高标准的新都城，当时调集了全国百工技艺、军士、民夫等近百万人，大兴土木，营建六年之久。洪武四年正月庚寅，"建圜丘、方丘、日、月社稷、山川坛及太庙于临濠"。经过六年的营建，中都已具备我国都城建筑的基本格局和形制，城池、宫阙、鼓楼、钟楼、中书省、大都督府、

---

① 参见《明实录》卷45。

御史台、圜丘、方丘、日月坛、社稷坛、山川坛、太庙等庞大的建筑工程基本完成。"穷极侈丽，习尚华美"是中都城的真实写照，《中都志》也称："规制之盛，实冠天下。"后因兴师动众和劳民伤财，于洪武八年"罢中都役作"。明中都营建以都城中轴线突出皇权为目的，以考工记为蓝本安排祭祀建筑为副轴线设计理念。在建筑艺术上继承宋世传统，开创明清之新风，是后来改建南京和营建北京的蓝本。

关于中都山川坛，《明实录》中只有寥寥数字："洪武四年正月庚寅，建圜丘、方丘、日、月、社稷、山川坛、太庙于临濠。"具体的坛制和规模没有详细记载，正如王剑英先生分析的那样，中都建山川坛一切按照南京山川坛制度，没有发生变更，所以在《中都志》、《大明一统志》、《凤阳新书》中都没有重述。

（三）北京山川坛

永乐承制建北京山川坛

明成祖朱棣是朱元璋第四个儿子。以"清君侧，靖国难"夺得帝位。1403年，礼部尚书建议，把北平改为北京，迁都北京。朱棣采纳迁都建议，于永乐四年（1406年），分遣大臣赴各地督民采木，烧造砖瓦，并征发各地工匠、军士、民工，开始了营造北京宫殿的筹备工程。永乐十五年六月开始郊庙的建设工程，至永乐十八年方告完工，"凡庙社、郊祀、坛场、宫殿、门阙，规制悉如南京，而高敞壮丽过之"。[①] 永乐十九年，朱棣颁诏正式迁都北京。

北京山川坛于永乐十八年建成，是依照南京旧都山川坛规制而建的，其规制据《天府广记》中记载："山川坛在正阳门南之右，永乐十八年建，缭以垣墙，周回六里。洪武三年建山川坛于天地坛之西，正殿七坛：曰太岁、曰风云雷雨、曰五岳、曰四镇、曰四海、曰四渎、曰钟山之神。两庑从祀六坛：左京畿山川、夏冬月将，右京都城隍、春秋月将。……永乐建坛北京，一如其制。"通过图形史料《洪武山川坛图》及《明会典》中北京山川坛总图，我们可以看出，明初北京山川坛基本保持了南京山川坛建筑格局。

---

① 参见《明实录》卷232。

坛庙文化研究

53

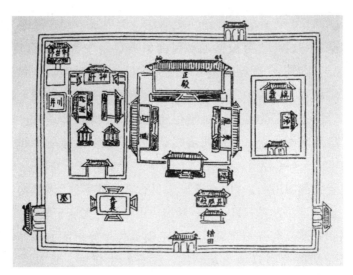

明北京山川坛图

嘉靖改建山川坛为神祇坛

从永乐十八年（1420年）山川坛建成到嘉靖九年（1530年）二月明世宗朱厚熜最后一次到山川坛祭祀，其间的120余年间，山川坛格局基本保持未变，只是在"天顺二年（1458年）八月乙亥，建山川坛斋宫，遣工部尚书赵荣祭司工之神"。[1] 天顺二年十二月戊寅，朱祁镇召内阁臣李贤问："祭山川坛欲以勋臣代之，可乎？"贤曰："有故需代，但祖训以为不可。"上曰："理当自祭，第夜出至彼，无所止宿，已命工部郊天地坛建一斋宫矣。"贤曰："须减杀其制，可也。"上曰："固然。"是后，日未夕时，驾出至斋宫，祭毕，至明而回。天顺三年九月庚子，造山川坛斋宫应用器皿。[2]

嘉靖时期进行的礼制大辩论及对祀典进行的全面更定，将山川坛原有格局打破，山川坛内建筑布局发生了重大变化。

嘉靖改制使明初北京坛庙祭祀礼制发生实质性的变化。明武宗于而立之年暴亡，因其绝嗣而采取变通办法选择其堂弟、藩王朱厚熜即位，是为世宗。在世宗登基后，杨廷和等朝中旧臣强迫世宗改称伯父即武宗之父孝宗为父，伯母即武宗之母慈寿皇太后为母，变其生身父亲兴献王为叔父，生母为叔母。对于这一不近人情且无法律依据的主张，十四岁的世宗予以严词拒绝，并以退位来表示自己的决心。朝中一些官员支持世宗的合理要求，这样便出现了"大礼

---

① 参见《明英宗实录》294。

② 参见《明英宗实录》卷298、307。

议"，追崇其父兴献王，塑造帝系正统，为自己藩王入主大统"伦序当立"的合法性作礼仪上的论证，世宗对国家祭礼进行了全面的变革。祭礼改制伴随着天地分祀等大批郊、庙等祭祀之所的建设拉开了大幕，山川坛伴随着嘉靖祭礼改制发生了重大变化。

嘉靖元年三月，于登基之初亲自到山川坛行礼，改制后再次到山川坛，因坛内云集了四十多位神祇感觉有些庞杂，不利于崇祀，于是下诏："云、雨、风、雷天神也；岳、镇、海、渎地祇也；城隍，人鬼也，焉可杂于一坛而祭之"。[①] 于是，嘉靖十年（1531年），将山川坛太岁殿内风雨雷雨、岳镇海渎、名山大川等迁出，在坛南建天神地祇坛。天神在左，南向，地祇在右，北向，令神祇坛以丑、辰、未、戌三年一亲祭。天神坛设青白石龛四座，奉云师、雨师、风师、雷师之神。地祇坛设青白石龛五座，奉五岳、五镇、四海、四渎之祇。东设青白石龛二座，奉京畿名山、京畿大川之祇，西设青白石龛二座，奉天下名山、天下大川之祇。十三年十一月世宗谕礼部曰："南郊之东坛名天坛，北郊之坛名地坛，东郊之坛名朝日坛，西郊之坛名夕月坛，南郊之西坛名神祇坛，着载会典勿得混淆。"山川坛至此更名为神祇坛。

此次改建中在旗纛庙东添建神仓。

万历改称神祇坛为先农坛

嘉靖改制，确立了天、地、日、月郊坛祭祀礼仪。隆庆元年（1567年）有礼臣向穆宗提议：天神、地祇已从祀南、北郊，神祇坛坛内的天神地祇不易复祭，穆宗采纳了建议，于是停止了天神地祇祭祀，此时的内坛只祭祀先农、太岁及四季月将神。由于与祭祀先农相配套的建筑体系完整，相关礼仪完善，先农坛其在全坛的中心地位得以确立，于是万历四年（1576年）改称神祇坛为先农坛，设先农坛祠祭署，直至清末。

综上所述，北京先农坛以南京山川坛和中都山川坛为建造依据，在明初以天地山川诸神、太岁、先农神、旗纛神为主要祭祀对象，后经嘉靖改制，天神、地祇、山川等神祇迁出内坛，亲耕享先农成为这一时期皇家祭典的主要内容，因此更名为先农坛，更加符合坛内祭祀功能。在建筑格局上，北京山川坛的周回六里明显大于南京山川坛的七百一十二丈（约4.7里），主体建筑太岁殿、拜殿、东西

---

① 参见《日下旧闻考》卷85。

庑、神厨、宰牲亭、先农坛、具服殿、耤田、旗纛殿的平面布局，南京与明初北京山川坛同，天顺二年后北京山川坛共增加了斋宫、神仓及天神地祇坛等建筑，祭祀重心也发生了变化。

（四）关于南京、中都、北京山川坛的方位

明朝是中国历史上传统的君主宗法制成熟、完善，达到顶峰的时期，也是中国传统的政治、经济文化向近代转型的开端时期。

明南京山川坛位置图（图的右侧下方）

明南京由于受到周围山岭、河湖所限，在都城的营建中，遵循的是《管子》"凡立国都，非於大山之下，必于广川之上。高毋近旱而水用足；下毋近水而沟防省。因天材，就地利，故城郭不必中规矩，道路不必中准绳"的思想，采用了依山就势的规划方法，因此明城墙的轮廓线不是方形，而是一个不规则的多边形，南北狭长，东西略窄，并把皇城安排在都城的东部。在皇城的建造中则强调的是《周礼·考工记》儒家礼制观念，采用了《礼记》中所倡导的三朝五门制度。南京城共设13座城门，宫门5座，在都城中轴线上，

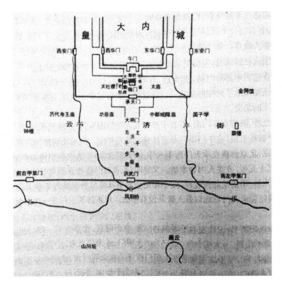

明中都山川坛位置图

从北往南依次为北安门、玄武门、午门、承天门、洪武门。洪武门往南是正阳门，山川坛则建在了正阳门南，大祀坛在正阳门东。从明南京城图、晚清传教士绘制的江宁府城图中，均记载山川坛在正阳门正南，而不是西南，山川坛中轴线有没有与正阳门轴线重合的可能呢？这一做法又体现了洪武怎样的郊坛规划理念。

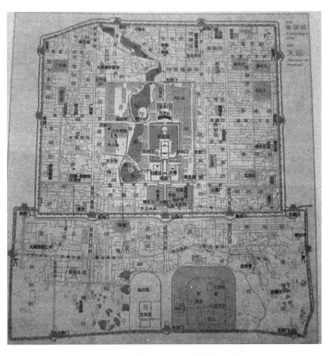

明清北京山川坛位置平面图

明中都的布局规划严格遵循《周礼·考工记》王城制度，采用传统的对称原则，将中轴线纵贯全城，南起凤阳桥，跨涧水进中都城的洪武门，踏上洪武街，横穿云霁街，经大明门，穿过宽阔的凸字形广场，入禁垣的承天门，再经端门，过外金水桥，进皇城的午门，过内金水桥，入奉天门，穿过三殿，进后宫，出皇城的玄武门，经苑囿，越凤凰山巅，出禁垣的北安门，下凤凰山，上玄武街，直至中都城正北。这条全长近7000m的轴线两侧，规整对称地排列着许多建筑，在正阳门南两千米外，两侧分别建有山川坛、圜丘南郊祭祀建筑。山川坛在西，圜丘在东，与我们看到的北京都城平面图中山川坛、天地坛布局相一致。《天府广记》上说："山川坛在正阳门南之右，永乐十八年建。"由此看来明中都所创立的布局与规制，被后来明北京城所继承。北京山川坛营建位置与南京、明中都比较，实际上和中都更加接近。明中都坛庙建筑在南京初制的基础上得以发展，起着重要的承前启后的作用。

潘奇燕（北京古代建筑博物馆保管部，副研究员）

北京古代建筑博物馆文丛

第二辑

2015年

从"请举亲蚕典礼疏"到天地分祀

——兼论明嘉靖时期北京坛庙格局的形成

◎ 张　敏

坛庙文化研究

明世宗嘉靖皇帝朱厚熜，以藩王入继大统，为重塑帝系，他自即位之初就开始了轰轰烈烈的大礼议。为了追立生前未做皇帝的其生父朱祐杬为皇帝并称宗祔庙，整个统治集团前后争论了近20年，最激烈的时期也长达三四年，以最终嘉靖之父献皇帝称为睿宗，祔于太庙，位跻武宗之上而宣告议礼结束。大礼议是一场有关封建宗法制的大辩论，嘉靖皇帝由此对论争所涉及到的继嗣、祭祀等封建礼仪制度产生了浓厚的兴趣，为其日后改制祀典的活动埋下伏笔。反之，仍处于大礼议进程中而开始的郊庙制度改革也是最终实现献皇帝称宗祔庙，以达到嘉靖皇帝推尊私亲目的所制造的礼乐根据和实现的重要步骤。本文拟就嘉靖时期郊礼改制中最突破祖宗成法的天地分祀得以实现的情形，分析嘉靖朝祀典改制的背景与内容，同时阐明北京现有坛庙建筑格局在嘉靖朝祀典改制过程中的形成。

一、从"请举亲蚕典礼疏"到天地分祀

天地的合祀与分祀是一个千年聚讼的问题，且时有更张。明初即有洪武郊制以分祀不合人情及以风雨为忧的考虑而由"分"改"合"，并以天地合祀而成为洪武定制，历代相承，直到嘉靖九年（1530年）明世宗改为天地分祀。自洪武传至嘉靖，150余年的祖宗成法一朝改制，遇到的阻力可想而知。世宗皇帝以太庙卜筮，即欲借助神灵对郊礼改制的认可来减小祖制对改制的阻力，同时群咨廷臣，召九卿科道当廷具对。但是这两项举措均未达到目的，连续两卜都不吉，廷臣对天地分祀也大多持反对态度。改制的动议一度陷入山穷水尽的境地，但很快一份《请举亲蚕典礼疏》即奏响了郊礼改制的破冰号角。

就在世宗二卜二不吉而意欲作罢的时候，嘉靖九年正月，吏科

都给事中夏言上《请举亲蚕典礼疏》：

（臣）按《祭统》，天子亲耕于南郊，以供粢盛；王后亲蚕于北郊，以供纯服。夫以天子之尊，非莫为之耕也，而必躬耕以共（供）郊庙之粢盛；皇后之贵，莫非为之蚕也，而必躬蚕以为祭祀之服饰。所以然者，一以致其诚信，可以交于神明，一以劝天下之农夫蚕妇。非身帅先之，弗可也……

洪惟我太祖高皇帝开天建极，统一万国，制礼作乐，卓越百王。躬耕籍田，既稽古攸行矣，顾独于亲蚕缺焉。当时议礼儒臣亦竟未有及之者，岂非本朝之缺典欤？列圣相承，继文由旧，谦让未遑。礼官廷臣，蔑闻建白，是固有待于陛下也。夫农桑之业，衣食万人，不宜独缺；耕蚕之礼，垂法万世，不宜偏废。先儒谓礼乐必百年可兴，又曰必圣人在天子之位。此臣惓惓之愚，所以不能已，于今日发也，伏望陛下留神垂览……①

奏疏呈进恰逢其时，令一度搁浅的天地分祀改制重整旗鼓，"请帝亲耕南郊，后亲蚕北郊，为天下倡"。② 世宗抓住这一亲耕亲蚕礼，认为这恰与南北郊分祀暗合，可以借之作为过渡和转换，渐进地提出南北分祀的改制目标。因为郊礼分合古来聚讼，先贤大儒也因文献不足二对郊礼规制产生歧义，况且明朝祖制肯定合祀之论，改变祖宗成法使分祀论者承受巨大压力。此时夏言以《礼记·祭统》为依据提出亲蚕礼，无疑为分祀的合理性提供了一个有力的论据，世宗与时任内阁首辅的张璁都认为可以利用亲蚕礼启动南北分祀，于是先议亲蚕礼。

世宗敕谕礼部："古者天子亲耕，皇后亲蚕，以劝天下。自今岁始，朕亲祀先农，皇后亲蚕，其考古制，具仪以闻。"③ 嘉靖九年"二月，工部上先蚕坛图式，帝亲定其制。"④ 按照南北分郊与亲蚕礼的先后顺序，皇后亲蚕当在南北郊之成后，此时南北郊之议借亲

① 参见夏言《请举亲蚕典礼疏》，《四库禁毁书丛刊 明经世文编》卷202，集部第25册，北京出版社，第25—134、135页。

② 参见《明史·列传八十四·夏言》，中华书局1974年版，第5192页。

③ 参见《明史·志二十五·礼三·吉礼三》，中华书局1974年版，第1273—1275页。

④ 参见《明史·志二十五·礼三·吉礼三》，中华书局1974年版，第1273—1275页。

蚕礼而刚刚开始，世宗为巩固议礼成果，决定在嘉靖九年当年于皇城北之西，不筑坛暂举行一次。随后，礼部拟定了亲蚕仪。三月二十七日，皇后亲蚕礼在北郊隆重举行，祭蚕、采桑、赐宴、还宫，一应仪式全部按礼部拟定仪礼进行。第二年，因皇后出入京城多有不便，令工部拆毁北郊先蚕坛，在西苑改建先蚕坛。嘉靖十一（1532 年）、十二年皇后亲蚕西苑，三十八年罢亲蚕礼，四十一年（1562 年）并罢所司奏请。至此，轰动一时的亲蚕礼已彻底完成历史使命，成为嘉靖帝礼制建设中昙花一现的事物，终至淹没于嘉靖帝崇道玄修的重重雾霭中，而这已是郊礼改制成功后很多年的事了。

就《请举亲蚕典礼疏》而言确是世宗郊礼改制遇挫之际的有力声援。在《明世宗实录》中详尽阐述了当时郊礼改制所处的困境以及夏言奏请先蚕礼有如雪中送炭一般打开局面："上因锐意欲定四郊之制，卜之奉先殿太祖前不吉，乃问之大学士翟銮，具述因革以对。复问之礼部尚书李时，时言人情狃于习见，必以旧章成宪为言，恐烦圣虑，请少迟以月日，待治化隆洽，上下相信，然后博选儒臣，议复古制为宜。上意犹不已，仍卜之太祖，复不吉，议且寝矣。会给事中夏言请举亲蚕礼，上大喜。以为古者天子亲耕南郊，皇后亲蚕北郊，适与所议郊祀相表里。因以（夏）言奏示（张）璁，令璁以上旨示言，令陈郊议。"[①]《请举亲蚕典礼疏》激活了处于进退两难境地的天地分祀之议，夏言随即上《请敕廷臣会议郊祀典礼疏》，在议定亲蚕礼后，天地南北分祀礼的改制正式开始。

因《请举亲蚕典礼疏》而幸进的夏言充当了世宗郊礼改制的急先锋，郊天大礼终告成功。经过夏言的倡导，礼部的艰难辩议，终以嘉靖帝敕谕礼部"当遵皇祖旧制，露祭于坛，分南北郊，以二至日行事"[②]为定议，随即施行。

二、嘉靖朝祀典改制的主要内容，
暨北京坛庙建筑格局的形成。

夏言的建议被采纳后再次进言："南郊合祀，循袭已久，朱子所

---

① 参见《钞本明实录》第 14 册，《明世宗实录》卷 11，线装书局 2005 年版，第 385 页。

② 参见《明史·志二十四·礼二·吉礼二》，中华书局 1974 年版，第 1248—1250 页。

谓千五六百年无人整理，而陛下独破千古之谬，一旦举行，诚可谓建诸天地而不悖者也。"① 这番阿谀让嘉靖皇帝十分受用，即命夏言监工，协同户、礼、工三部在南天门（即正阳门）外择地兴建圜丘。夏言通过更定郊祀之制而得到嘉靖皇帝的青睐，在兴建圜丘时择好地址后马上开工，十分尽心尽力，于嘉靖九年（1530年）十月完工，嘉靖帝亲自将圜丘坛殿定名为皇穹宇。第二年夏天，北郊安定门外方丘、东郊朝阳门外朝日坛、西郊阜成门外夕月坛的坛壝相继完工。四郊工程告竣，分祀之制就此确定。嘉靖帝更定祀典最重要的一项内容——改革郊天大礼终于成功了。

自嘉靖九年（1530年）至嘉靖十一年三月，是对郊坛祀典进行改制和增补的集中时期，营建项目主要有在南郊原大祀殿南增建圜丘，圜丘外增建崇雩坛；对山川坛做局部改动，增建天神地祇坛；北郊增建方丘与先蚕坛，东西郊建朝日夕月坛。其间又改先蚕坛于西苑东北，建帝社稷坛于西苑东南，建历代帝王庙于阜成门内大街以北，大体形成我们今日所见的北京坛庙建筑格局。这是大礼议中最重要的郊祀之议阶段，最终嘉靖皇帝决断分祀天地也成为以后宗庙改制的铺垫。

1. 南郊——改建天坛、增建崇雩坛、梳理山川坛

天坛　嘉靖九年以前北京的郊祀建筑是永乐时期依照南京洪武十年（1377年）之制而建的大祀殿，下坛上屋，天地合祀。嘉靖九年议定天地分祀后，在南郊大祀殿之南建圜丘，嘉靖十九年改大祀殿为祈享殿，孟春祈谷，秋季大享都在这里举行。

《春明梦余录》中有详细记载：

嘉靖九年从给事中夏言之议遂于大祀殿之南，建圜丘为制三成，祭时上帝南向，太祖西向，俱一成上，其从祀四坛，东一坛大明，西一坛夜明，东二坛二十八宿，西二坛风云雷雨，俱二成上。别建地祇坛。坛制，一成面径五丈九尺，高九尺；二成面径九丈，高八尺一寸；三成面径十二丈，高八尺一寸，各成面砖用一九七五阳数，及周围栏板柱子皆青色琉璃，四出陛，各九级，白石为之。内墙围墙九十七丈七尺五寸，高八尺一寸，厚二尺七寸五，分棂星石门六，

① 参见《明史·志二十四·礼二·吉礼二》，中华书局1974年版，第1248—1250页。

正南三，东西北各一；外壝方墙二百四丈八尺五寸，高九尺一寸，厚二尺七寸，棂星门如前。又外围方墙为门四，南曰昭享，东曰泰元，西曰广利，北曰成贞。内棂星门南门外东南砌绿磁燎炉，傍毛血池，西南望灯台，长竿悬大灯，外棂星门南门外，左设具服台，东门外建神库，神厨，祭器库，宰牲亭，北门外正北建泰神殿，后改为皇穹宇，藏上帝太祖之神版，翼以两庑，藏从祀之神牌；又西为銮驾库，又西为牺牲所，北为神乐观。北曰成贞门，外为斋官，迤西为坛门，坛稍北有旧天地坛在焉，即大祀殿也。嘉靖二十二年改为大享殿，殿后为皇乾殿，以藏神版……①

崇雩坛 雩祭是明时为遇水旱灾害及非常变异而设的礼仪，祷告对象是昊天上帝，但是祭祀时间和地点不定。嘉靖九年，世宗听从夏言建议，决定在南郊圜丘旁建崇雩坛，"乃建崇雩坛于圜丘坛外泰元门之东，为制一成，岁旱则祷告，奉太祖配"。②嘉靖十一年正月始建，十七年世宗皇帝首次亲往祭祀，但之后一直废弃。

山川坛 山川坛始建于明永乐十八年（1420年），仿南京旧制，建于天地坛之西，是一个计有山川坛、先农坛、旗纛庙在内的坛庙群。嘉靖九年，世宗借改动天地祭礼而重新梳理众神祇，"更风云雷雨之序曰云雨风雷，又分云师雨师风伯雷师以为天神，岳镇海渎钟山天寿山京畿并天下名山大川之神以为地祇"，③ 在先农坛之南相应建天神地祇坛，并别建太岁坛，专祀太岁。

《春明梦余录》卷15载：

神祇坛方广五丈，高四尺五寸五分，四出陛，各九级，壝墙方二十四丈，高五尺五寸，厚二尺五寸，棂星门六，正南三，东西北各一，内设云形青白石龛四于坛北，各高九尺二寸五分。

地祇坛面阔十丈，进深六丈，高四尺，四出陛，各六级，壝墙方二十四丈，高五尺五寸，厚二尺四寸，棂星门亦如神坛，内设青白石龛，山形三，水形二于坛北，各高八尺二寸，左从位山水形各

---

① 参见（清）孙承泽《春明梦余录》卷14《天坛》，江苏广陵古籍刻印社1990年版，第2—3页。

② 参见《明史·礼二·大雩》，中华书局1974年版，第1257页。

③ 参见（明）李东阳、申时行等《大明会典》（影印本），江苏广陵古籍刻印社，卷85《神祇》，第1343页。

一于坛东，右从位山水形各一于坛西，各高七尺六寸。

太岁坛在山川坛内，中为太岁坛，东西两庑，南为拜殿，殿之东南砌燎炉，殿之西为神库，神厨，宰牲亭，亭南为川井，外四天门，东门外为斋宫，銮驾库，外为东天门。

（先农坛）永乐建坛京师一如其制，建于太岁坛旁之西南，为制一成，石包砖砌，方广四丈七尺，高四尺五寸，四出陛，西为瘗位，东为斋宫，銮驾库，东北为神仓，东南为具服殿，殿前为观耕台，台用木，方五丈，高五尺，南东西三出陛，台南为籍田，护坛地六百亩，供黍稷及荐新品物又地九十四亩有奇，每年额税四石七斗有奇，太常寺会同礼部收贮神仓，以备旱潦，又令坛官种一百九十亩，坛户二百六十六亩七分，上耕籍田亲祭余年顺天府尹祭，嘉靖中建圆廪方仓……①

今天，北京先农坛内大部分建筑遗存保存完好，唯天神坛、地祇坛形制无存，地祇坛的部分青白石龛尚存并于北京古代建筑博物馆内异地保护。

2. 北郊——增建方丘和先蚕坛

既然天地分祀，在嘉靖九年圜丘工程告竣后，于第二年夏天北郊安定门外的方丘也随即建成。而天地分祀改制之借力的天子亲耕南郊，王后亲蚕北郊的典礼也使安定门外的先蚕坛开始修建，与方丘一东一西，恰如天坛与山川坛于南郊正阳门外的东西相望之势。

方丘 即方泽坛，《春明梦余录》卷16载：

地坛在安定门外之北，缭以垣墙。嘉靖九年建方泽坛，为制二成……坛制，一成面方六丈，高六尺，二成面方十丈六尺，高六尺，各成面砖用六八阴数，皆黄色琉璃，青白石包砌，四出陛，各八级，周围水渠一道，长四十九丈四尺四寸，深八尺六寸，阔六尺，内墙方墙二十七丈二尺，高六尺，厚二尺，内棂星门四，北门外西为瘗位，瘗祝帛配位，帛则燎之，东为灯台，南门外为皇祇室，藏神版，而太祖版则以祭之前一日请诸庙，外棂星门四，西门外迤西为神库、神厨、宰牲亭、祭器库，北门外西北为斋宫，又建四天门，西门外

① 参见（清）孙承泽《春明梦余录》卷15《神祇坛》、《地祇坛》、《太岁坛》、《先农坛》，第1—2、8—9页。

为銮驾库、遣官房，南为陪祀官房，又外为坛门，又外为泰折街牌坊，护坛地一千四百七十六亩。①

先蚕坛　《世宗实录》载："嘉靖九年二月壬戌朔，癸亥，工部上先蚕坛图式，上亲定其制。先蚕坛方可二丈六尺，坐二级，高二尺六寸，陛四出，东西北俱树以桑柘，燕栖殿不必建，以掌礼房为蚕宫令署，采桑台高一尺四寸，方一丈四尺，銮驾库五间，后墙方其制，内苑止盖织堂，墙围方八十丈，余俱如图注。"②

《春明梦余录》卷19载："先蚕坛嘉靖中始建，在安定门外，后改于西苑，坛石包砖砌，方广二丈六尺，高二尺四寸，四出陛。"③

位于西苑的先蚕坛、先蚕殿迄今保存完好，位于北海公园的东北角。

3. 东西郊——增建朝日坛、夕月坛

朝日坛 夕月坛　《明史》卷49载："而建朝日坛于朝阳门外，西向；夕月坛于阜成门外，东向，坛制有隆杀以示别。……春祭，时以寅，迎日出也。秋祭，时以亥，迎月出也。"④

《春明梦余录》卷16载：

朝日坛在朝阳门外缭以垣墙，嘉靖九年建，西向，为制一成……坛方广五丈，高五尺九寸，坛面用红琉璃，阶九级，俱白石，棂星门，西门外为燎炉瘗池，西南为具服殿，东北为神库、神厨、宰牲亭、灯库、钟楼，北为遣官房，外为天门二座，北天门外为礼神坊，西天门外迤南为陪祀斋宿房五十四间，护坛地一百亩。

夕月坛在阜成门外，缭以垣墙，嘉靖九年建，东向，为制一成……坛方广四丈，高四尺六寸，面白琉璃，阶六级，俱白石，内棂星门四，东门外为瘗池，东北为具服殿，南门外为神库，西南为宰牲亭，神厨，祭器库，北门外为钟楼，遣官房，外天门二座，东天门外北

①　参见（清）孙承泽《春明梦余录》卷16《地坛》，江苏广陵古籍刻印社1990年版，第1页。

②　参见《钞本明实录》第14册，《明世宗实录》卷11，线装书局2005年版，第385页。

③　参见（清）孙承泽《春明梦余录》卷19《先蚕坛》，江苏广陵古籍刻印社1990年版，第10页。

④　参见《明史·志二十五·礼三·吉礼三》，中华书局1974年版，第1270页。

为礼神坊。护坛地三十六亩，祭日之时以寅，祭月之时以亥。①

4. 增建帝社稷坛和历代帝王庙，降杀孔庙祀典，增建启圣祠

帝社稷坛　夏言于嘉靖九年正月请举皇后亲蚕礼，仿周制皇后亲蚕于北郊，皇帝亲耕于南郊，使世宗走出天地分祀改制的困境，皇后亲蚕于北郊仅一次，即以北郊行礼不便而移之西苑。此时世宗又采纳给事中王玑之言，取《礼记·祭统》"天子亲耕以供粢盛"之义，于西苑空地推衍耕耤之道，令农夫垦田植五谷，所获用以内殿及世庙荐新、先蚕等祀。"春籍田而祈社稷"，世宗农桑并举，又须建祭祀之所，遂于嘉靖十年十月在西苑东南建成土谷坛，祭祀社稷之神，为区别于太社稷，定名为帝社、帝稷坛，祭以仲春、秋上戊之明日。隆庆元年（1567年）正月罢止祭祀帝社稷，世宗独创的帝社稷之礼就此终结。

历代帝王庙　祭祀先代帝王作为国家典礼，自秦汉以来历朝不辍并不断发展。永乐迁都北京，诸礼毕举，唯帝王无庙。嘉靖九年（1530年），郊祀由原来的天地合祀改为天地分祀，郊坛从祀礼仪也重新整理。按以类相从的原则，天神从祀于圜丘（天坛），地祇从祀于方丘（地坛），历代帝王属于人鬼，礼臣认为若列历代帝王一坛于风云雷雨、山岳海渎之间是跻人鬼于天神地祇之中，是为不类，故罢郊坛从祀。嘉靖十一年夏，于阜成门内保安司故址建成北京的历代帝王庙，名为景德崇圣之殿，祭祀的帝王、历代名臣位次如南京，并罢南京历代帝王庙祭祀之典。

孔庙　孔子祀典在嘉靖九年体现为对孔庙祀典的降杀，包括孔子谥号只称至圣先师孔子，去其王号及大成、文宣之称。大成殿改称孔子庙，毁塑像，用木主，去章服，减祀仪等。孔庙的从祀系统变革主要体现在启圣祠的普遍建立和从祀名儒的升降，这既是对兴献帝祀典的正面呼应，同时孔庙作为儒家道统的象征，其变动也具有儒学自身的独立性。

在嘉靖九年至十一年郊坛祀典进行改制与增补的集中时期之前后，还有两个时间段内的宗庙添建和改建与郊礼改制密不可分，并最终完整体现了嘉靖朝祀典改制的设计理念与计划，即：

　　① 参见（清）孙承泽《春明梦余录》卷16《朝日坛》《夕月坛》，江苏广陵古籍刻印社1990年版，第10—11页。

①建观德殿、世庙、崇先殿，在原有宗庙系统的外围添建，时间是嘉靖三年（1524 年）年五月至嘉靖六年三月。

②营造皇穹宇（圜丘以北）、大享殿（祈年殿前身）以及太庙，时间是嘉靖十八年（1539 年）八月至嘉靖二十四年六月。

仅就时间而言，上述两个阶段的营建恰是处于嘉靖时期礼制改革的首尾两端，或有割裂史实之嫌。但就内容而言，恰是明世宗加强对祭礼改制并达到实现其父兴献帝"配天享地"和"称宗袝庙"的最终目的的重要步骤。这两个阶段中前一阶段主要围绕世宗父母兴献帝后的尊号中欲去掉"本生"二字，并为此发生了议礼以来最激烈的斗争，在"左顺门事件"的一片杖责声中，"本生"二字去掉，嘉靖帝下令修建的专祀皇考的观德殿、世庙、崇先殿顺利建成。而后一阶段则是在前一阶段基础上，结束了"一个皇城两个庙"的混乱，世庙与太庙合一，"同堂异室"的新太庙建成。世宗皇考称睿宗，且创立的明堂大享之礼以睿宗配享，此时的营建活动都是围绕其父配天与袝庙两大目标而进行的。

持续了 20 多年的祀典改制影响深远，不仅表现在祭礼本身，而且迁延至政治、经济的诸多方面。单从祭礼本身的角度讲，世宗改制厘清了祭礼制度中由于史籍阙如而产生的理解歧义，规范了王朝祭祀体系。时至今日，为北京留下了珍贵的坛庙建筑群，构成北京作为悠久历史文化名城而独有的景观。虽然在历史变迁与时光更迭中，这些坛庙建筑已失却其在封建社会中的祭祀功能，但它们的遗存不仅凸显了嘉靖朝的坛庙设计理念、思想和方法，而且为我们今天研究古代祭祀礼仪、弘扬传统文化提供了真实具象的素材，是不可多得的珍贵历史文化遗产。在当今首都经济发展与历史文化名城保护的双重需求下，明确首都战略功能定位尤为关键。习总书记考察北京工作后就建设首善之区提出五点要求，其中包括要处理好保护古都风貌与城市发展的关系，延承文脉，承载乡愁。这是对首都文物工作者的殷殷期望与拳拳嘱托，在这样的历史时期，做这样一个细微的史实分析与阐述的工作，即通过历史长河中看似偶然实则必然的一个事件——言官的一份奏疏，分析其如何推动一个王朝轰轰烈烈的祀典改革，继而为数百年后的北京留下一笔怎样珍贵的历史文化财富。我们所做的细碎工作正是在努力还原历史的真实，让历史的智慧结晶，让民族的文脉延续。想于此，我感到前所未有的振奋与无尚荣光！

张敏（北京奥运博物馆，副馆长、副研究员）

北京古代建筑博物馆文丛

第二辑 2015年

68

明代北京先农坛的"天神"祭祀

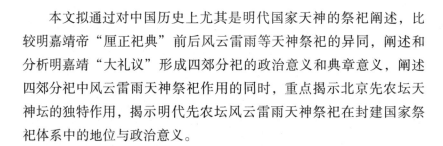

◎ 李 莹

本文拟通过对中国历史上尤其是明代国家天神的祭祀阐述，比较明嘉靖帝"厘正祀典"前后风云雷雨等天神祭祀的异同，阐述和分析明嘉靖"大礼议"形成四郊分祀的政治意义和典章意义，阐述四郊分祀中风云雷雨天神祭祀作用的同时，重点揭示北京先农坛天神坛的独特作用，揭示明代先农坛风云雷雨天神祭祀在封建国家祭祀体系中的地位与政治意义。

一 明以前的先农祭祀与风云雷雨祭祀
——以唐宋为主

中国自古以农立国，古时的先民靠天吃饭。自然条件的好坏直接影响着农业的丰歉。由于原始社会生产力极端低下，原始先民的思维能力和认识水平十分有限，他们不能科学合理地解释那些影响农业生产的自然现象，而是把它们看成是在神的作用下而产生的神奇的现象。出于对农业生产的重视，它们开始崇拜这些与农业有关的神灵，希望通过对农业神灵的祭祀来保佑农业的丰收，于是就开始了对农业神灵的崇拜。

在中国古代众多的农业神中，炎帝神农氏是中国民族世代奉祀敬仰的农业神灵。神话传说中，他遍尝百草，为人们找到可以医病的草药和能够食用的粮食，亲自耕种，并将耕种技能传授给天下百姓，让百姓种植五谷，使人们脱离了茹毛饮血、居无定所的原始状态，过上定居的农耕生活。因炎帝神农氏在天下百姓之先掌握了农耕技术，故被后世人尊称为先农。春秋战国时，有关炎帝的神话在民间广泛流传。根据史书记载，除了民间要祭祀炎帝神农氏以外，历代的封建统治者也要举行祭拜炎帝的礼仪。"先农"之称始于汉代，认为"先农即神农，炎帝也"，祭祀先农正式列为国家祀典，开始在国家政治生活中发挥重要作用，一直延续到清末。

除了先农之外，先民还通过对太岁、山川海渎、风云雷雨以及日月星辰等神灵的崇祀，表达他们对农业的重视，随着中国历史的演进，这些礼仪逐渐成为中国古代国家祭祀礼仪中重要内容。对农作物生长直接产生影响的自然力，是集合于北京先农坛内众神灵的共同特点，是中国本土宗教中多神崇拜的体现。这些神灵在功能上服务于先农之神，共同为古代统治者劝耕农桑及江山永固发挥着重要作用。

1. 唐宋时期先农神的祭祀

明太祖初年所行先农之礼，多仿自唐宋之制。

国家祭祀体系中的先农之祀主要分为两个部分，即：耤田礼和祀农礼。耤田礼最初是天子或诸侯执耒耜象征性地在耤田上耕种，以此来为百姓做农耕表率的礼仪，与祭祀先农没有必然关系。汉代，耤田礼逐渐与祭祀先农的礼仪合二为一，统称"亲耕享先农"。汉代统治者仿效祭祀社稷的形式制定祭祀先农礼仪，还创建神农祠，设大司农，"属官有太仓、均输、平准、都内、籍田五令丞"①，于耕耤田之日行先农祭祀之礼。经过魏晋南北朝，耤田礼和祀农礼已经成为祭祀先农礼仪中重要的两个组成部分，二者密不可分，这是农业在国家政治经济中占有重要地位的必然结果。

隋唐是中国封建社会发展的顶峰，尤其是在唐朝全盛时期，政治、经济、文化等方面都达到了很高的成就，先农祭祀在此时也进一步完善。虽然，亲耕祭先农在国家的政治生活中仍未非常祀，不定期举行，但经过唐初承继前代礼仪后的经验积累，至唐中时，始完成唐代自己的礼仪建设。《大唐开元礼》中，对唐开元年间祭祀先农礼仪有详细的记载，"皇帝吉亥享先农仪"仪程大致如下：

斋戒：在别殿散斋三日，太极殿致斋一日，行宫致斋一日，共五日。

陈设：祭祀前二十日临时修建先农祭坛，坛高五尺，方五尺四，四出陛，青色。前享三日，陈设如圜丘仪，前享二日，太乐令设宫悬乐，前享一日，奉礼设皇帝致祭位和耕耤位，御耒位于三公之北。设从耕位：三公、诸王、诸尚书、诸卿位于御座东南侧，执耒耜者

① 班固：《汉书》卷一九上《百官公卿表》第七上，中华书局1999年版，第616页。

位于耕者之后；非耕者位于耕者东侧。祭器陈设于先农神位之前，牺樽二、象樽二、山罍二。祭祀当日，设置神农氏神位于先农坛北方，设置后稷氏神位于先农坛东。

銮驾出宫：皇帝于太极殿前乘坐耕根车，前往先农坛行祭祀先农礼。

馈享：祭祀当日未明三刻，祭祀官员及从祀官员将祭品放置于祭器之中。未明一刻，皇帝至先农坛行祭祀礼，共分为奠玉帛、初献、亚献、终献。终献后饮福受胙、撤馔、望瘗。祭文："维某年岁次月朔日，子开元神武皇帝。敢昭告於帝神农氏：献春伊始，东作方兴，率由典则，恭事千亩。谨以制币、牺齐、粢盛、庶品，肃备常祀，陈其明荐，以后稷氏配神作主。尚飨。"

耕耤：皇帝行祭祀礼后，来到耕耤位，从耕、侍耕者各就其位，廪牺令献御耒给司农卿，司农卿授耒给侍中，侍中奉耒于皇帝。皇帝执耒于耤田三推后，将耒交予侍中，侍中转予司农卿，司农卿再转予廪牺令，最后由廪牺令将御耒藏于本位。皇帝耕毕，三公、诸王五推，尚书卿九推。

銮驾还宫：行耕耤礼后，皇帝銮驾还宫。

劳酒：第二天，皇帝设会于太极殿，宴群臣以示庆贺。

唐代统治者根据郑玄的理论，在祭祀先农礼仪中设置配位神，即后稷、句芒。根据史料，以后稷为先农配位神，这个做法隋代就已出现：

隋制，于国南十四里启夏门外，置地千亩，为坛，孟春吉亥，祭先农于其上，以后稷配。[1]

唐代，除了后稷之外，后来又用句芒配祀：

玄宗开元二十二年冬，礼部员外郎王仲秋又上疏请行耤田之礼。二十三年正月，亲祀神农于东郊，以句芒配。[2]

礼神建筑中，保留前代神仓、观耕台等祀先农亲耕耤田礼专用

① 《隋书》卷七《礼仪志》二，中华书局1973年版，第144页。
② 《旧唐书》卷二四《礼仪志》四，中华书局2000年版，第616页。

建筑。

宋代，亲耕享先农礼承唐代，并不断完善。北宋初年，统治者重视对先农的崇祀。宋雍熙四年（987）宋太宗采纳礼臣建议，决定第二年"正月择日有事于东郊，行耤田礼"。有司制定详细的祭祀先农仪注：

依南郊置五使。除耕地朝阳门七里外为先农坛，高九尺，四陛，周四十步，饰以青；二壝，宽博取足容御耕位。观耕台大次设乐县、二舞。御耕位在壝门东南，诸侯耕位次之，庶人又次之。观耕台高五尺，周四十步，四陛，如坛色，其青城设于千亩之外。①

雍熙五年（988），宋太宗行亲耕享先农礼仪：

五年正月乙亥，帝服衮冕，执镇圭，亲享神农，以后稷配，备三献，遂行三推之礼。毕事，解严，还行宫，百官称贺。帝改御大辇，服通天冠衮冕，执镇圭，亲享神农，以后稷配，备三献，遂行三推之礼。毕事，解严，还行宫，百官称贺。帝改御大辇，服通天冠、绛纱袍，鼓吹振作而还。御乾元门大赦，改元端拱，文武递进官有差。二月七日，宴群臣于大明殿，行劳酒礼。②

祭祀先农礼仪到了徽宗政和年间定礼又有修改。

政和元年，有司议：享先农为中祀，命有司摄事，帝止行耕耤之礼。罢命五使及称贺、肆贺之类；太史局择日不必专用吉亥；耕耤所乘，改用耕根车，罢乘玉辂；躬耕之服，止用通天冠、绛纱袍，百官并朝服；仿雍熙仪注，九卿以左右仆射、六尚书、御史大夫摄，诸侯以正员三品官及上将军摄；设庶人耕位于诸侯耕位之南，以成终亩之礼；备青箱，设九谷，如隋之制。寻复以耕耤为大祀，依四孟朝享例行礼，又命礼制局修定仪注。③

皇帝亲耕同时由有司摄祭，这在以前是没有的。至高宗绍兴年

---

① 《宋史》卷一〇二《礼志》五，中华书局，1985 年，第 2489 页。
② 《宋史》卷一〇二《礼志》五，第 2489 页。
③ 《宋史》卷一〇二《礼志》五，第 2491 页。

间，竟荒废耤田之礼。从南北宋延续的时间来看，北宋时期的耕祭活动要比南宋频繁得多。南宋时期，因偏安一隅、苟且偷生的政治风气，导致国家典章制度极度荒废，亲耕享先农的祭祀礼仪也不过在宋高宗时期进行过两次。到了绍兴三十一年（1161）时，竟然没有设置掌管耤田享先农事务的耤田令官职，实际上相当于废除了耤田享先农礼仪。南宋成为汉家朝代废典仪丧圣人之祀的可耻代表。

从汉代开始，将祭先农、耕耤田作为国家祀典，至南北朝对礼仪程序不断丰富，唐宋时达到礼仪建设高峰。作为国家祭祀礼仪中的重要内容，祭祀仪程已经基本固定，祭祀建筑也逐步完备，为明清达到辉煌奠定了制度和内容的基础。

2. 唐宋时期风云雷雨祭祀

在古人的观念中，天地日月风云雷雨等都是主宰农业丰歉的神灵，其中风云雷雨等自然神都与农业生产所需水源的主要提供方式——降水有关，崇祀风云雷雨等天神是古代先民"靠天吃饭"的真实写照。从殷商时代开始，祈雨（止雨）的相关祭祀活动就成为统治阶级政治生活中的一件大事。人们对风、云、雷等天神的崇拜最终目的是为了获得充沛适量的雨水供作物生长。随着人们认识自然能力的增加，风云雷雨等天神也逐渐出现在国家祀典之中。风师和雨师是最早出现在国家祀典之中的天神，但是对他们的祭祀并不被重视，属于小祀。直到唐代修《大唐开元礼》时，风师、雨师的祭祀仍列为小祀，唐天宝四年（745）时，才升为中祀。根据《文献通考》的记载，唐天宝五年（746），雷神才被列入国家祀典。明洪武初年，增云为风师之次。风云雷雨四天神自此作为一个整体，成为国家祀典中不可或缺的一部分。

作为关系国家民生政治基础——农业的一个重要侧面，风雨等自然崇拜一直为古代国家所看重，借此嘉佑这些关系农业神祇，使国运安康。唐代明确规定，立春后丑日，祀风师于国城东北；立夏后申日，祀雨师于国城东南。唐代，祭祀风、雨二天神时间、地点各不相同，除此之外，其建筑形制也大相径庭。风师坛，坛制为方坛，高五尺。长安城风师坛初在通化门外道北二里近苑墙处，贞元三年（787），挪至通化门外十三里浐水东道南。雨师坛，坛制为方坛，坛上设雨师座、雷神座。长安城雨师坛在金光门外一里半道南，洛阳城雨师坛在丽景门内。雷神列入国家祭祀后，"其以后每祭雨师，宜以雷神同坛祭，共牲别置祭器"。

虽然，唐代风神、雨师各自别祭，但是作为郊祀对象，历代都有完整的祭祀礼仪，体现了统治者对天神祭祀的虔诚。唐代，祭祀风雨雷等天神仪程大致相似，《大唐开元礼》中，有唐代开元年间对风师的祭祀仪程：

> 立春后丑日祀风师，前祀三日，诸应祀之官散斋二日致斋一日，并如别仪，前祀一日，晡后一刻，诸卫令其属各以其方器服守壝门，俱清斋一宿，卫蔚设祀官次于东壝之外道南北向，以西为上，设陈馔幔于内壝东门之外道南北向，郊社令积柴于燎。坛方五尺，高五尺，开上南出户。祀日未明三刻，奉礼郎设祀官位于内壝东门之内道北。执事位于道南，每等异位俱重行西向，皆以北为上设望燎位。当柴坛之北南向，设御史位于坛上西南隅东向。令史陪其后于坛下，设奉礼位于祀官西南。赞者二人在南，差退俱西向。又设奉礼赞者位于燎坛东北西向，北上设祀官门外位于东壝之外道南，每等异位重行北向，以西为上。郊社令帅齐郎，设酒樽于坛上东南隅，象樽二寘于坫北向。西上设币篚于樽于之所，设洗于坛南陛东南北向，罍水在洗东，篚在洗西南肆。祀时未明三刻太史令郊社令升社风师神座于坛上，诸祀官各服其服。赞引引御史太祝及令史与执樽罍篚幂者，入当坛南重行北面，以西为上。立定奉礼曰再拜，赞者承传，御史以下皆再拜。①

宋代继承唐制，宋真宗在位期间，明礼官考仪式颁之，后不断完善。《宋史》中就有一段宋神宗时期对此类天神祭祀的相关记载：

> 熙宁祀仪：兆日东郊，兆月西郊，是以气类为之位。至于兆风师于国城东北，兆雨师于国城西北，司中、司命于国城西北亥地，则是各从其星位，而不以气类也。请稽旧礼，兆风师于西郊，祠以立春后丑日；兆雨师于北郊，祠以立夏后申日；兆司中、司命、司禄于南郊，祠以立冬后亥日。其坛兆则从其气类，其祭辰则从其星位，仍依熙宁仪，以雷师从雨师之位，以司民从司中、司命、司禄之位。②

---

① 《大唐开元礼》附《大唐郊祀录》卷七《祀礼》四，民族出版社2000年版，第776页。

② 《宋史》卷一〇《礼志》六，第2517页

关于风云雷雨四类天神的崇祀，经过先秦到唐宋的不断发展完善，成为中国封建国家祀典的重要内容，并一直延续至明清时期。

二 明太祖时期大祀殿和山川坛天神祭祀

1368 年，朱元璋在建康（今南京）称帝，改元洪武，是为明太祖。

明朝的建立，结束了蒙古族在中原地区百余年的异族统治。朱元璋在建立政权的过程中，曾经认真总结蒙古政权覆灭的原因，认为蒙古族统治者缺少严格的礼仪制度是一个重要原因，致使元后期"主荒臣专，威服下移，由是法度不行，人心涣散，遂至天下大乱"①。因此，要想建立稳固的新政权，就要制订严格的礼仪制度并加以执行，严格明确君臣父子儒家伦理在政治上的应用，突出皇权专制。早在朱元璋登上吴王王位之后，就开始建立完备礼仪制度的准备，说"立国之初，当先正纪纲"②，又曰："礼法，国之纪纲。礼法立则民志定，上下安，建国之初，此为先务"③。这时，经过蒙古人一百余年的统治后，此时汉人渴望回归汉家正统的迫切性十分强烈。太祖即位之后，顺应恢复汉法的民意，在总结元政权覆灭的同时，为了巩固和加强自己的政权，促进社会的稳定，立即对以往的制度进行厘清和革除，极力恢复唐宋时期的礼仪典章，希望以此来彰显其汉族天子政权的正统性、天道承继性。此外，他还亲自参与国家礼法的修订。洪武三年（1370），明朝第一部礼制全书——《大明集礼》修成，标志明朝自己的典章制度初次修订完成。而在他统治时期，也初步建立了祭祀制度。

1. 洪武时期天地合祀与天地分祀

洪武初期，国家尚未统一，战争仍在继续，民生疾苦，经济凋敝。这种情况下，礼仪制度制订得仓促，有严格考据但无可操作性。经过一段时期实行，洪武中期时明朝礼仪制度相对稳定下来。洪武礼制的落实，对后来成祖营造北京城的坛庙并实行相关制度产生直

① 《明史》卷一〇三十六《朱升传》，中华书局 1999 年版，第 2610 页。
② 《明史》卷一《太祖》一，第 8 页。
③ 《明实录·太祖实录》卷一四，台湾中央研究院历史语言研究所 1963 年校印本。

接影响。

朱元璋早在元顺帝至正二十六年（1366），就命有司建圜丘于应天正阳门外钟山之阳，在冬至日祭祀昊天上帝；建方丘于太平门外钟山之阴，在夏至之日祭祀皇地祇，实行天地分祀。这一布局与历代郊祀制度相符合，即在都城南郊祭天，在都城北郊祭地。洪武元年（1368）还规定，祀昊天上帝时，以大明、夜明、星辰、太岁从祀，祀皇地祇时，以五岳、五镇、四海、四渎从祀。三年（1370），增祀风云雷雨于圜丘，天下山川之神于方丘。

明初的先农坛与山川坛分而建之，二者并没有直接联系。洪武二年（1369），朱元璋下令按照唐宋之制建造先农坛，祭坛“在耤田之北，高五尺，阔五丈，四出陛”①，祭坛东南有瘗坎（所谓瘗坎，也称瘗池，是古代行地礼时用以埋牺牲毛血、玉帛的坑穴）。祭坛的正北方是先农坛神库，平时供奉先农神牌。此外，朱元璋还沿用古制，建造观耕台“高三尺，广二丈五尺，四出陛”②。洪武二年（1369），于正阳门外南郊建群神享祀所，惊蛰、秋分日祭祀诸天神，清明、霜降日祭祀诸地祇。同年，有礼官上疏：

> 今国家开创之初，尝以太岁、风云雷雨、岳镇、海渎及天下山川，京都城隍及天下城隍皆祀于城南享祀之所，既非专祀，又屋而不坛，非礼所宜。考之唐制，以立春后丑日祭风师于城东北，立夏后申日祭雨、雷于城东南。以今观之，天地之生物，动之以风、润之以雨、发之以雷，阴阳之机，本一气使然。而各以时别祭，甚失享祀本意。……今宜以太岁、风云雷雨诸神合为一坛，岳镇、海渎及天下山川、城隍诸地祇合为一坛，春、秋专祀。③

意思是说，应将万物发育之始时的祭祀对象定位于太岁风云雷雨，将收获季节时的祭祀对象定位于岳镇海渎城隍等地祇之神。朱元璋听取了礼官的建议，于是罢群神享祀所，将太岁、风、云、雷、雨诸天神合为一坛，将岳、镇、海、渎、天下山川、城隍诸地祇合为一坛，合称山川坛，实行天地分祭。洪武三年（1370），明太祖又在山川坛增祀春夏秋冬以及十二月将（一年之中十二月份各为一神，

————————

① 《明史》卷四七《礼志》一之《吉礼》一，第817页。
② 《明史》卷四七《礼志》一之《吉礼》一，第817页。
③ 《明实录》卷三八《太祖实录》。

称十二月将之神)。同年,建朝日坛于都城东门外,以春分日祭祀;
夕月坛于都城西门外,秋分日祭祀。洪武二十一年(1388年),明
太祖认为大明之神和夜明之神已经在南郊的礼仪中进行从祀,没有
必要再重复举行祭祀典礼,故"罢朝日夕月之祭"。

　　不过,从洪武中期开始,朱元璋对诸神祭祀又有了新的变化。
他认为"天地犹父母,父母异处,人情有所未安",于是在洪武十年
(1377年),下令于圜丘旧址"以屋覆之,名曰大祀殿,凡十二
楹"①,做了重新规划,实行天地合祀。客观上,朱元璋的做法体现
出一定程度上的删繁就简之效。

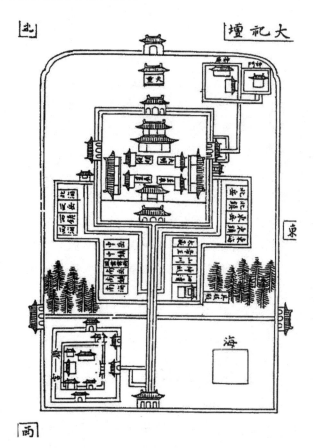

明弘治《洪武京城图志》明洪武南京大祀殿图

　　同时期,山川坛也在洪武九年(1376)时经历了一次重大变化,
将先农坛与耤田并入山川坛内坛。洪武二十一年(1388),因为在大
祀殿外墙增设与山川坛重复的诸神祇从祀神坛,故停止山川坛春祭,

――――――――

① 《明史》卷四七《礼志》一之《吉礼》一,第816页。

保留秋祭。

2. 明初大祀殿天神祭祀及山川坛天神祭祀

明初规定，圜丘、方泽、宗庙、社稷、朝日、夕月、先农为大祀，太岁、星辰、风云雷雨、岳镇、海渎、山川、历代帝王等为中祀。后又将先农、朝日、夕月改为中祀。仲秋祭太岁、风云雷雨、四季月将及岳镇、海渎、山川、城隍，仲春祭先农，仲秋祭天神地祇于山川坛。如果新登基的皇帝祭祀先农，"视学而行释奠之类"①。洪武实行天地合祀之后，将朝日、夕月、先农之祭由大祀改为中祀，重新确定祭天地之仪、郊祀仪、祭山川仪、先农仪等相关吉礼。

洪武十年（1377），朱元璋命作大祀殿于南郊，同年冬至，因大祀殿尚未完工，于是朱元璋在奉天殿举行天地合祀礼仪。遂定每岁孟春合祀天地，并成为永制。洪武十二年正月，朱元璋在建成的大祀殿中合祀天地，亲作大祀文并歌九章。从此分祀变为合祀。大祀殿作为明代统治者合祀天地神灵的地方，在殿内"中石台上设上帝、皇地祇座"上帝、皇地祇面向南，仁祖作为配位神在东面，西向。此外，还有从祀十四坛，在大祀殿丹陛东面摆放大明神，西面摆放夜明神，"两庑坛各六：星辰二坛；次东，太岁、五岳、四海，次西，风云雷雨、五镇、四渎；又次天下山川神祇二坛。俱东西向。"②。洪武二十一年时，又在大祀殿丹墀上增修了四座石台，分别是大明、夜明以及两座星辰。在大祀殿内围墙外增修石台二十座，东西各十座，东面分别是北岳、北镇、东岳、东镇、东海、太岁、帝王、山川、神祇、四渎，西面分别是北海、西岳、西镇、西海、中岳、中镇、风云雷雨、南岳、南镇、南海。建文帝时，曾将将仁祖撤下，改供奉太祖为配位神，洪熙元年（1425），增文皇帝于太祖下。

关于规制及洪武山川坛祭祀礼仪在《明实录》中有详细的记载：

……以惊蛰秋分日祀太岁诸神，以清明霜降日祀岳、渎诸神。坛据高阜，南向。四面垣围，坛高二尺五寸，方阔二丈五尺。四出陛，南向陛五级，东、西、北向陛三级。祀天神，则太岁、风云雷

---

① 《明史》卷四七《礼志》一之《吉礼》一，第815页。
② 《明史》卷四十七《礼志》一之《吉礼》一，第818页。

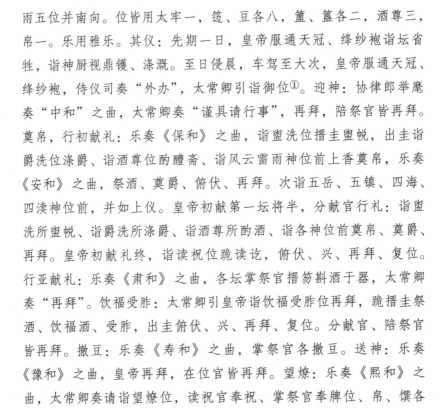

雨五位并南向。位皆用太牢一，笾、豆各八，簠、簋各二，酒尊三，帛一。乐用雅乐。其仪：先期一日，皇帝服通天冠、绛纱袍诣坛省牲，诣神厨视鼎镬、涤溉。至日侵晨，车驾至大次，皇帝服通天冠、绛纱袍，侍仪司奏"外办"，太常卿引诣御位①。迎神：协律郎举麾奏"中和"之曲，太常卿奏"谨具请行事"，再拜，陪祭官皆再拜。奠帛，行初献礼：乐奏《保和》之曲，诣盥洗位搢圭盥帨，出圭诣爵洗位涤爵、诣酒尊位酌醴斋、诣风云雷雨神位前上香奠帛，乐奏《安和》之曲，祭酒、奠爵、俯伏、再拜。次诣五岳、五镇、四海、四渎神位前，并如上仪。皇帝初献第一坛将半，分献官行礼：诣盥洗所盥帨、诣爵洗所涤爵、诣酒尊所酌酒、诣各神位前奠帛、奠爵、再拜。皇帝初献礼终，诣读祝位跪读讫，俯伏、兴、再拜、复位。行亚献礼：乐奏《肃和》之曲，各坛掌祭官搢笏斟酒于器，太常卿奏"再拜"。饮福受胙：太常卿引皇帝诣饮福受胙位再拜，跪搢圭祭酒、饮福酒、受胙，出圭俯伏、兴、再拜、复位。分献官、陪祭官皆再拜。撤豆：乐奏《寿和》之曲，掌祭官各撤豆。送神：乐奏《豫和》之曲，皇帝再拜，在位官皆再拜。望燎：乐奏《熙和》之曲，太常卿奏请诣望燎位，读祝官奉祝、掌祭官奉牌位、帛、馔各诣燎坛。燎毕，奏"礼毕"，还大次。"②

　　通过上面的文字可以看出，风云雷雨四天神作为中祀，尽管同太岁、山岳海渎等神灵共同供奉在山川坛中，但是其祭祀仪程并没有因共同供奉而有所简化。但是，当风云雷雨祀天神被列入大祀殿中，作为天地合祀中等级最低的配位神，其祭祀仪程则要简化很多。

　　明初建国的政治所需，太祖令李善长等人以唐宋古制为基础，拟定了大明诸神祀制。但由于传承汉家正统天道的意味过于浓重，唐宋百神杂祀之弊也照数沿袭，虽初期彰显国家对汉家古制的重视，但实际上操作时疲于奔命，加重了政治运作成本。旋即明太祖注意到礼仪为当下所用是为根本，且采取对儒家思想"重本尚诚"的态度，于是反对礼文繁琐，认为礼繁则害"诚敬"，废止了一批唐宋时期过于杂祀之礼（如蜡祭、太一祭享等），将天地合祀以及日月星辰

---

① 《明实录》卷三八之《太祖实录》。
② 《明实录》卷三八《太祖实录》。

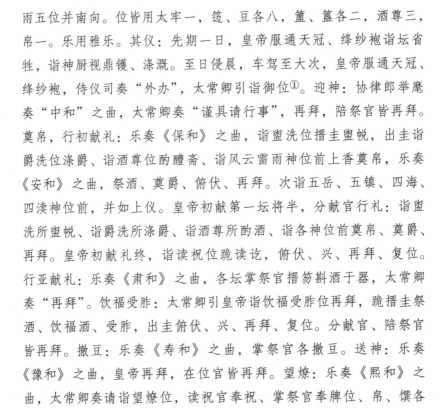

风云雷雨岳镇海渎共同从祀，作为封建国家最重要的国家祀典，也在发挥其政治功能的同时逐渐简化仪程。祭祀礼仪简化后，符合了太祖"诚敬"的追求。

作为传统农耕农业大国，统治者对天、地、日月、星辰、风云雷雨等神灵的崇祀，无论仪程繁简，归根结底都是为了祈求农业丰收、百姓丰衣足食，最终达到巩固政权之皇朝永祚政治目的。

在明南京众多坛庙建筑中，山川坛以供奉多神而不同于其他专祀坛庙。洪武二年（1369），明太祖认为既非专祀，又屋而不坛，非礼所宜，故命礼官考订古礼。礼官指出：

> 天地之生物，动之以风，润之以雨，发之以雷，阴阳之机，本一气使然。而各以时别祭，甚失享祀本意。至于海、岳之神，其气亦流通畅达，何有限隔？今宜以太岁、风云雷雨诸神合为一坛，岳镇、海渎及天下山川、城隍诸地祇合为一坛，春、秋专祀。①

在传统观念中，这些神灵在农业生产中的作用十分重要，因此随着时代的推移其地位也不断上升。在春、秋两个季节分别祭祀代表天神、地祇，表明祭祀天地神灵要顺应阴阳四时的变化，这也与农本思想紧密相连。在山川坛中，天神地祇不再是从祀神，而是山川坛的主祀神，这种建制弱化了山川坛的政治色彩，强化了其农业的原始职能，是明代以农立国传统、重视农业为国之根本的重要表现。

在靠天吃饭的古代，农业生产严重依靠对农作物生长环境的要求以及时令的限制。以昊天上帝为代表的天神、以皇地祇为代表的地神，其原始职能都体现出气候环境因素，统治者崇拜此类神灵的原始目的，希望通过对天地诸神的崇祀能够消灭天灾，使农作物在良好的环境中得以生长。经过长期的劳动实践，人们发现这些影响气候的自然因素并不是单独发挥作用，它们之间存在着某种必然的联系。将这些有关联的神灵统一放在一起，共同崇祀，是一种人们通过祭祀活动反应对自然世界认识的结果。此外，将众多神灵集中在一起由皇帝亲自祭祀，也宣示了神祇的重要性，加强封建王朝内对这些神祇重要性的关注度。

① 《明实录》卷三八之《太祖实录》。

三 嘉靖时代的天地分祀与北京先农坛天神祭祀礼内涵

正德十六年（1521），明武宗驾崩。因武宗没有子嗣，明孝宗也没有其他皇子在世，于是首辅大学士杨廷和以《皇明祖训》中"兄终弟及"的规定为依据，提出迎立武宗叔伯兄弟朱厚熜入继皇帝位。杨廷和的主张得到慈寿皇太后的认可，并以武宗"遗诏"以及皇太后"懿旨"的名义公布于天下。于是在明武宗病逝后，朱厚熜就以地方藩王的身份晋京御政，是为明世宗嘉靖皇帝。明世宗皇帝属于旁支继位，于是在他在位期间，礼仪发生了重大变化。

1. 嘉靖改制背景

中国古代王位继承与宗法制有很大关系，朱厚熜作为旁系继承帝位，并不属于孝宗——武宗这一宗系，在礼制上就要面对如何处理自己与亲生父母、与前皇帝的关系等一系列问题。在明世宗即位之后，举朝上下就围绕这些问题展开了规模巨大、旷日持久的争论，史称大礼议。

正德十六年（1521），明世宗即位之初，曾因礼部为其定以皇太子身份即位而止于郊外。朱厚熜认为"遗诏以我嗣皇帝位，非皇子也"，与杨廷和就身份问题相持不下。最终，在慈寿皇太后的协调下，明世宗"奉皇兄遗命入奉宗祧"。同年，以杨廷和为首的一些大臣认为世宗既然已经继承大统，应以明孝宗为皇考，称兴献王为"皇叔考兴献大王"，母妃蒋氏为"皇叔母兴国大妃"，祭祀时对其亲生父母自称"侄皇帝"。世宗对此坚决反对，杨廷和却执意坚持，双方僵持不下，礼议之争日渐激烈。世宗不愿意按照杨廷和的要求，做孝宗的子嗣，称自己的亲生父亲为叔父，同时他又不满杨廷和的专政。为了建立自己的权利与威严，明确他继承皇位的正统性，在他登基不到十年，利用议礼为契机，掀起了一场打击杨廷和及其党羽的政治斗争。最终，经过左顺门事件以张璁为代表的议礼派逐渐占据上风，并最终取得大礼议的胜利。

嘉靖七年（1528），由张璁、桂萼主持的《明伦大典》完稿，嘉靖皇帝亲自作序，并颁布天下，以国家政典的形式将之前的大礼议做了总结，同时也为后来明王朝国家祭祀礼仪的改革做了思想和舆论上的准备。嘉靖"益覃思制作之事，郊庙百神咸欲斟酌古法，厘正旧章"，随着明代皇家祭祀礼仪的变化，在明王朝首都——北京也开始了一场轰轰烈烈的皇家坛庙改扩建工程。嘉靖九年（1530），明世宗提出了天地分祀的想法，此想法一出，引发了朝堂之上一场分与不分的大辩论。根据当时的统计，大臣们主要有主张，都御使汪鋐等82人主张分祭；大学士张璁等84人主张可以分祭，但要慎重，时机还不成熟；尚书李瓒等26人主张可以分祭，应以山川坛为方丘；尚书方献夫等206人主张合祭；另外英国公张仑等198名大臣没有发表明确的意见。经过大臣的激烈讨论，嘉靖皇帝最终"折衷众论"，提出"分祀之义，合于古礼"，并于嘉靖九年（1530）恢复明太祖初期的天地分祀制度。此外，他还认为"日月照临，其功甚大，太岁等神，岁有二祭，而日月星辰只一从祭，义所不安"。于是，在大祀殿南建造圜丘以祀天，在安定门外建造方泽坛以祀地，东郊朝阳门外建朝日坛以祀大明之神，西郊阜成门外建夕月坛以祀夜明之神，将山川坛更名为神祇坛（后万历四年更名为先农坛），北京城形成了四郊分祀的新格局。同年十一月：

> 丙申。上谕礼部曰：南郊之东坛名"天坛"，北郊之坛名"地坛"，东郊之坛名"朝日坛"，西郊之坛名"夕月坛"，南郊之西坛名"神祇坛"。著载会典，勿得混称。①

这里所谓的神祇坛，其实就是北京建都以来的山川坛。关于它的祭祀内容，下一节有述。

这场皇家祭祀礼仪制度的变革，改变了明洪武中期以来延续了一百五十多年的皇家坛庙祭祀格局及礼仪制度，也为嘉靖帝生父兴献王最终成宗入庙奠定了政治基础。嘉靖十七年（1538）九月，嘉靖皇帝下诏令兴献皇帝为睿宗，入太庙，配享上帝。

由此可见，"大礼议"启动的"厘正祀典"，其根本目的就是要使兴献帝"称宗入庙"，最终完成兴献帝系正统的塑造。通过大礼议，嘉靖帝完成在理论上和典章上树立了自己继承帝位的政治正统性，摆脱了杨廷和为首的旧臣束缚，加强了自己的皇权统治。

2. 天神坛的创建

由于实行天地分祀，风雨雷电划属天神。于是明嘉靖帝时在天

---

① 《明实录》卷一一九《世宗实录》。

坛之外又另外创建天神坛，专祀风云雷雨等天神，开始了风云雷雨拥专享祭坛的历史。

1420年，明成祖迁都北京，北京城坛庙建设"悉仿南京旧制"。作为崇祀太岁、风云雷雨、岳镇海渎、城隍诸神的山川坛也按照南京建制，建于北京城正阳门外西南侧。《春明梦余录》中有关于山川坛总体布局的记载：

山川坛在正阳门南之右，永乐十八年建，缭以垣墙，周回六里。洪武三年，建山川坛于天地坛之西，正殿七坛：曰太岁、曰风云雷雨、曰五岳、曰四镇、曰四海、曰四渎、曰钟山之神，两庑从祀六坛：左京畿山川，夏、冬月将；右都城隍，春、秋月将。二十一年，各设坛于大祀殿，以孟春从祀，遂于山川坛惟仲秋一祭。永乐建坛北京，一如其制，进祀天寿山于钟山下。……坛西南有先农坛，东旗纛庙，坛南耤田在焉。①

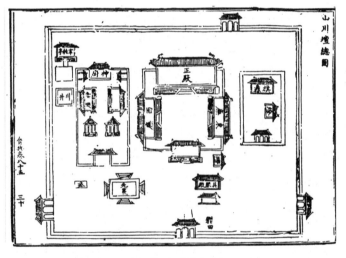

山川坛总图《明会典》

前文已述，嘉靖帝即位后，借大礼议之便，于正德十六年至嘉靖十七年（1521—1538）间，对宗庙、郊坛等进行了大规模的礼制改动，对郊祀的坛所、祭制更订则主要集中在嘉靖九年至嘉靖十一年间（1530—1532）。期间，嘉靖帝因分祀天地而营建圜丘、改大祀

① 《春明梦余录》（上）卷一五，北京古籍出版社，1992年12月版，第217页。

殿形制、建方泽坛，东西郊辟建朝日、夕月坛，并在山川坛内坛之南另行辟建神祇坛。

嘉靖九年（1530），嘉靖帝谕礼部改"南郊之西坛名神祇坛"，并将风、云、雷、雨四天神的顺序更改为云、雨、风、雷。以彰显他对天神地祇的尊重。十一年（1532），将风云雷雨岳镇海渎诸神迁出山川坛正殿，在内坛南侧另建天神、地祇二坛，合称神祇坛。从此，风云雷雨天神有了自己专属的祭祀坛所：

（嘉靖十年）七月。乙亥。天神、地祇坛及神仓工成。升右道政何栋为太仆寺卿。①

关于天神坛的坛制，《明会典》卷一八七中有比较详细的记载：

神坛方广五丈，高四尺五寸五分，四出陛，各九级。壝墙方二十四丈，高五尺五寸，厚二尺五寸，灵星门六，正南三，东、西、北各一，内设云形青白石龛四，于坛北，各高九尺二寸五分。②

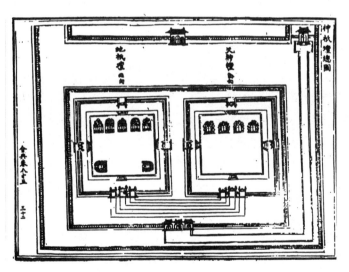

神祇坛总图《明会典》

3. 北京先农坛天神祭祀

嘉靖时规定，以仲秋中旬至祭神祇坛。《明会典》卷八五中，详

① 《明实录》卷一二八《世宗实录》。
② 《明会典》卷一八七，万历朝重修本，中华书局1989年版，第2552页。

细记载着嘉靖帝祭拜天神坛的祭礼仪程：

是日，昧爽。上具翼善冠、黄袍，御奉天门。太常卿奏请诣神祇坛。上升辇，卤簿导从，由农先坛东门入，至斋宫，更皮弁服，诣天神坛。典仪唱："乐舞生就位。执事官各司其事。"内赞导上至御拜位。典仪唱："迎神。"乐作，导上升坛，三上香讫，复位。乐止，奏两拜（传百官同）。典仪唱："奠帛，行初献礼。"乐作。执事者捧帛、爵于神位前跪奠讫。乐暂止，奏："跪。"上跪（传赞众官皆跪）。读祝讫，乐复作，奏："俯伏。兴。平身。"（传赞同）乐止。行亚献礼，乐作，执事者捧爵跪奠于神位前，乐止。行终献礼，乐作（仪同亚献），乐止。太常卿唱："答福胙。"内赞奏："跪。"上饮福、受胙，讫，俯伏，兴（传赞同）。典仪唱："彻馔。"乐作，乐止。唱："送神。"乐作，内赞奏："两拜。"（传赞同）乐止。典仪唱："读祝官捧祝，掌祭官捧帛、馔，各诣燎位。"乐作，捧祝、帛、馔官过御前，奏："礼毕。"内赞、对引官复导上至地祇坛御拜位。典仪唱："瘗毛血，迎神。"内赞导上升坛，至五岳香案前，三上香（五镇以下，俱大臣上香；以后行礼俱同前）。礼毕，上易服还。诣庙参拜致辞曰："孝玄孙嗣皇帝（御名）祭云、雨、风、雷、岳、镇、海、渎等神回还，恭诣祖宗列圣帝后神位前，谨用参拜。"参毕，还宫。①

虽然嘉靖帝辟建天神坛用于专祀风云雷雨诸天神，但是在天坛的圜丘坛中，每年冬至祭祀时，还是以风云雷雨四天神从祀。明代祭祀风云雷雨之神，虽规定三年一亲祭（令神祇坛以丑、辰、未、戌三年一亲祭。），但通常出现在发生自然灾害之时，如久旱不雨、久雨妨农、冬不下雪、雪灾等：

（嘉靖二十年）十二月。癸亥。以冬深无雪祷于神祇坛，命成国公朱希忠行礼，百官青衣斋宿、停刑禁屠如例。②

（嘉靖二十九年）四月。己亥。礼部以天久不雨，奏请遍祷神祇。……上曰：……庙社诸神以十五日奏告。……神祇坛伯焦栋、尚书徐阶各青衣角带行礼。③

————————

① 《明会典》卷八五，第 1847—1848 页。
② 《明实录》卷二五六《世宗实录》。
③ 《明实录》卷三五九《世宗实录》。

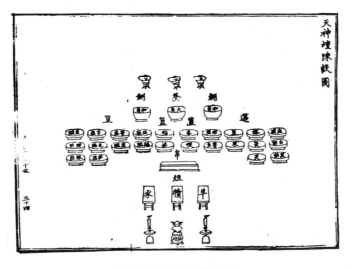

天神坛陈设图《明会典》

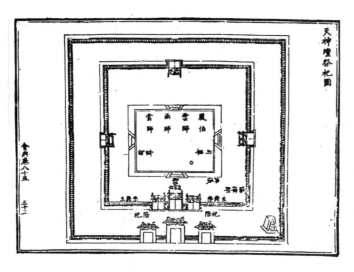

天神坛祭祀图《明会典》

经过嘉靖皇帝的厘正祀典，风云雷雨四天神自此独立成坛，使用专享坛所、专享祭祀之礼、礼器。

作为嘉靖大礼议重要的政治产物，包括天神坛之祀在内的神祇之祀，因嘉靖而兴，更因嘉靖人亡而政息。嘉靖四十一年（1562），嘉靖帝驾崩，其子朱载垕即皇帝位。隆庆元年（1567），礼臣因天神祭祀已从祀于天坛，认为仲秋祭祀天神是重复之举，建议罢天神坛祭祀，隆庆帝采纳。自此，明代天神、地祇坛之祀废止。但嘉靖时期因辟建天神坛、地祇坛而形成的先农坛格局得以保留，并一直延续到清代，在清代时，重又发挥祭祀文化功能。

四　结论

综上所述，经过明代嘉靖帝的厘正祀典，北京城的祭祀建筑形成了天地分祀、四郊分祀的新格局，天神坛是四郊分祀的重要组成，同天坛、地坛、日坛、月坛、先农坛等皇家坛庙建筑一起，在明代封建国家祀典中发挥重要作用。

第一，天神坛是天地分祀的伴随产物，是嘉靖帝"厘正祀典"的必然结果。

明代建国伊始时期太祖的天神祭享先分祀又合祀，此举虽有《明会典》中洪武时期山川坛合祀之仪，但所谓分祀实不过更主要体现于昊天上帝之祀中的天神陪祀，以天神的群体致祭本意公平对待凡属于天上一切神祇，颇有以对昊天上帝为主天神的"太祭"之意。也正因为如此，对昊天上帝为主的天神群体之祭才会定义为大祀，应具形而上之大义、广义。

而与之对应的山川坛内天神之祀，服务于表象体现王朝的天下四至所及范围内的神祇致祭，自然所有王朝四至山川、风云雷雨都有为统治者服务的义务，也应该都有统治者为其提供祀享的必要和政治上的敬畏。这更类似于专为帝王个人祭享服务的"帝祭"，是一类相对于代表道统承载物"天地"虚像的实像，体现着帝王个人政治愿望内涵的务实性。也就是因此，山川坛虽祭享着中华天下山川风云雷雨，甚至虽然嘉靖帝时干脆更名神祇坛且另行辟建专享祀礼之坛，但祭享等级始终是中祀，应具形而下之狭义。

嘉靖帝厘正祀典最重要的成果是天地分祀。中国古代奉行效天法祖，对"天"的崇拜在国家政治生活中十分重要。在封建国家中，祭天成为统治者并行不悖的重要典仪，是封建国家祭祀典礼的中心。历代统治者以"父天母地，为天之子"而自居，以"敬天礼地"为己任。在明代祭祀体系中，人们将日月星辰风云雷雨等天神同归于最高神灵——昊天上帝统领之下，是能够沟通天人的神灵，因此，封建天子十分重视对诸天神的祭祀。

嘉靖帝天地分祀同时，对"天"以下的诸天神也进行了祭制制订。日月星辰风云雷雨诸天神除了拥有专享祭坛之外，还作为从祀神继续服务于昊天上帝。需要指出的是，风云雷雨四天神拥有的所谓专享祭坛，不同于日、月一神一祀专享设坛，而是四神因同类属性共享一坛，是属性相同的共体独享。

第二，天神坛相关祭祀礼仪的制订，是嘉靖帝厘正祀典的重要内容，在一定程度上表现出嘉靖皇帝对周之古礼的传承与发展，反映他对神祇祭祀等涉及"国之大事在祀与戎"中的"祀"的内涵要求的准确理解。

嘉靖依托"古礼"厘正祀典，从而达到称宗入庙、稳固皇权的目的，这一行为并非嘉靖首创。自西周以来，历代统治者为维护政权，都力求遵循周礼等古礼制订自己的礼仪制度。由于历史原因、统治者当时的实际需求以及个人理解上的差异，不同朝代制订的祭祀制度都有所不同。洪武时期，朱元璋依据唐宋时期已经形成的比较成熟的礼制，制定了明初的国家祭祀礼仪。在实际应用过程中，也有取舍，如先蚕礼并没有列入明初祀典之中；洪武中期，将天地分祀改为天地合祀等等。

天神坛的建造，在祭祀礼仪内容、形式上的体现，承继了周代祭祀风云雷雨诸天神自然神祇的古制；在具体操作的技术层面上，主要体现唐宋时期祭祀制度而有所变化，包括陈设、祭品、祭祀仪程等规制。

因此，嘉靖帝建造天神坛的行为，虽有违明太祖朱元璋制订的祖制，却符合恢复自周以降尤其是突出唐宋之制的古制，从大的道义上更加完善明太祖朱元璋建国伊始树立正统汉家王朝政治形象的初衷，弥补了当初因建国伊始平定天下的战争局限和定都金陵的地理环境局限带来的仓促建设留下的不足和缺憾。使明朝的典章制度建设、礼制建筑规范都趋于正统的规范化要求。

第三，建造天神坛的政治目的，是为了满足一己之私，假借典章制度的改变显示嘉靖帝皇权的正统性，对外藩的非正统性议论给予了有力的回击。

嘉靖帝即位之后，以杨廷和为首的政党坚持主张明世宗尊孝宗为皇考，称兴献王为皇叔考，此种做法不但否定了嘉靖皇帝尊父母的权利，也削弱的皇帝的权威。封建宗法观念是中国古代皇位继承的重要依据，嘉靖帝由旁系继承帝位，社会上难免会出现异议。嘉靖十一年（1532），原任山西霍州知州陈采就曾上疏，提出《祖训》中"兄终弟及"指的是同父而言，嘉靖帝和明武宗为叔伯兄弟，其登上帝位并非正统。为了宣示其继位的合法性、正统性，嘉靖帝不惜罢黜元老、治罪大臣，也要将满足一己之私的议礼政治大业进行到底。

历代封建统治者都十分重视祭祀，他们认为"国之大事，在祀

与戎"，祭祀建立精神信仰与文化，武力抵御外敌侵扰。国家祀典象征并营造着符合人分贵贱、等级森严的统治秩序需要，是彰显封建血亲宗法观念、维护皇权专制的重要政治手段。嘉靖九年（1530）开始的厘正祀典，实际目的是为后来的宗庙祭礼做前期准备，最终完成兴献帝称宗入庙的目的，是明世宗重塑帝系、变小宗为大宗、追求皇位正统性的政治行为。由此可见，辟建天神坛及实行天地分祀只不过借践行古礼而行个人政治私利的举动罢了，是嘉靖皇帝将个人意愿以及政治需求附加在国家祀典上的体现，也是国家礼制围绕皇帝为中心建立的结果。

因嘉靖帝崩隆庆帝御政，采纳礼臣之言废止了天神地祇之祀，自此至明亡天神之祭在北京先农坛内不复举行。清代入关后，清帝沿袭明制，重新恢复天神坛祭祀。所不同的是，虽有祭祀之制但祀无定期，依据当年雨雪多寡随时告祭。清嘉庆、道光时期，清帝甚至为解除天旱多次亲临或遣官致祭，成为天神坛祭祀历史中的祀享活动最为频繁的时期。

参考书目

1.《中国礼制史》，陈成国著，湖南教育出版社，2001年2月版。
2.《北京先农坛》，董绍鹏、潘奇燕、李莹著，学苑出版社，2013年5月版。
3.《先农神坛》，董绍鹏、潘奇燕、李莹著，学苑出版社，2010年11月版。
4.《北京先农坛史料选编》，《北京先农坛史料选编》编纂组编写，学苑出版社，2007年5月。
5.《明代国家祭祀制度研究》，李媛著，中国社会科学出版社，2011年12月版。
6.《郊庙之外—隋唐国家祭祀与宗教》，雷闻著，生活·读书·新知三联书店，2009年5月版。
7.《汉书》，中华书局1962年版。
8.《大唐开元礼（附大唐郊祀录）》，四库全书存目丛书本。
9.《宋史》，（元）脱脱等撰，中华书局出版，1985年6月版。
10.《明史》，（清）张廷玉等撰，中华书局出版，1974年4月版。
11.《明实录北京史料》，赵其昌主编，北京古籍出版社1995年12月版。
12.《明会典》万历朝重修本，申时行等修，中华书局出版社，1989年10月版。
13.《春明梦余录》，北京古籍出版社，1992年12月版。
14.《天坛公园志》，于宝坤、姚安主编，中国林业出版社，2002年12月版。
15.《中国道教史》，任继愈主编，上海人民出版社，1990年6月版。

李莹（北京古代建筑博物馆社教与信息部，副主任、馆员）

清代先农坛先农亲祭礼刍议

◎ 温思琦

前 言

中国自古以农立国，靠天吃饭，是典型的农业社会，因此各种自然天灾成为影响农业收成的最主要因素，基于这一点人们开始设想有神灵掌管着自然万物和人类命运。正是在这种万物有灵的思想下，古代先民开始对天地神灵产生了敬畏之心，希望通过祭祀神灵达到祈福避灾的愿望。

在神灵崇拜观念的支配下，尝遍百草、发明制作耒耜的神农被后世尊为先农神，人们修坛建庙，定期祭祀神农，祈求风调雨顺、五谷丰登，并且逐渐演变为国家的典章制度，神农也就成为了上至封建王朝的最高统治者、下到面朝黄土背朝天的农民共同祭祀对象，而这一隆重的祭典至明清达到高峰。

明清两朝是中国封建王朝最后的两个皇朝，表现在政治上就是皇权的高度集中，表现在文化、生活上就是对各种礼仪制度进行了严格的规范，不论是衣、食、住还是行都必须要按照规章制度来。因此，明清时期的国家典章制度较之前代有了长足进步，给后人研究这两朝的历史文化提供了坚实的史料基础。清代较于明代来说对于先农的祭祀达到了巅峰时期，祭祀仪程繁琐而隆重。

北京先农坛始建于明永乐十八年（1420年），是目前保存较为完整、规模最大的一处明清两代皇帝祭祀先农和举行亲耕耤田典礼的场所，本篇论文就从祭祀陈设、祭祀人员、神坛部分祭祀仪程以及祭祀服饰四个方面简要论述一下清代乾隆以后先农祭祀神坛部分内容。

一、祭祀陈设

（一）先农神坛上陈设

《大清会典图》卷12记载，（先农）坛正中为先农神位幄，方形，南向。神幄座上供奉先农神牌位，神座前有怀桌一张，怀桌上摆放三十个盛满美酒的杯瓒。怀桌前为笾豆案一张，笾豆案上摆放笾十，豆十，簠二，簋二，登一，铏二和初献、亚献和终献三次向先农神敬献的美酒和爵以及初献敬献给先农神的箧和帛。登中盛放太羹（没有调味的清牛肉汤），铏中盛放和羹（加了五味调料的牛肉汤），簠中盛放稻（大米）和粱（高粱米），簋中盛放黍（黄米）和稷（小米），笾中盛放形

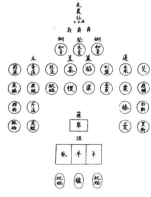

盐（制成虎形的盐）、枣、芡、咸鱼、栗、鹿脯、榛、白饼、菱、黑饼，豆中盛放筍菹（腌笋）、菁菹（腌韭菜花）、韭菹（腌韭菜）、芹菹（腌芹菜）、鱼醢（鱼肉酱）、鹿醢（鹿肉酱）、醓醢（肉酱）、兔醢（兔肉酱）、脾析（用盐酒腌过的牛百叶丝）、豚拍（小猪肩肉做成的肉干）。

　　幄外笾豆案前为一俎，俎内三格中各放有向先农神敬献的豕（猪）、牛、羊。俎前为一炉，炉两旁各摆放一觥镫（羊角灯）。神幄东边摆放馔桌一张，神幄前西边摆放祝案一张，南向。东边摆放福胙桌、樽桌、接桌各一张，均西向。尊桌上摆放樽三个，樽内盛满美酒，樽用尊幂覆盖。西边接福胙桌一张，东向。东、西、南三天门内正中，各设一香案。南阶上正中为皇帝拜幄，幄内为皇帝拜位，北向。

（二）先农神坛下陈设

　　坛下陈设主要为祭祀中和韶乐乐悬和祭祀乐舞部陈设。

1. 中和韶乐乐悬

　　中和韶乐中的"中和"二字，取自《礼记·中庸》："喜怒哀乐之未发，谓之中；发而皆中节，谓之和。"因此"中和"二字意为和谐。韶乐，即美好的音乐，相传舜制的音乐曰"韶"。中和韶乐是明清时期重要的礼仪用乐，明初制订宫廷雅乐时，定"中和韶乐"之名，至清代沿用，用于祭祀、大朝会、大宴飨，表示最和谐完美、最符合儒家伦理道德的音乐。演奏中和韶乐的乐器分别为：

　　麾，指挥演奏祭祀中和韶乐用，麾举乐作，麾偃乐止。特磬，玉制，每组计1件磬。编磬，石质，每组计16件磬。镈钟，铜制，

每组计1件钟。编钟，铜制，每组计16件钟。搏柎，横置于座的小鼓，木制、革制。建鼓，横置于高架之上的大鼓，木制、革制。柷，木制，形状类似衡器中的方斗。笙，木制。箫，竹制。排箫，竹制。笛，竹制。篪，竹制。埙，泥制。敔，木制，形状如伏虎，背有24片竹片，演奏者用竹籈反复刮三遍，乐止。琴，木制。瑟，木制。

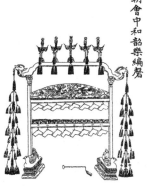

朝會中和韶樂編磬

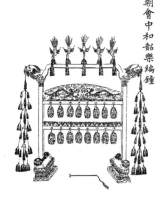

朝會中和韶樂編鐘

乐器的布置现场，简称乐悬。中和韶乐乐悬具体布置为镈钟一，设于左。特磬一，设于右。编钟十六，同一簴设于镈钟之右。编磬十六，同一簴设于特磬之左。建鼓一，设于镈钟之左。其内，左、右埙各一，篪各三，排箫各一，并列为一行。又内，笛各五，并列为一行。又内，箫各五并列为一行。又内，瑟各二，并列为一行。又内，琴各五，并列为一行。左、右笙各五，竖列为一行。左，柷一，搏柎一；右，敔一，搏柎一，乐悬前设麾一。

中和韶乐的歌词有三种形式，分别为离骚体、四言古诗和长短句。乐章分为四等，分别为九奏、八奏、七奏、六奏。奏，指的就是步骤。祭祀先农的中和韶乐为四言古诗七奏形式，以"姑洗"角立宫，以"黄钟"宫为主调。七个步骤分别为：

迎神乐奏《永丰之章》，辞为"先农播谷，克配彼天。粒我烝民，于万斯年。农祥晨正，协风满廛。曰予小子，宜稼于田"。

奠帛、初献乐奏《时丰之章》辞为"厥初生民，万汇莫辨。神锡之麻，嘉种乃诞。斯德曷酬，何名可赞。我酒惟旨，是用初献"。

亚献乐奏《成丰之章》，辞为"无物称德，惟诚有孚。载升玉瓒，神肯留虞。惟兹兆庶，岂异古初。神曾子之，今其食诸"。

终献乐奏《大丰之章》，辞为"秬秠穈芑，皆神所贻。以之飨神，式食庶几。神其丕佑，佑我黔黎。万方大有，肇此三推"。

彻馔乐奏《屡丰之章》，辞为"青祇司职，土膏脉起。日涓吉亥，举耕耤礼。神安留俞，不我遐弃。执事告彻，予将举趾"。

送神乐奏《报丰之章》，辞为"匪且有且，匪今斯今。灵雨崇朝，田家万金。考钟伐鼓，戛瑟鸣琴。神归何所，大地秧针"。

望瘗乐奏《庆丰之章》，辞为"肃肃灵坛，昭昭上天。神下神归，其风肃然。玉版苍币，瘗埋告虔。神之听之，锡大有年"。

2. 乐舞陈设

乐舞部分陈设包括左右两侧的节，各二个，分别设在左、右文舞生和武舞生前。其作用与麾基本相同，为指挥乐舞之用，节举则舞，节偃舞止。

乐舞用具为干、戚、羽、籥。因清朝为用武功打下天下，因此在初献部分舞武功之舞，亚献和终献部分舞文德之舞。初献用武舞，武舞生左右两班，正面立，皆左手执干，右手执戚，工歌《时丰之章》，舞凡三十二式。亚献用文舞，文舞生左右两班，正面立，皆左手执籥，居左。右手执羽，居右，工歌《咸丰之章》，舞凡三十二式。终献文舞，文舞生左右两班，立如亚献，工歌《大丰之章》，舞凡三十二式。

二、祭祀人员

（一）坛上祭祀人员

祭祀先农神时，坛上共 19 人，其中包括皇帝和各执事官共 18 人。官员分别为赞引、对引各一人，太常寺司拜牌、司拜褥二人，司香、司帛、司爵各一人，捧福酒、福胙光禄寺卿二人，赞福胙官一人，礼部尚书一人，侍郎一人，读祝官一人，接福酒、福胙侍卫二人，都察院左都御史一人，副都御史一人，乐部典乐一人。

（二）坛下祭祀人员

1. 乐生

祭祀当中演奏乐器的乐生和跳祭祀舞的舞生来自神乐署。神乐署是掌管明清两代皇家祭天大典乐舞的机构。建于明永乐十八年（1420 年），又名神乐观。清乾隆八年（1743 年）称神乐所，乾隆十九年改今名，坐落在皇家祭坛天坛内。

乐生部协律郎、歌工、乐工分别立于乐悬旁，面朝东或西。乐生器各一人，左、右相向立。笏左右各五个，竹制，确定乐章所用，

由歌工手握，立于笙前，左右相对站立。掌麾一人，用来指挥中和韶乐。

2. 乐舞生

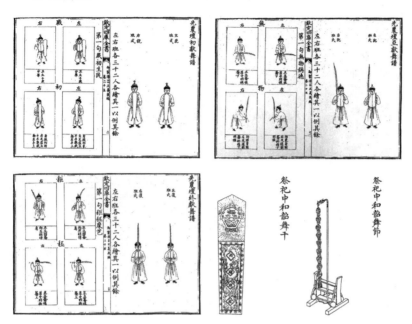

乐舞生，分列于乐悬之前，分为文舞生和武舞生，各八佾。佾，语出《论语·八佾篇》："孔子谓季氏，'八佾舞于庭，是可忍也，孰不可忍也。'"佾是奏乐舞蹈的行列，也是表示社会地位的乐舞等级、规格。佾指一列八人，八佾就是指八列六十四人。按周礼规定，天子用八佾，诸侯用六佾，卿大夫用四佾，士用二佾。祭祀先农之神时，八佾分行序立，东在歌工之左，西在歌工之右。

执节者四人，分别站立于文舞和武舞前来引舞。

3. 执事官与陪祀文武百官

典仪一人，唱乐一人，站立于东侧，面向西。记注官四人，站立于西侧，面向东。先农坛的东南方，为瘗坎，掌瘗官率瘗人立于瘗坎的南侧。

乐悬的南边为陪祀百官的拜位，东西两侧各五班，均面向北站立。引礼鸿胪寺官四人，纠仪御史、礼部司官各一人，分别站立于王公百官拜位之侧，面向东、西。

三、神坛部分祭祀仪程

明清两代祭祀先农神的仪程经过几次重要的修改，《钦定四库全书·明集礼》卷十二记载明代祭祀先农分为迎神、奠币、进熟、初献、亚献、终献、饮福、彻豆、送神、望瘗、耕耤等十一个步骤，到清代逐步简化为八个部分，分别是迎神、初献、亚献、终献、彻馔、送神、望瘗、耕耤。这里主要简述一下神坛祭祀，也就是前七个部分。

（一）迎神

赞引、太常卿二人，恭导皇帝入坛东门内，降舆，盥洗，由午阶升坛至黄幄次拜位前，北向，立。鸿胪官引陪祀王公百官于坛下，左右序立，均北面。典仪官赞："乐舞生登歌，执事官各共迺职。"武舞八佾进，赞引官奏："就位。"皇帝就拜位，立。乃瘗毛血，迎神。司香官奉香盘进，司乐官赞："举迎神乐，奏永丰之章。"赞引官奏："就上香位。"恭导皇帝诣香案前，立。司香官跪进香，赞引官奏："上香。"皇帝立，上炷香。次，三上瓣香。奏："复位。"皇帝复位。奏："跪、拜、兴。"皇帝行三跪九拜礼，王公百官均随行礼。"

迎神就是恭迎先农之神，首先赞引、对引恭导皇帝入先农坛东门内，下舆，行盥洗礼，由南面中阶登上先农神坛，到皇帝拜位前北向站立。鸿胪寺官引导陪同祭祀的王公百官在坛下左右站好，面向北。典仪官高声说："乐舞生入场，各执事官做好本职工作。"随后六十四名武舞生进前，赞引官说："就位"。皇帝到拜位前，站立。然后开始埋葬事前准备好的祭祀用的牺牲，恭迎先农之神。司香官捧着香盘进，司乐官高声说"奏迎神乐，为永丰之章"，赞引官说："就上香位"，对引恭导皇帝到香案前站立。司香跪着进献香，赞引说"上香"，皇帝上炷香，接着上瓣香三次。完毕，赞引官说："复位"，皇帝返回拜位，赞引说"跪、拜、兴"，皇帝行三跪九拜礼，陪祀文武百官均行三跪九拜礼。

（二）奠帛、初献

奠帛、爵，行初献礼。司帛官奉篚、司爵官奉爵，诣神位前，奏时丰之章，舞干戚之舞。司帛官跪奠帛，三叩。司爵官跪献爵，奠正中，皆退。司祝至祝案前，跪，三叩，奉祝版，跪案左，乐暂止，皇帝跪，群臣皆跪。司祝读祝毕，诣神位前，跪，安于案，三叩，退，乐作。皇帝率群臣行三拜礼，兴，乐止。

初献分为奠帛和初献两部分，是皇帝向先农之神献上玉帛和美酒，祈求五谷丰登，天下太平。

初献部分具体内容为司帛捧着篚，司爵官捧着爵到先农神位前，此时乐奏时丰之章，坛下武舞生手执干戚舞武功之舞。司帛官跪着将盛着帛的篚供于笾豆案南侧正中，行三叩礼，司爵官跪着进献爵，置于笾豆案北侧正中摆放的爵垫的正中，然后司帛、司爵退下。司祝官到祝案前跪下行三叩礼后，捧着祝版跪在祝案左侧，这时初献乐暂停，皇帝及群臣均跪下。这时司祝官开始读祝辞，祝辞内容为"维某某年岁次某月，望/朔越某日某亥，皇帝致祭于先农之神曰，惟神肇兴农事，万世永赖。滋当东作之时，躬耕藉田祈诸物丰茂，为民立命，仅以牲帛酒醴庶品之仪致祭，尚飨"。读祝完毕到神位前，跪下，之后将祝版安置于祝案的祝版架上，行三拜礼后退下。中和韶乐部继续演奏时丰之章，皇帝率群臣行三拜礼之后站立，此时初献乐停。

（三）亚献

武功之舞退，文舞八佾进，行亚献礼，奏咸丰之章，舞羽籥之舞。司爵官跪献爵，奠于左，仪如初献。

皇帝第二次向先农之神敬献美酒。武舞生退，六十四名文舞生执羽籥上场，典仪唱赞："行亚献礼。"乐奏咸丰之章，舞文德之舞。司爵跪着献尊，置于笾豆案上爵垫的左侧，仪式如初献。

（四）终献

行终献礼，奏大丰之章，司爵官跪献爵，奠于右，仪如亚献，乐止，文德之舞退。

皇帝第三次向先农之神敬献美酒。典仪唱："行终献礼。"乐奏大丰之章，舞羽文德之舞，司爵献爵，置于笾豆案上爵垫的右侧，仪式如亚献。中和韶乐止，文舞生退下。

（五）徹馔

太常官奏答福胙，光禄卿二人就东案，奉福胙至神位前，拱举降立于皇帝拜位之右，侍卫二人进立于左。皇帝跪，左右执事官皆跪，右官进福酒，皇帝受爵，拱举，授左官。进胙、受胙亦如之。三拜，兴。率群臣行二跪六拜礼。徹馔，奏履丰之章。

太常寺官员高唱"答福胙"，光禄寺卿两人到东边的福胙桌，捧着福胙到神位前，拱手举起，之后退回皇帝拜位的右侧，侍卫二人到拜位左侧。皇帝跪，站在皇帝左右的光禄寺卿和侍卫四人全部跪下，皇帝右手边的捧福酒的光禄寺卿敬献福酒，皇帝接过爵，拱手举起，之后给左侧一名侍卫。右侧的另一名捧福胙的光禄寺卿敬献福胙，皇帝接过福胙，拱手举起，之后给左侧的另一名侍卫。进福酒、福胙完成后，皇帝行三拜礼，站立，之后皇帝再率群臣行二跪六拜礼。

（六）送神

徹馔毕，送神，奏报丰之章，皇帝率群臣行三跪九拜礼。有司奉祝、次帛、次馔、次香恭送瘗所。

徹馔完毕，典仪高唱"送神"，中和韶乐部乐奏报丰之章，皇帝率群臣行三跪九拜礼。各位司官们依次捧着祝、帛、馔、香，恭送至神坛东南方的瘗坎处。

（七）望瘗

皇帝转立拜位旁，西向，候祝、帛过，复位，乃望瘗，奏庆丰之章。恭导皇帝降阶，诣望瘗位，望瘗，奏礼成。恭导皇帝诣太岁殿上香，毕，入具服殿更衣。

皇帝转身立于拜位旁，面向西，等候司祝和司帛将祝贺帛送走后，再次面向神案，此时开始进行望瘗，乐奏庆丰之章。对引官恭导皇帝从午阶下来，到望瘗的位置。注视着瘗人把帛、福、胙等埋在瘗坎中。礼成后，恭导皇帝到太岁殿上香，完毕后到具服殿更衣。

四、祭祀服饰

森严的等级制度是中国古代社会的一个基本特征，而服饰是最直观的外在体现，清代虽为少数民族统治但是也不例外，而且更甚前朝，并且其分类的详细也超越前朝，带有更加深刻的政治烙印。通过对服饰的这一系列规定与限制，确立了其尊卑有序、贵贱有别的服饰体系，从而达到其森严的统治目的。

（一）皇帝

1. 冠

《礼记·冠义》称："冠者，礼之始也，故圣王重冠。"清代礼服中的朝冠分冬、夏两种形制。九月十五日或二十五日，皇帝御冬朝冠，熏貂为之，十一月朔至上元，用黑狐。上缀朱纬，顶三层，贯东珠各一，皆承以金龙各四，饰东珠如其数，上衔大珍珠一。三月十五日或二十五日，皇帝御夏朝冠，织玉草或藤丝、竹丝为之，缘石青片金二层，里用红片金或红纱。上缀朱纬，前缀金佛，饰东珠十五。后缀舍林，饰东珠七，顶如冬朝冠。

2. 衮服

衮服为古代皇帝及上公的礼服，与冕冠合称为"衮冕"，是古代最尊贵的礼服之一，是皇帝在祭天地、宗庙及正旦、冬至、圣节等重大庆典活动时穿用的礼服。中国传统的衮衣主体分上衣与下裳两部分，衣裳以龙、日、月、星辰、山、华虫、宗彝、藻、火、粉米、黼、黻十二章纹为饰，另有蔽膝、革带、大带、绶等配饰。明朝于洪武十六年（1383年）始定衮冕制度，至洪武二十六年、永乐三年（1405年）时又分别做过补充和修改。皇帝十二章中日、月、星辰、山、龙、华虫六种织于衣，宗彝、藻、火、粉米、黼、黻绣于裳。

清代在明代基础上更加简化，等级也十分明确。只有皇帝所穿称衮服，色用石青，绣五爪正面金龙四团，两肩前后各一。其章左日、右月，前后万寿篆文，间以五色云。春秋棉袷，夏以纱，冬以裘，各唯其时。

3. 祭服

谈祭服之前首先要了解朝服的概念。清代帝后仅在特定的重大典礼场合身着朝服，并且根据不同的场合选择不

同的颜色。清代的朝服上衣与下裳相连，其颜色、龙纹、十二章纹等均取自中华传统礼制和佛教文化，披领、马蹄袖、大襟右衽等式样以及纹饰形式保留满族习俗。清代的朝服制度至乾隆朝完善定制，式样有两类，颜色分明黄、蓝、红、月白四种。

十一月朔至上元，皇帝御冬朝服，色用明黄，唯南郊祀谷用蓝，披领及裳俱表以紫貂，袖端熏貂，绣文两肩前后正龙各一，襞积行龙六。列十二章，俱在衣，间以五色云。九月十五日或二十五日，皇帝御冬朝服，色用明黄，唯朝日用红，披领及袖俱石青片金加海龙缘，绣文两肩前后正龙各一，腰帷行龙五，衽正龙一，襞积前后团龙各九，裳正龙二、行龙四，披领行龙二，袖端正龙各一。列十二章，日、月、星辰、山、龙、华虫、黼、黻在衣，宗彝、藻、火、粉米在裳，间以五色云。下幅八宝平水，缂纱单袷，各唯其时。三月十五或二十五日，皇帝御夏朝服，色用明黄，唯雩祭用蓝，夕月用月白。而祭祀所着祭服与朝服唯一区别就在于衣袖颜色上，朝服袖与衣颜色不相同，祭服袖与衣颜色相同。

4. 朝珠

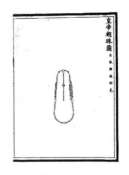

皇帝朝珠用东珠一百有八，佛头、记念、背云，大小坠珍宝杂饰各唯其宜，绦皆明黄色。清代礼服佩戴的朝珠与佛家的念珠形制相似，大体由珠身、佛头、记念、背云、大小坠角组成。皇帝朝珠由明黄色丝线将一百零八颗东珠穿成，每二十七颗隔以佛头，朝珠最上的佛头连以阔丝带，从后背中央垂下，缀大块宝石，称背云。左右两侧再出三串小珠串，其中左胸二串、右胸一串，每串珠十粒，其末端亦缀宝石小坠角称为记念。

5. 朝带

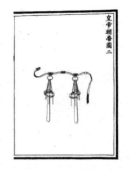

皇帝朝带分两种制式，一为典礼用，一为祭祀用。其中祭祀用朝带制式为色用明黄色，龙文金方版四，其饰祀天用青金石，祀地用黄玉，朝日用珊瑚，夕月用白玉，每具衔东珠五。佩帉（巾）及绦唯祀天用纯青，余如圆版朝带之制。中约圆结如版饰，衔东珠各四。佩囊纯石青，左觽（锥子），右削（放刀的匣子），并从版色。圆版朝带为典礼用，制式为色用明黄色，饰红宝石或蓝宝石及绿松石，每具衔东珠五，围珍珠二十。左右佩帉，浅蓝及白各一，下广而锐。中约镂金圆结，饰宝如版，围珠各三十。佩囊（荷包）文绣、燧觽、刀削、结佩唯宜，绦皆明黄色。通过清代朝服带上所佩帉、囊、觽与削，可以鲜明地反映出满族这个游牧民族的生活习俗。

（二）乐生

乐生冠制式为顶为镂花铜座，铜座上植明黄翎。月生袍，用红缎，前后方襕，方襕内绣黄鹂。执麾者也穿此袍，乐生带为绿色云纹的缎。

（三）文舞生、武舞生

1. 文舞生

文舞生冠制式为顶镂花铜座，铜座中饰方铜，镂葵花，铜座上衔铜三角，如火珠形。袍用红云绸，前后方襕，方襕销金葵花，腰带为绿绸。

2. 武舞生

武舞生冠制式为顶上衔铜三棱，如古戟形。袍用红云绸，通体销金葵花，腰带同文舞生一样，为绿绸。

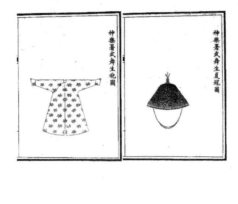

结　语

　　北京先农坛历史悠久，先农祭祀文化内涵丰富，博大精深。北京先农坛所承载的历史和文化内涵需要我们深入的研究，这是我们祖先留给我们的宝贵的文化遗产。作为一名文博工作者，在今后的工作中，我们有责任将中华民族的优秀传统文化传承和发扬光大。

参考文献

1.《清会典》（光绪《钦定大清会典》），清李鸿章等编修，中华书局 1991年版。
2.《清会典图》（光绪《钦定大清会典图》），清李鸿章等编修，中华书局 1991年版。
3.《御制律吕正义后编》，景印《文渊阁四库全书》（文渊阁《钦定四库全书》），台湾商务印书馆 1986 年版。

温思琦（北京古代建筑博物馆保管部，助理馆员）

附：先农神坛坛下陈设与位次图

先农神坛　　北

															搏拊	祝				
												麾	⇦	⇦	⇦	鼗	鼗			
										⇦					鼗	鼗				
															鼗	鼗				
															琴	笙	⇧			
													琴	琴	瑟	笙				
											琴	瑟	瑟	箫	箫	笙				
									琴	箫	箫	箫	笛	笛	笛	笙				
							箫	笛	笛	笛	埙	埙	埙	笙						
						笛	埙	排箫	镈钟	建鼓										
				节	埙	编钟	节													
	节	⇧	⇩	武舞生	文舞生	文舞生	文舞生	文舞生	文舞生	文舞生	文舞生	文舞生	文舞生	文舞生	文舞生	文舞生				
	武舞生	武舞生																		
⇧	武舞生	武舞生	武舞生	武舞生	武舞生	武舞生	武舞生	武舞生	⇧	文舞生	文舞生	文舞生	文舞生	文舞生	文舞生	文舞生				
	武舞生	武舞生	武舞生	武舞生	武舞生	武舞生	武舞生	武舞生												

注：箭头所指为各部朝向，字体朝向，字体加深部分为乐生部，未加深部分为舞生部。

北京古代建筑博物馆文丛　第二辑　2015年

文物与古建筑研究

清康熙御制编钟资料蒐阅

◎ 徐 明

一

提到编钟，我们不得不从远古谈起。编钟，是我国古代发明的打击乐器，它能够奏出歌唱般的旋律，因此又有"歌钟"之称。随年代的不同，编钟的形式也不尽相同，而相同之处是钟体均铸有繁简不同的图案，那是一种统治思想意识重要标志。编钟按照音律依次悬于木构钟架上，由乐工用木锤敲击发出音响，其音色清脆、悠扬，穿透力极强。编钟是中国上古音乐中重要的演奏乐器之一，在国家举行大典等隆重的礼乐之中，编钟地位十分重要。

远古时代，我们的祖先创造了最早的古钟，我国也因此而被世界誉为"钟的王国"。据史料记载，编钟始于夏代，从出土实物来看，编钟兴起于西周，盛行于春秋战国，而早在商代，编钟就已经有了很大的发展，随后历朝历代均有制造。商代编钟多为三枚一组，能演奏旋律，造型别致，钟的表面有兽面纹饰。而近年来，在商代大型王室墓中出土有五枚一套的编钟，可编制由低至高四组音阶序列。商代音乐十分的发达，这为后世打下了良好的音乐发展基础。周灭商后承继了商的音乐，也使得编钟有了高度的发展。

二

编钟作为一种乐器要为演奏音乐而服务，谈到音乐，必溯及到上古时期。"韶"乐是我国最早的音乐形式，也是宫廷音乐中等级最高、运用最久的礼乐，一直影响着中国的古代文明，韶乐也被誉为"中华第一乐章"。我国最早的音乐据《竹书纪年》[①] 载：帝

---

① 《竹书纪年》春秋时期晋国史官和战国时期魏国史官所作，为编年体通史，亦称《汲冢纪年》。

舜有虞氏①"元年己未，帝即位，居冀。作《大韶》之乐"。《吕氏春秋》②古乐载："帝舜乃令质修《九招》、《六列》、《六英》③以明帝德。"此后，夏、商、周均以《韶》为国家大典礼乐。早在3000多年之前，在我国西周时期，宫廷中就已经有了专门司掌音乐的机构：大司乐，乐师达千人之多，所奏音乐均以歌颂帝王明德为主。汉唐以来及至宋元时期，我国的音乐一直被称为雅乐。明时改为"中和韶乐"，用于皇家祭祀、朝会、宴会等。这种音乐讲求和以律吕，文以五声，八音④迭奏，融礼、乐、歌、舞为一体。而在韶乐演奏之中尤其重视钟、磬的使用，以突出展示"金声玉振"的思想理念，同时也是古人表达对天神的歌颂与崇敬的情怀。

周时始称音乐为"雅乐"。关于"雅乐"很多学者有不同的认识和理解，有的学者考证是古人对于玄鸟的崇拜，也有学者理解为古人对于德政的赞颂，本文以为：雅者，正也。雅乐，就是典雅和纯正的总和，它是一种古代的宫廷音乐，专用于帝王朝贺、祭祀等大典礼仪。雅乐在西周初年制定，相传分别创作于黄帝、尧、舜、禹、商、周这六个时代；后又有六代大舞，包括《云门》、《咸池》、《大韶》、《大夏》、《大濩》、《大武》等。

西周之初，建立了贵族的礼仪和典礼音乐，为王者御用。此时的雅乐包含了远古的图腾以及巫术和宗教活动，也包含西周初期的民俗音乐。与雅乐有关的贵族礼仪还包括：郊社，即祭奠天地神明；尝禘，即祭奠贵族先祖；食飨，即外交、宴会等典礼；乡射，即乡中贵族的集会典礼，另外还有赢得战争、胜利凯旋时的庆典大礼，有行军、田役、狩猎时的庆典活动等。

西周礼仪活动，各种主要典礼音乐的歌词，大都取自《诗经》中的"大雅"、"小雅"、"颂"。

在西周的礼仪活动中，有严格的规定，不同场面使用不同的音乐，主要目的是使贵族们受到教育和感化，造成一种庄严、肃穆、安静、和谐的氛围。

---

① 舜帝（约公元前2128—前2086年），上古时期五帝之一，姚姓，名重华，号有虞氏，谥号曰舜。舜建都于蒲坂，在今（山西永济市）蒲州一带，国号有虞。

② 《吕氏春秋》，秦国丞相吕不韦主编，为古代类百科全书似的传世巨著，有八览、六论、十二纪，共二十多万言。

③ 《招》、《列》、《英》皆乐名也，见《吕氏春秋集释》，许维遹著，北京市中国书店1985第1版第1次印刷，卷5，第19页。

④ 八音：金钟，石磬，土埙，革鼓，丝琴，木柷，匏笙，竹笛。

随着西周的衰落和社会发展，贵族们对雅乐渐感厌倦。雅乐在最初时还具有强烈的生活气息，以后便逐渐变得庄严、神秘而又沉闷和呆板。

西周时期，周公①制定了严格的"礼乐"制度，用于祭祀、朝贺等仪式，周初开始颁行，这种礼乐制度被孔子称为"周礼"，周代礼乐制度影响其后世数千年直至清代结束。

三

春秋战国时期，各地兴起新乐，要求乐器更加复杂多变，于是，楚国的一套编钟已达到 13 枚之多，并具备了完整的十二律。

战国初期出现了大套编钟，比如大家所熟知的曾侯乙编钟，由65 件青铜编钟组成庞大乐器，其音域跨五个半八度，十二个半音齐备。它高超的铸造技术和良好的音乐性能，改写了世界音乐史，被中外专家、学者称之为"稀世珍宝"（见图1）。②

图1　曾侯乙编钟

秦以前编钟大多是一钟双音，之后，双音编钟逐渐失传。秦汉以后，历代帝王为恢复周礼，所铸雅乐用钟规模不断加大。如南北朝南梁武帝时期，演奏雅乐所用钟和磬的阵容多达 26 架，500 余件。

---

① 周公，姓姬名旦，周文王姬昌四子，周武王姬发的弟弟，西周初期杰出的政治家、军事家、思想家、教育家，被尊为"元圣"和儒学先驱、奠基人，因其采邑在周，爵为上公，故称周公。西周初期杰出的政治家、军事家、思想家、教育家，被尊为"元圣"和儒学先驱、奠基人。

② 曾侯乙编钟，战国早期文物，1978 年在湖北随县（今随州市）出土，中国首批禁止出国（境）展览文物。

唐宋时期，编钟制造也颇有发展。

至明代，明太祖恢复周礼，将雅乐更名为"中和韶乐"，编钟更是其中的重要器乐。

清代自康熙年，广为重视礼乐的发展，康熙帝分别于五十二年及五十四年铸造了两套铜鎏金编钟，一套用作祭天，一套用作祭先农。

自周公制定礼乐，开创礼乐教化之先，凡国家大典均遵守严格的礼乐制度。礼乐活动是维系专制皇权统治的重要手段，被视为国家要政之一。

四

满族入主中原，礼乐规制一袭明故，仍然延用"中和韶乐"，但是对于宫廷贺乐做了一些改动，乐章名称一律采用"平"字，正所谓"歌舞升平"。①《清史稿》载：

> 康熙"八年，惟诏定皇帝、太皇太后、皇太后、皇后三大节朝贺乐，皇帝元旦升座中和韶乐奏元平，还宫奏和平，冬至升座奏遂平，还宫奏允平，万寿节升座奏乾平，还宫奏太平，群臣行礼丹陛大乐奏庆平，外藩奏治平，太皇太后升座奏升平，还宫奏恒平，行礼奏晋平，皇太后升座奏豫平，还宫奏履平，行礼奏益平，皇后升座奏淑平，还宫奏顺平，行礼奏正平"。②

宫廷贺乐乐章名称确定之后，康熙皇帝便着手梳理和制定祭祀礼乐制度，实施了三项措施：一是选拔礼乐人才，二是确定礼乐乐律，三是制造礼乐乐器。

（一）选拔礼乐人才（康熙五十二年下诏书，命修律吕）

考察坛庙宫殿乐器，广为遴选通晓音律的人才，当朝文渊阁大学士李光地③推荐了许多这样的人才，其中河北交河人士王兰生成就

---

① 《〈词源〉跋》元·陆文圭："淳祐、景定间，王邸侯馆，歌舞升平，居生处乐，不知老之将至。"

② 参见《清史稿》卷 94 志 69。

③ 李光地（1642—1718），字晋卿，号厚庵，谥文贞，福建泉州人，清朝著名清官、理学名臣。康熙九年进士，历任翰林编修、吏部尚书、文渊阁大学士等职。

尤为突出。《清稗类钞》载：

　　交河王少司寇兰生，起家秀才。康熙丙戌，李文贞荐，召直内廷。癸巳，赐举人，蒙养斋开局，与编纂事。后以母病请急，有旨将韵书携回，就家纂辑。服阕，复赴书局，日侍讲筵，承顾问，辰入酉归，无间寒暑，时犹未通籍也。辛丑，赐进士，以庶吉士充武英殿总裁，留馆。逾年，即署司业，典广东试，督浙学。历康熙、雍正、乾隆三朝，凡天禄秘书颁行海内者，靡不与点勘之役；乐律一门，尤专属焉。文柄屡握，赐赉无算。年仅中寿，蚤跻列卿。①

　　康熙年间，直隶河间府的一个小县城——交河，出现了这样一个闻名遐迩的文化名人，名字叫王兰生。王兰生当时仅为一名白衣秀士，后来得到直隶巡抚李光地的举荐，并成为了他音律学的学生，进入京城之后被皇上赐为举人。时值"畅春园蒙养斋"② 开馆，王兰生参与编撰韵律书籍等工作。后因母病告还，康熙皇帝旨意，把手头工作带回家，一边照顾老母，一边编辑律书。待料理完母亲后事，王兰生继续回到畅春园。在内府中，皇帝开设经筵讲坛，王兰生便做了康熙皇帝的侍从大臣，无论寒暑，天天伴随皇帝讲筵出入内宫。1721 年，王兰生受赐进士，以庶吉士的身份留馆，充武英殿总裁，后为国子监司业，主持广东乡试，督学浙江。在康熙、雍、乾三朝，凡是皇帝秘书颁行天下，无不经过王兰生点校。特别是乐律一科，其最为擅长。刚入中年，王兰生便早早位列卿相一族，实在是他一生的荣耀。

　　正是由于康熙皇帝注重人才，起用王兰生等人编修《正音韵图》，使得清代乐律有了可以遵循的依据。

（二）确定礼乐乐律

　　中国最古乐律的重要标志是五音十二律，康熙皇依照古制，明确仍然以"黄钟"为十二律吕之根源（见图 2）。

---

　　① 《清稗类钞》，徐珂著，中华书局 1984 年 1 月第 1 版，1984 年 1 月第 1 次印刷，第 292 页

　　② 康熙五十一年（1712 年），康熙皇帝命梅毂成任蒙养斋汇编官，编纂天文算法书，翻译西方历算著作，编写《律历渊源》，命蒙养斋举人王兰生修《正音韵图》等书籍，被西方人称为"皇家科学院"。

图2　五音十二律表

五音十二律：

五音：即宫、商、角、徵、羽。五音又称五声，是最古老的音阶系统。《周礼》载："大师掌六律六同，以合阴阳之声。……皆文之以五声，宫、商、角、徵、羽；① 据传，此五音为我国远古时期的乐器"埙"的五种音调，相当于现代音乐中的1、2、3、5、6五个音符，即do、re、mi、sol、la。

宫：首调唱名do音。"宫"为五音之首，统帅众音。《礼记》载："宫为君，商为臣，角为民……"《词源》（宋·张炎）讲到："宫属土，君之象……宫，中也，居中央，畅四方，唱施始生，为四声之纲。"

商：首调唱名re音。商，属金，臣之象。

角：首调唱名mi音。角，属木，民之象。

徵：首调唱名sol音。徵，属火，事之象。

羽：首调唱名la音。羽，属水，物之象。

古音阶中还有"二变"之法，其一：变徵，角音与徵音之间的乐音；其二：变宫，羽音与宫音之间的乐音。

十二律：古代乐律学名词，一个八度内共有十二个半音，它们的音高标准叫律，是古代的定音方法，即用三分损益法将一个八度分为十二个不完全相同的半音的一种律制。各律从低到高依次为：古代十二律包括：黄钟、大吕、太簇、夹钟、姑洗、仲吕、蕤宾、

---

① 参见《汉魏古注十三经·周礼》，中华书局1998年第1版，卷23第147页。

林钟、夷则、南吕、无射、应钟。十二律又分为阴阳两组，奇数的称阳律，偶数的称阴律，如此，奇数各律称"律"，偶数各律称"吕"，故又称为"十二律吕"。

阳律有：黄钟、太簇、姑洗、蕤宾、夷则、无射；

阴律为：大吕、夹钟、仲吕、林钟、南吕、应钟；

十二律另有四个低音：倍夷则、倍南吕、倍无射、倍应钟。

编钟的发声原理：钟体越小，音调越高，音量也小；钟体越大，音调越低，音量也大。因此，铸造过程中，尺寸和形状对编钟有重要的影响，工艺与技术方面有严格的要求，非常人所能为之。

（三）制造礼乐乐器

康熙五十二年诏修辑律吕数理诸书，並考写坛庙宫殿乐器，此年开始大规模地製造乐器。次年，《律吕正义》书成，制作乐器更是当务之急。古代社会，乐器的选材有：金、石、土、革、丝、木、匏①、竹等八种材质。

乐器制作，编钟成为重器之一。康熙年间所制编钟，一套十六枚，分别在五十二年和五十四年共铸造了两套，均为铜鎏金，其外观古朴厚重，每只钟由于音调不同而重量有所区别，其制作工艺精美华丽、色调富丽堂皇，纹饰精微细致，造型气势恢弘，尽显庄严、华贵的皇家风范。

编钟下方，于钟底处均铸有八个圆形音乳，供作敲击之用。钟身腹径略大，前后分铸"八卦"纹，横向饰以鼓钉，纵向饰以回纹形夔龙分隔钟身，钟身一侧书康熙年款，另一侧书该钟律名，比如"黄钟"、"蕤宾"、"夷则"等。

编钟顶部铸交龙钮、龙名为"蒲牢"②，其"性好鸣"，历代铸钟既把蒲牢铸为钟纽，而把撞钟木制成鲸鱼形，这样一来，钟声便响彻云霄。康熙编钟，均铸有八卦图形，钟的下部铸有八个圆形音乳，以供敲击之用。

康熙时期举行大典之时，百官朝见，编钟等乐器置于丹墀之上，

---

① 匏（páo），《三字经》中有这样的句子：匏土革，木石金，丝与竹，乃八音，中国古乐器中的笙、竽属于匏音。

② 蒲牢为龙之四子，其形似盘龙，好鸣吼，居住海边，虽为龙子，却惧怕宠大的鲸鱼，每当鲸鱼发起攻击，它就吓得大声吼叫。

歌舞乐师数百余人列队整齐，此刻，钟声、歌声交错响起，音色悠扬，衬托出帝王的威严、神圣和至高无上。

五

康熙御制编钟共有两套，分别简要如下。

（一）康熙五十二年制编钟

这套编钟为康熙皇帝来先农坛举行祭祀大典时御用（见图3）。

图3　康熙五十二年制"先农坛"编钟

此钟正面铸"康熙五十二年制"铭款，背面铸"倍无射"律名（见图4、5）。

图4　康熙五十二年制　　　　图5　律名倍无射

甚为珍贵之处在于，其钟内壁镌有两行铭文：一行为"先农坛用"，另一行为"挂簴下左二"①（见图6），不仅标注出该钟的使用地点，而且也非常严格地确定了该钟的悬挂位置。

　　此件编钟，为清康熙御制鎏金铜交龙钮八卦纹编钟，对于先农坛而言十分珍贵！但是，随时间流逝却淹没在浩瀚的历史长河之中。数百年之后的今天，再次浮出水面，曾以1000余万港元价格被一台商拍得。本文设想：假如该钟能够回归本馆珍藏，那将是一件更加令人精神振奋的大事！它将成为我馆名副其实的镇馆之宝！

图6　"先农坛用月挂簴下左二"

（二）康熙五十四年制编钟

　　整套编钟大小一致，只是壁厚各异，悬挂在木质钟架之中，分上下两层，每八钟一层，清代宫廷画师郎世宁②所绘《万树园赐宴图》描绘了礼乐钟鼓齐鸣的场面。

　　康熙五十四年制编钟共十六枚，历年不断涌现市面。

　　1. 据不完全统计：1999年4月香港佳士得拍卖"无射"钟一

---

　　① 簴：jù 古代挂钟磬的架子上的立柱。簨：sǔn 古代悬挂钟、磬、鼓的架子上的横梁。

　　② 郎世宁（Giuseppe Castiglione，1688—1766）意大利人，原名朱塞佩·伽斯底里奥内，生于米兰，清康熙帝五十四年（1715年）作为天主教耶稣会的修道士来中国传教，随即入宫进入如意馆，成为宫廷画家，曾参加圆明园西洋楼的设计工作，历任康、雍、乾三朝，在中国从事绘画达50多年。

枚，2009 年 12 月拍卖"应钟"钟一枚，1997 年 3 月纽约苏富比拍卖"太簇"钟一枚，2010 年北京保利拍卖"南吕"钟一枚。2014 年 10 月北京天雅古玩城蒙古文化厅展出"大吕"钟一枚，2015 年 6 月北京保利展出"应钟"、"蕤宾"钟两枚，起拍价拟为 1000 万元。

2. 在澳大利亚堪培拉市战争博物馆藏有清康熙五十四年制造的编钟一件。该钟钟壁上铸有两组文字：一组为钟名"倍夷则"，一组为年款"康熙五十四年制"（见图 7、8）。

图 7　澳大利亚堪培拉市战争博物馆展出　　图 8　展品文字档案资料之一
　　的清康熙五十四年编钟"倍夷则"

据该馆展出史料所载："此钟制造年代为 1715；名称为：镏金青铜编钟。编钟的顶部有一条铸铁链条联结于两条中间，编钟外壳有许多凸起多纹的铸件，包括一对阴阳象征；一对八卦图，36 个圆型小饰，8 个圆饼（底部）和两条直线对联。左联铭刻编钟的制作日期是"康熙五十四年制"。结论：伴随编钟的资料显示，1901 年联邦海军驻中国分队献给（没有特别指明谁）。在编钟顶部的图印清楚显示此编钟是由新南威尔士海军分队或小组成员在 1900 年中国义和团年代获取的，获取地址未明。此编钟可能是一组系列大小、音色不同编钟中的其中一个，而且可能被用在祭孔仪式上的①（见图 9）。

---

① 参见该馆文字档案资料。

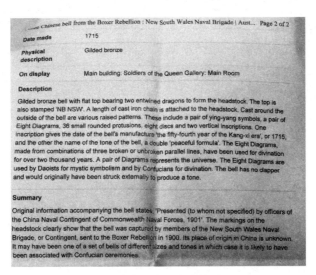

Date made	1715
Physical description	Gilded bronze
On display	Main building: Soldiers of the Queen Gallery: Main Room

Description

Gilded bronze bell with flat top bearing two entwined dragons to form the headstock. The top is also stamped 'NB NSW'. A length of cast iron chain is attached to the headstock. Cast around the outside of the bell are various raised patterns. These include a pair of ying-yang symbols, a pair of Eight Diagrams, 36 small rounded protusions, eight discs and two vertical inscriptions. One inscription gives the date of the bell's manufacture 'the fifty-fourth year of the Kang-xi era', or 1715, and the other the name of the tone of the bell, a double 'peaceful formula'. The Eight Diagrams, made from combinations of three broken or unbroken parallel lines, have been used for divination for over two thousand years. A pair of Diagrams represents the universe. The Eight Diagrams are used by Daoists for mystic symbolism and by Confucians for divination. The bell has no clapper and would originally have been struck externally to produce a tone.

Summary

Original information accompanying the bell states, 'Presented (to whom not specified) by officers of the China Naval Contingent of Commonwealth Naval Forces, 1901'. The markings on the headstock clearly show that the bell was captured by members of the New South Wales Naval Brigade, or Contingent, sent to the Boxer Rebellion in 1900. Its place of origin in China is unknown. It may have been one of a set of bells of different sizes and tones in which case it is likely to have been associated with Confucian ceremonies.

图 9　展品文字档案资料之二

　　我们曾经初步与澳方接触谈及此事，澳方曾表示：如果高层出面商谈（所谓高层系指国家级文化行政管理机关），将无偿回馈该文物；如果馆级谈判，将考虑价购形式。我们当然愿意选择高层会谈，由此，我们建议：由国家文物局组成文物征集谈判代表团，我局和我馆代表参与其中，赴澳大利亚堪培拉市战争博物馆，洽谈文物回归事宜。

结　语

　　编钟是古代中国等级与权力的象征，是上层社会专用的乐器。近代考古发现，我国西周时期就有了成组形式的编钟产生，最初由大小三枚组合起来；战国时期，编钟数目逐渐增多，九枚一组、十三枚一组均有发现；1957 年，我国河南信阳出土的第一套编钟十三枚，由其奏出的《东方红》乐曲随我国第一颗人造卫星传入太空；1978 年，湖北随州战国时代曾侯乙墓（约公元前 433 年）出土的编钟，是迄今为止发现的成套编钟最引人注目的一套，它分别由钮钟 19 件、甬钟 45 件、镈钟一件，共 65 件组成，这是编钟发展史上的峰巅之作。而这之后，历史虽然发展了，编钟却逐渐失去了往日的辉煌，就连距离我们时间最近的清初康熙时期的御制编钟，也被历史淹没，散落在天涯海角。

　　如何挖掘、拯救、保护编钟这一历史文化遗产，让它重新组合、重新展现昔日的风采并发挥出它应有的作用，这是我们博物馆人今后的重要工作任务，尤其康熙五十二年制造的编钟与先农坛有着十分密切的联系，我们一定要为完成文物征集这一重要历史任务贡献出最大的力量！让我们共同努力吧！

徐明（北京古代建筑博物馆，馆长、研究员）

满文与古建筑

◎ 安双成

　　每当谈论到古代建筑，往往都与汉文化联系在一起，很少涉猎到其他方面。但在中国历史上，同属于中华民族文化宝库中的满文，又是国家级非物质文化遗产的满文，确曾与古代建筑有过一段难以割舍的联系，而且这种联系又是历史的必然，是在特定的历史条件下所结成的一段美好"姻缘"，这是众所周知的客观事实。为了说清楚这段历史的"姻缘"关系，还是让我们掀开历史的那一页吧。

　　1644年初，在中华大地上正在发生着天翻地覆的大变革，中国历史正在经历着改朝换代的大变迁。先是李自成领导的农民军彻底推翻了大明王朝的朱氏政权，而建立了大顺朝李氏政权。继而关外的清军长驱直入，定鼎北京，由满族爱新觉罗氏统一了全中国，建立了大清王朝。大清王朝是中国历史上最后一个中央集权制的封建王朝，统治中国达267年之久，于宣统三年（1911年）在辛亥革命的枪炮声中很不情愿地退出了历史舞台。在大清王朝统治中国的特定历史背景下，满文作为一种语言的字符、历史记忆的载体符号，不仅详细地记录了这一段历史的发展进程，如我国目前保存下来的浩如烟海的满文档案史料和满文图书文献则是一个极有说服力的例证。非但如此，满文又作为大清王朝的国文，业已出现在国际舞台上，如康熙二十八年（1689年）清政府与沙皇俄国政府之间签订的"中俄尼布楚条约"（又称"黑龙江界约"）的条约文本，则是用满文和老俄文两种文字写成的，而拉丁文作为中介文字，也出现在该条约文本之中。又如大清王朝政府与外国政府之间的往来国书是满文书写的，与外国之间所有发生的各项交涉事件等，也都用满文一一记录在案，特别是清前期更是如此。同时，满文作为象征大清王朝的标志性符号，也出现在皇宫乃至皇家坛庙、园林等处古代建筑的牌匾门额之上。大清王朝定都北京之后，先对明皇宫等处建筑上的匾额进行改造，将原来纯汉文的一体字匾额都改造为以满文为中心的多体字匾额。为了说明这一现象，请看下列事实依据吧。

其一，顺治八年（1651年），清政府重新大规模修建天安门城楼之后，将大明王朝时期原"承天之门"的天安门门匾改名为"天安之门"，并制作以满文为中心的汉、满、蒙古三体字匾额，高高悬挂于修缮一新的天安门之上，其满文居中，左右分别排列汉文和蒙古文。据有人考证，其汉文为"天安之门"四个篆字。如若果真如此，那可以断定其居中的满文应该是满文隶书。这是因为创制满文篆书之前，在清顺、康、雍三朝一般都以满文隶书与汉文篆书相搭配而出现在皇帝的御宝、官员衙署的印章，或个别处所的牌匾、石碑之上。

其二，康熙十年（1671年）在紫禁城西侧的瀛台（中南海）新建一座水亭，当时拟定涵光亭、观澜亭、迎薰亭三个满文和汉文名字上报，康熙皇帝钦点"迎薰亭"一名发下，由撰文中书写满文字和汉文字，工部下营缮司制作满、汉文合璧匾额挂出。

其三，故宫三大殿之一的太和殿，于明永乐十八年（1420年）建成，初称"奉天殿"，于明嘉靖四十一年（1562年）改称"皇极殿"，于清顺治二年（1645年）改名为"太和殿"。于此同时，在天坛的神乐观内，也有一殿，也名"太和殿"。故于康熙十二年（1673年）四月为更改天坛神乐观内"太和殿"一名，即行拟定凝禧殿、通德殿、嘉成殿三个满文和汉文名字上报，康熙皇帝钦点"凝禧殿"一名发下，由撰文中书鄂齐礼写满文字，办事中书余说写汉文字，工部下营缮司制作满、汉文合璧匾额挂出，从此天坛神乐观内的"太和殿"改名为"凝禧殿"至今。

其四，康熙十二年（1673年）九月间，当清内阁奏请缮写皇史宬及皇史宬门木牌满、汉文名字时，康熙皇帝钦定门匾名为"皇史宬门"，殿匾额名为"皇史宬"发下，由撰文中书鄂齐礼写满文字，办事中书余说写汉文字，并交给工部下营缮司制作满、汉文合璧匾额挂出。其五，不知是从何年何月开始，皇宫及皇家园林等处的满汉合璧二体字匾额上的满文字都变成为满文音译词，等等。从以上这几个事例中不难管窥出这样一个史实，即大清王朝统治中国的200多年中，满文作为大清王朝的国文，必然会用以命名与皇家有关的建筑，因此满文这个文字也自然会出现在古代建筑之上，从此这些建筑就与满文结成美好"姻缘"，印上了满文化的音符，这就是当时特定历史条件下所发生的一种不以人们的意志为转移的必然现象。

但是，有一些现象就必须认真考虑分析之后，才能得出比较合理的解释，就算是一种自圆其说吧。如自乾隆三十八年（1773年）开设"四库馆"起，历经15年时间，才修完《四库全书》，并分别存放于北四阁和南三阁。北四阁又称内廷四阁，指沈阳故宫内文溯阁、北京紫禁城内文渊阁、北京圆明园内文源阁、承德避暑山庄内文津阁。南三阁又称江浙三阁，指扬州文汇阁、镇江金山寺文宗阁、杭州西湖文澜阁。这些存放《四库全书》的七处藏书阁中，其内廷四阁都有各自的满、汉文阁名，独江浙三阁仅有汉文阁名而无满文阁名，由此可以断定江浙三阁上不会出现满文匾额。难道这是因为南方的建筑远离北方的满文化中心而使然的呢？类此现象还有许多，这些都说明满文匾额与当地的文化底蕴有着不可分割的必然联系。

综观古代建筑上的满文匾额，可以归纳为以下几点。

（一）满文字形

通过分析匾额上的满文字形，可以判断出制作匾额时的大概时间段。众所周知，满文创制于明万历二十七年（1599年），因为字母旁边没有圈点，史称"无圈点字"，或叫"老满文"。明崇祯五年、后金天聪六年（1632年）改革满文，史称"有圈点字"，或叫"新满文"，也就是我们现在所说的满文。如果我们所看见的某处匾额上的文字是满文，而且是没有圈点的老满文，那就可以肯定这块匾额应该是1632年以前建筑上的匾额，如见（图1）上的无圈点老满文：tondo erdemude weximbuhe duka 德盛门，即盛京（今沈阳）南大门的城门匾额名。

图1　德盛门

有清一代，在匾额上使用的满文，一般都用真书（楷书）。不过清代各个时期的真书（楷书）之间，确有一点细微区别，这为我们判断制匾年代提供一定的依据。

此外，还有一种字体值得我们注意，那就是满文隶书。有清一代使用满文隶书的时间比较短，即在满文篆书创制以前的顺、康、雍三朝（又清崇德年间）使用过满文隶书，而且使用范围也比较窄，

文物与古建筑研究

仅用于个别御宝、部分印章，或个别处所的牌匾、石碑之上。如"皇帝奉天之宝"（图2）、"户部之印"（图3）等御宝或六部三院的印章上使用的就是满文隶书。

 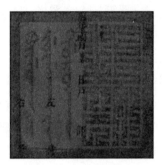

图2　皇帝奉天之宝　　　　　　　图3　户部之印

又如顺治十年重新修缮紫禁城后宫之后，孝庄太后移居慈宁宫，当时太妃、太嫔等人也随同太后移居，而在慈宁宫殿门上挂出了以满文为中心的汉、满、蒙古三种文字的"三体字匾额"，如"慈宁宫"匾额（图4），其居中的满文就是满文隶书。再又如景山公园东、西两座门的门匾，如"山左里门"（图5）和"山右里门"（图6）的门匾，是使用满、汉两种文字写的"二体字匾额"，其左边的满文就是满文隶书。

图4　慈宁宫　　　　　图5　山左里门　　　　　图6　山右里门

还有个别处所的石碑上也刻有满文隶书，如故宫西华门外的"下马碑"上就刻有"至此下马"的满文隶书，等等。

由此可见，古建筑匾额上的满文字形，是我们判断该匾额制作时间段的依据之一。

（二）满文字义

通过分析匾额上的满文字义，也可以判断出制作匾额时的大概时间段。满语的词汇，除其固有词之外，也有一部分词语是外来词，特别是清前期从别种语言中直接借用外来词的现象比较普遍，如汉语的"宫"、"殿"、"坛"、"庙"、"堂"、"斋"、"仓"、"库"、"门"等词，都直接音译为满语。在乾隆年间，对满文进行全国性的统一、规范时，也相应的对音译词（外来词）进行了规范，统一改为意译词。因此，在顺、康、雍时期匾额上的满文，多为意译词和音译词构成的，如"慈宁宫"（图4）的"宫"字、"雍和宫"（图7）的"宫"字，等等，都是音译词（外来词）。

图7　雍和宫

乾隆时期规范满文之后，其匾额上出现的"宫"、"殿"、"阁"、"门"等音译词，也都改为意译词，如承德殊像寺"会乘殿"的"殿"字（图8）、承德普宁寺"大乘之阁"（图9）的"阁"字等，都是意译词。

图8　会乘殿　　　　　图9　大乘之阁

由此可见，古建筑匾额上的满文字义，也是我们判断该匾额制作时间段的又一个依据之一。

（三）匾额种类

其一，目今所见到的古建筑上的匾额，按其形状和特点而言，多为长方形竖匾，或为长方形横匾，还有一些是正方形方匾。这些所有匾额的形状，决定了匾额上文字的走向，其竖匾上的文字是要竖排，如"养心殿"匾额（图10）。

图10　养心殿

其横匾上的文字是要横排，如"崇禧门"匾额（图11）、"古籁堂"匾额（图12）；其正方形方匾上的文字是要竖排，如见"皇史宬门"门匾（图13），等等。

图11　崇禧门　　　　　　图12　古籁堂　　　　　　图13　皇史宬门

其二，可根据匾额上使用文字的种类，匾额又可分为"一体字匾额"、"二体字匾额"、"三体字匾额"、"四体字匾额"，等等。其"一体字匾额"，是指使用一种文字写的匾额，如纯满文写的匾额（图1）、纯汉字写的匾额（图14）、纯阿拉伯文（图15）写的匾额，等等，都谓为"一体字匾额"。

图14　太和殿　　　　　　图15　东四清真寺阿拉伯文匾额

其"二体字匾额"，是指使用两种文字写的匾额，如图5是用满文隶书和汉字写的匾额、图10是用汉字和满文字写的匾额，等等，都谓为"二体字匾额"。这种匾额比较普遍，而且数量也相当可观。其"三体字匾额"，是指使用三种文字写的匾额，如图4是用汉文、满文和蒙古文写的匾额，其居中者为满文隶书，而左列汉文篆字，右排蒙古文，等等，都谓为"三体字匾额"。其"四体字匾额"，是指使用四种文字写的匾额，如图7是用满文、汉文、藏文和蒙古文写的匾额；图9是用满文、汉文、蒙古文和藏文写的匾额，等等，都谓为"四体字匾额"。

（四）文字排序

凡二种文字以上多体字匾额上的文字，其排列顺序又是以什么样的标准为依据的呢？直到目前为止，还没有见到有关这方面的文字记载或论述。但有一点可以肯定，那就是满文和汉字的书写规律决定着额面文字的排列顺序。自古至今，满文是自上而下成行，从左往右成文，而汉字也是自上而下成行，从右往左成文。譬如一块儿满汉合璧的碑文，其满文写在左侧，从左往右成文，落款在右下方，而汉文写在右侧，从右往左成文，落款在左下方，正好都编排在一个碑面上，看起来比较整齐划一，很有规律性，这是一定不变之规律。相比之下，古建筑多体字匾额上文字的排序反而显得有些凌乱，似乎没有章法可循，有那么一点儿"朝秦暮楚"之嫌。如以满汉合璧二体字竖匾为例，有的满文排左，而汉文列右（多见于京师各坛庙建筑上的匾额，如图16：先蚕坛匾额）。

图 16

有的满文排右，而汉文列左（多见于皇宫、皇家园林建筑上的匾额，如图 10：养心殿匾额）。又如以二体字横匾为例，满文排右，从左往右成文，而汉文列左，从右往左成文，都符合于各自的书写规律，如（图 11）"崇禧门"门匾。但也有的匾额同样满文排右，同样依照汉字的书写规律进行排列，同样从右往左成文，如（图 12）"古籍堂"堂匾的满文字，其排序就有悖于满文的书写规律了。又如二体字方匾，如（图 13）"皇史宬门"门匾，满右汉左，各自成文，符合各自的书写规律。只有三体字匾额上的满文是居中，而其余二种文字分别排列于满文的左右两边，可有那么一点儿"九五之尊"、"以我为中心"的味道儿。四体字匾额上的文字排序，无论从左往右排列，还是从右往左排列，都是满文排一，汉文排二，蒙古文或藏文排三，藏文或蒙古文排四。从以上各种牌匾上的文字排序来看，虽然没有统一的格式或一定的规律，但有一点是可以肯定的，那就是满文始终排列在突出的位置之上。

总而言之，古建筑上的匾额，从一体字匾额发展到四体字匾额，这件事的本身就充分显示出了我中华民族文化底蕴之多面性，其中蕴藏着取之不竭的丰富内涵，随时可以发扬光大，大放异彩。同时也彰显出了我中华民族大团结之包容性，你中有我，我中有你，共创大中华之灿烂文化，绚丽多彩。然而，这些匾额上的满文字从最初的意译词变成为音译词之后，特别是二体字匾额上的满文音译词与汉字，从表面上看起来，不仅是字数相同，音节相当，而且搭配起来，也显得美观、协调，具有一种天人合一之感。可有谁曾想到，就是因为这个音译词，却起到一种催化剂的作用，加速了满语自身之消亡（对这个话题，不在这里赘述）。虽然如此，满文作为一种历史的记忆符号，又是一种古代的文字，它仍然遗留给人们很多遐想空间，更何况满文本身所具有的历史价值、研究价值、利用价值始终吸引着国内外学者为之瞩目，并引领人们不断地去探索、发现。

安双成（中国第一历史档案馆，研究员）

门礅的美学特征

◎ 于润琪

一、门礅（独体狮子礅）造型的历史演变轨迹

独体狮子礅的造型由粗犷、浑朴、雄浑向精美、逼真的方向演变。

这或许与北方少数民族粗狂、豪放、雄浑的民族风格有关。

由唐代的翼兽，宋代、金代石狮，元代的石狮，明代的石狮，清代和亲王府的石狮可见一斑。

二、设计理念的创新

本来一个只用来支撑门楼的小小构件，经过多少年历史的积淀，却逐渐演变成造型美观、图案丰富，十分亮丽的装饰物件。

北京门礅的形制分为两类，即鼓型礅与箱体礅。这两种门礅的造型模式，分别代表着两种文化理念。

鼓型礅与战鼓有关。战鼓与征战的武官密切相关，某种意义上战鼓有成为武官的标识。古代的封疆大吏封疆拓土，武功盖世，得胜回朝之后，刀枪入库，马放南山，尽享和平静日子。武将为了显示自己的战功，为光耀门楣，不可能把战鼓长久地放在自家门口，于是，就有了鼓型样式的门礅。这种门礅，不仅有大鼓，还有小鼓；因此在设计上，门礅的中心位置上有一个大鼓，大鼓的两侧下端还有一个小鼓作为陪衬，鼓置放在一个须弥座上，座上有一锦铺，既华美富贵又庄重威严。这种设计充分凸显了战鼓的重要作用，也暗含着宅主的非凡武功。

如果说，鼓型门礅是盖世武将军功的一种标识，那么，箱体礅则是文人的一种标识。为什么这么讲呢？古代文人成就功名，都经过乡试、会试，甚至是殿试的历练，他们赶考的行囊中少不了书籍，

也离不开书箱。当他们金榜提名之后，在京城或在家乡总要置办宅院房产。他们的宅院大门不是鼓型的门礅，而是别一种书箱样式，于是就有了箱体礅的产生。从外观上看，箱体礅的外型就是古代文人所用书箱的缩影。

这种由鼓型与箱体的外观造型，反映出门礅设计者创作理念的新颖。他们竟然把我国古代文武官员使用过的器物，创意出门礅的造型，其中含有深刻的寓意，这两种门礅的形制一直延续了千年。

这两种样式门礅的表面雕刻有许多内容丰富，寓意深刻的图形，看后令人流连。以上从设计理念上阐述了鼓型礅与箱体礅的文化渊源。

北京门礅的自最早实物证据，是在南朝时期北京出土的墓穴，石门下方有一简朴兽形图案的门礅（《文物》杂志1981年12月号）。

三、设计尺寸的科学（黄金分割比）

1：0.618门礅的高与宽（即长与宽），而门礅的厚度与高度相比？为什么不再宽或窄？笔者推测应该也是黄金比。恰恰是两个叠加的黄金比。实测的门礅尺寸，以箱体礅为例。

其实鼓型礅的宽高尺寸与箱体礅尺寸一致，只是在测量稍有难度，也是黄金比。

实测门礅尺寸数据：

国子监街西口路南小门楼，礅高42cm，宽26cm，厚15cm，全长50cm，门高1.92m。

方家胡同13号，大门高2.8m（不包括木门头，但包括门槛），门宽3m（带门框），大门实宽2.25m，门槛高30cm。

门礅高80cm，厚26cm，外宽50cm，礅全长90cm。

方家胡同西口路北一大门，鼓型礅，高74cm，厚26cm，宽46cm，全长93cm。

方家胡同再西口路北一如意门，门框宽2.25m，门实高2m，门宽96cm，门礅高62cm，宽33cm，厚28cm。

交道口北三条西口路北一大如意门，带框2.5m，去框2.2m。

门头砖雕高约90cm，大门宽110cm，加两个80cm（砖墙）再加两个山墙宽43cm，整个砖木门实际宽度近4m。

此门的门礅为箱体礅：高62cm、厚18cm、宽26cm。

寿比胡同东口路北肃宁伯府，大门 2m，门框宽 45cm，门高 2.8m，不算木门头（约1m）。此门鼓型门磴，高 82cm，外宽 42cm，厚 30cm。

南下洼子胡同：大门高 2.8m，宽 1.9m，鼓型磴高 89cm，外宽 46cm，厚 35cm（挂印封侯图案）。

黑芝麻胡同西口路北一广亮大门（清代四川总督奎俊宅院）大门实宽 2m，加门框 50cm × 2，大门总宽 3m，门槛 30cm，门高 2.9m。

汉白玉石鼓型磴，高 75cm，外宽 45cm，厚 25cm，全长 85cm。

四、雕刻的实例与技艺

（一）实例

1. 团寿磴图　2. 福寿磴　3. 挂印封侯　4. 三阳开泰
5. 琴棋书画　6. 瓜瓞绵绵

（二）雕刻的工艺分类

1. 浮雕：门磴表面大多采用浮雕的图型，比较普遍有兽类、花草类、器物类，其中不乏工艺精湛的作品。

2. 透雕：东城区方家胡同、原崇文区的长巷头条、东城区的炒豆胡同、史家胡同、西城西四北三条胡同都有一种鼓型磴，这种磴的图型是九只狮子，表示"九世同居"的寓意。所谓九世同居，《唐书·孝友传》记载："张公艺九世同居，北齐、隋唐皆旌表其门。上幸其家，问所以能之故，公艺书忍字百余以进，上喜之赐予缣帛。"后人由此得到启示，便在鼎器、家具、文玩、建筑上雕刻九狮纹饰。

它的一组造型，是九只狮子，两大七小。公狮的右爪下是一个绣球，母狮的左爪下是一只仰面的小公狮，在磴的正面（弧面）各雕三只小狮子。小狮子神态各异，攀伏在石墩上，这些小狮子都是透雕，个个活龙活现。

3. 高浮雕：（花盆）东城某胡同的箱体磴，磴的正面雕有一个八角形的花盆，上有一株牡丹花。花盆不是浅浮雕，而是高高的凸显，宛如半个（截面）花盆粘接上去的，透显一种逼真的立体效果，上面的花叶也十分立体。这种高浮雕的门礅图案造型并不多见，从中可见设计、雕刻着的高超技艺。

4. 实物雕（香瓜儿）雍和宫大街某胡同小门楼的箱体礅，上端不是通常的石狮，而是一对儿香瓜，大小与真的瓜一样，雕刻得精致入微。乍一看，真以为是放在礅顶上面的香瓜儿呢。瓜的纹理、瓜蒂、瓜叶都刻得极其逼真，令人不禁称绝！

五、设计构思的巧妙　简约最美！

1. 以器物代表整个人物，以小喻大。

以八位仙人随身所带的八种器物：暗八仙（葫芦——铁拐李、宝伞——汉钟离、渔鼓——张果老、莲花——何仙姑、横笛——韩湘子、宝剑——吕洞宾、花篮——蓝采和、阴阳版——曹国舅）。

僧侣祈祷时供奉的八种法物：暗八宝（轮、螺、伞、盖、花、罐、鱼、长）的图案礅为例，轮（法轮——）、螺（法螺）、伞（又称胜利幢）、盖（白盖）、花（宝相花）、罐（宝瓶）、鱼（金鱼）、长（盘长）。

把仙人随身的器物或僧人供奉的法物，刻在寺庙、殿堂或其他器物上是比较常见的，而门礅的设计者则把这些图型也刻在了门礅上，而这些带有宗教色彩图案门礅的出现，则表明道教、佛教（藏传佛教）在北京的兴盛。尤其是明代后期，北京道教盛行，这大概与嘉靖皇帝有关，他本人是个道教虔诚的信徒，不仅在禁城之内，还在紫禁城之外，修建大高玄殿。而清代由于藏传佛教在京师的兴盛，雍和宫内有一石幢，上有乾隆帝的"黄教说"。帝王崇尚哪种宗教，哪种宗教就会兴旺。北京门礅中的"暗八仙"和"暗八宝"图型的出现，从一个侧面表明宗教兴盛与统治者的好恶有着密切的关联。

2. 巧妙地利用鼓型门礅的弧面表现女性胸部的曲线美。

以西城区新昌胡同的花神门礅为例。

这对鼓型礅的顶部各有一只憨态可掬的卧狮，门礅正面不是通常的宝相花图型，而是一个古装女子，宽衣广袖，身旁有一个花篮。

细看是天女散花，关于花神，《淮南子·天文训》中记载："女夷鼓歌，以司天和，以长百谷禽兽草木。"后来，民间便把女夷奉为百花之神。古时在花朝节和芒种节，举办迎接遣送花神的活动，借此祈盼花神的佑护。

门礅的设计者创造性地把花神这一美好形象再现在门礅的"方寸"之上，巧妙地把花神的胸部与门礅的鼓型弧面相吻合，既没有妨碍鼓墩的弧面，又充分地表现了女神隆起的胸部，而女神的整个身体部分则隐现在鼓礅之中，寥寥数笔，却表现出花神的身体外形，设计真可谓天衣无缝，精妙绝伦！而对女神的头部、面部五官则刻画得细微传神，仪态雍容，神采奕奕。花神头部微侧，右臂扬起，擎住花篮。左手隐现在花篮之后，做散花状。花篮微倾，簇簇花蕾就势飘落。花神神态自若，飘逸洒脱，仿佛随风从天而降，引人驻足流连。

花神礅构思巧妙，丰富多彩，令人叫绝，堪称门礅中之神品。

六、设计构图的大胆创新

在鼓型礅或箱体礅的三个垂直的里面上的图案，尤其是箱体礅的三个竖面图案，都是相对独立的画面，图案内容彼此之间并没有有机的联系。每一个平面图案，独立成章，但却有统一的构思，例如"岁岁平安，事事如意"门礅的图案。

岁岁平安礅：在门礅的正面（即与大门平行的一面）图案是一个花瓶，上端瓶口插有一下垂状的谷穗和一稗穗，在花瓶的侧下方有一仰头的鹌鹑，表示"穗穗（岁岁）平安"。这两个门礅的图案完全一样，一幅图案，鹌鹑在花瓶的左侧，另一图案，鹌鹑则在花瓶的右侧，要分左右，不能一顺边。

而两个门礅的内侧面（即与大门垂直的一面）的图案，也是一样：一并如意，下方有两个柿子，表示"柿柿（事事）如意"，这就是传统箱体礅的的三面图案布局。三个平面内容并不统一，各面内容却有机的联系，有统一的布局构思。

而黄米胡同门礅的构图设计却不同了。

它是个箱体礅，是"三面一体"的图案设计，三个平面连为一体，打破了三个平面的界限，平面的棱线消失了。

而黄米胡同的"三面一体"的门礅，却打破了三个平面的边界线，三个平面的连接成一个整体，图案的内容是统一的，是同一个主题。是一个大的树林，有几头狮子在林中，呈现各种姿态，有立姿的，有卧姿。

结　语

北京门礅从创意，到布局设计，以及雕刻工艺都反映了中华传统文化，为人们展现了丰富绚丽多姿多彩的文化，在某种意义上讲，每一个门礅，就是一件雕刻艺术品，有的就是一件雕刻艺术精品。

门礅虽小，却内涵丰富，寓意深刻，全方位，多角度地反映了中华文化悠久的传统文化（儒、释、道诸方面），从而彰显了传统文化的博大精深。

有鉴于此，我们每一个北京人更应该下大力气保护好老北京城的一草一木，一砖一石，倍加珍惜老祖宗留下的门礅这份丰厚的文化遗产。

附录
北京童谣的文本与版本

关于"小小子儿，坐门礅儿"的文学记述。老舍在《小人物自述》中有这样一段话："门洞只有二尺多宽，每逢下小雨或刮大风，我和小姐姐便在这里玩耍。那块倚门的大石头归我专用，真不记得我在那里唱过多少次'小小子儿，坐门礅儿'。影壁是不值一提的，它终年的老塌倒大半截，渐渐的，它的砖也都被拾去另有任用，于是它也就安于矮短，到秋天还长出一两条瓜蔓儿来，像故意要要俏似的。"

上面老舍这段话里提到了老北京那首著名的童谣《小小子，坐门礅儿》。对于这童谣的作者很难找到，我们却找到这首童谣的最早记录者，他就是意大利人韦大列（Guide Vitale）。

一、关于北京童谣的早期文本

就目前知见的有如下两种，一种是1896年由意大利人韦大列（Guide Vitale）编撰的《北京的歌谣》，全书收录了170余首"北京的童谣"。难能可贵的是，韦大列从西洋人的文化价值观认识到北京童谣的历史文化价值，他甚至在《序》中呼吁"那些可以与人民自由交际的，必定可以多得些这种野生的诗的好例子。若有人肯供我些新材料，或他各自要担任一个歌谣的新集的工作的，我极端的欢喜"。他希望与中国文化人一起收集完成，他的整理工作或许得到一些中国人的帮助。

另一种是 1900 年由美国传教士何兰德（Isaac Taylor Headland）收集整理的《孺子歌图》，全书收录 150 多首北京的儿歌，中英文对照，图文并茂，由北京汇文书院出版。

二、童谣的版本

此前我们并没有特别关注童谣的版本，认为一首童谣只有一个版本。其实不然，偶然的机会在东北宁古塔地区听到了《小小子儿，坐门礅儿》的又一版本。经此，便留心寻访，得知此首童谣的另外几个版本，它们是：

北京版的《小小子儿，坐门礅儿》：

小小子儿，坐门礅儿，哭着喊着要媳妇儿。要媳妇干嘛？点灯，说话儿，吹灯，做伴儿，早晨起来梳小辫儿。"（北京东城区、通州区）

又一版本——小小子儿，坐门礅儿，哭哭咧咧要媳妇儿，要媳妇儿干嘛？点灯说话儿，吹灯做伴儿。明儿早晨起来梳个小辫儿。"（北京内城区）

又一版本——（～）点灯说话儿，吹灯拔蜡。（北京内城区）

又一版本——（～）点灯说话儿，吹灯摸咋儿。（宁古塔地区）（按："咋儿"即奶子、乳房。东北、北京地区都此说。）

又一版本——（～）点灯说话儿，吹灯做伴儿。做鞋做袜，做裤做褂儿。（北京房山区）

又一版本——（～）小小子儿，坐门墩儿，哭哭啼啼要媳妇儿，要媳妇干嘛？缝衣补袜，点灯说话儿，吹灯打擦擦。（天津红桥区）

又一版本——（～）要媳妇干啥？做裤做褂，做鞋做袜。点灯说话，睡觉甭怕。（天津汉沽区）

又一版本——《小孩儿歌》："小孩子，坐门墩，哭哭啼啼要媳妇。要媳妇，干吗儿，做鞋、做袜、点灯、说话，还要做一个大马褂。"（流行陕西凤翔）

此首童谣在全国各地都有流传，并不是陕西本土的童谣，"干吗儿"、"大马褂"不是陕西话。陕西这首童谣，连歌名都改了。他们那里，大概不把小男孩儿，称为"小小子儿"。但是却有儿化音，我们相信，此首童谣不仅以上八个版本，肯定还有没被寻访到的。从内容上看大同小异，每种版本中的一些相关内容都有变化，都是结合本地区的民俗文化特点而加以改变。这种改变是合理的，也是必要的，它要与本地的民俗民风要和谐，否则，不会在此地经久流传。《小小子儿，坐门礅儿》的多种版本，则有力地说明了童谣的广泛的传承性和持久魅力。

童谣的作者一定是创作诗歌的高手，他们谙熟儿童的心理，洞晓京师本地的风情，才写出如此生动鲜活、经久不衰的童谣来。

于润琪（中国现代文学馆，研究员）

石敢当崇拜导论

◎ 董绍鹏

一、引言

在中国的传统文化中，万物有灵的思想浸淫着千千万万的人们，身边的一草一木、一山一水、一只动物、一个使用过的器具……都可能因种种内涵或感情因素所致，成为日后相信其中形而上理念人们的信奉物。这种以自然为神灵的宗教心理，是一种属于人类尚处于蒙昧时期形成的恐惧于大自然的一切而形成的心理，在世界古代历史中十分普遍，充满着生活中的各个方面。

我们可能见过这样的景象：某个地方的一棵树，因为其外观类似或接近某种人为宗教中的法器或宗教人物，甚至宗教故事中的物质内涵，人们便主观地将其与某个人为宗教联系，开始对其进行实质上在某个人为宗教中属于禁止的崇拜行为。或者某块岩石、某座大山的外观看起来类似某某人为宗教中的法物形象，人们便不假思索地将其与某某人为宗教挂钩，进行内涵的联想式、逻辑上看似合情合理的外延。

这种强行把本属自然造物的自然形象联系人为宗教的现象，事实上也是远古时期万物有灵自然崇拜的一个演化特征，即把远古万物有灵自然崇拜更为进步的人为宗教强行赋予原始阶段的崇拜属性。本质上讲，这是人们自身所处的文化特征严重拒绝演进的一种自我心理防护行为。在世界文明史中，中华文明的信仰系统与非洲、美洲原始人类文化中的信仰体系共性大于异性，尤其体现在万物有灵自然崇拜方面。在人类思想史的演进过程中，中华民族的这一特性几乎未曾中断，延续至今。

在多如过江之鲫的自然崇拜中，有些崇拜衍生出以物载志式的内涵扩展，成为负载人们后天愿望的载体。

比如，石敢当崇拜。

当代石敢当工艺品

说起石敢当，远的事例大概是 2008 年奥运会时《北京晚报》有一条报道，说北京南站茶叶一条街的商号们，陆续在店中或门前摆放一种不规则形状的小石块，石块上刻有红漆描字的"泰山石敢当"五个字。记者寻问商号们摆放的原因，商家们说是祈福之用，这则报道把民间民俗中久已未闻的石敢当崇拜重又拉进到人们的视线中。近的事例，是正值当下某地电视台播放一个同名电视剧，据说收视很是不错。这个电视剧以神话故事的形式（比较像《封神榜》）演绎了石敢当的文化内涵，只不过文学色彩过于浓厚，失却了文化价值。

现实中，恐怕只有上了年纪的人些许还有些印象，能说起见过石敢当，但也未必能说得清石敢当的来由，或者只是做个似是而非的诠释。而对于大多数人来讲，石敢当就像个陌生词汇，听起来如堕入五里雾。

假如旅游到山东泰安，人们必去泰山一览众山小。但如果你不留意的话，今天的泰山周围可以说布满了一种旅游产品的制作和销售，到访者到达泰山旋即为这种物件所包围，这就是泰山石敢当工艺品。有的销售者竟扬言自己的这个小物件经过某某佛寺或道观开光，以达到促进销售的目的。福建的厦门，也盛行这种销售石敢当小物件的风气。

什么是石敢当？它出现于何时？因何原因人们要崇拜它？历史上的石敢当现在还有吗？石敢当除了"保平安"还有些什么用途？如果有遗留，作为一种文物如何认识它的历史价值？在 21 世纪的今天，这种体现远古理念的物件还有无存在意义？

二、石敢当最早的文献记载和实物证据

中华民族的历史源远流长，因为我们有相当连续的文字记载，

所以古代的历史变迁、自然变迁、特异事件等才得以相对完整地记录、保留并传示后人，这一点在世界文明史上无可比拟，也是我们作为泱泱文明古国得以自豪之处。

大凡一种人类的物质文化遗存，都可追溯到久远的时期，除了应当有物质遗存的痕迹可供考察外，只要它的使用者拥有了文字，或多或少其中会有蛛丝马迹。中华民族文字的出现有据可考的年代也应该在商代中晚期，以甲骨文为典型（甲骨文已是较为成熟的文字，之前应该还有过渡性文字有待发现）。在发现的几千个甲骨文文字中，后世使用的涉及社会生活基本物质概念的名词已然出现很多，这说明，至少在商的中晚期时，记事、记物等对社会生活物质上、精神上的观察与描述成为商王朝的一项重要事务性工作。不过，物质文明的概念中，植物、动物、器物等虽然占了很大部分，仍然不能满足实际需求，这实质上也是早期中华文明认知世界的局限所在，无法脱离中华文明生活的自然环境对社会生活的影响。

石敢当这个名词，在甲骨文中就没有发现。

那么，石敢当这个词汇是何时出现的呢？

根据历史记载，"石敢当"三个字最早出现于西汉的儿童启萌读物《急就篇》：

朱交便，孔何伤，师猛虎，石敢当，所不侵，龙未央。

《急就篇》书影

《急就篇》，类似后世的《百家姓》、《千字文》，是专为儿童所写的启萌课本，内容包罗万象，人文、历史、地理、物产、天文等等，几乎都有涉及；文辞结构上采用合仄压韵、朗朗上口的诗歌形式，便于儿童记忆，主要用来识字。因而这里的石敢当三字，不过是为了文字的合仄押韵而设定的表达。

唐代颜师古对此的注释有"卫有石昔、石买、石恶，郑有石制，皆为石氏，周有石速，齐有石之纷如，其后以命族。敢当，所向无敌也"之说，臆测周代诸侯国曾有石姓家族，生性勇敢。这种毫无依据的臆测、描述之词，虽有暗示之意，但无法表明周时曾有以石敢当为名之人。

清代俞樾的《茶香室续钞》记载了这样一则关于"石敢当"的资料，说宋代王象之的《舆地纪胜》中记有福建出土"石敢当"石刻铭的事：

　　庆历中，张纬宰蒲田，再新县治，得一石铭，其文曰：石敢当，镇百鬼，魇灾殃，官吏福，百姓康，风教盛，礼乐张。唐大历五年县令郑押字记。

唐大历五年即770年，石敢当作为一种有一定内涵的物质存在，这是文献中有据可查的最早记录。

后世的文献，如元末明初陶宗仪的《南村辍耕录》、清代翟灏的《通俗编》，也对前人所记在引述基础上有所补证。

这就是说，依据文献可知，"石敢当"的最早存在证据，可以追溯到唐大历五年（770年），因此，依据史料记载，石敢当出现的上限不会晚于唐代中期。而现存文物中，2007年在四川省阿坝藏族羌族自治州桃坪羌寨，发现了一尊疑似西夏党项人雕刻风格的石敢当，则又从实物上无可辩驳的证明宋代（西夏）是石敢当出现的时间下限。

四川省阿坝藏族羌族自治州桃坪羌寨发现的西夏党项人雕刻风格的石敢当

三、石敢当的民间传说

我国自古以来就富有民间口头文学的创作与流传传统，大量的社会生活、历史事件、文化交往、以英雄为主的传奇人物经历，以及对先祖的崇拜，成为民间口头文学创作丰富不竭的素材，它们结合着人们对美好生活的向往、心灵上的渴望，经过人们的口口传诵和不断的添加故事细节、圆润内涵之间逻辑关联，最终形成富有神奇色彩的民间传说。

民间传说中，包括灵石崇拜的石敢当传说。

根据民俗材料，石敢当传说具有以下特点。

①体现出一定历史年代性（时间性），②富有很强的地域性。

像其他的民间传说一样，石敢当传说中往往将其拟人化，附会、假托的传说故事多流露出不畏强暴、向往安康、对生活意愿的执着，这与其他民间传说的用意不谋而合。

具有时间性的传说

这类传说如果按故事中人物的生活年代作为时间标尺，会发现早到传说中的三皇五帝、晚到清代，时间跨度不可谓不大，这类传说较为典型的有：

黄帝时，东方九黎族首领蚩尤联合南方苗民企图推翻黄帝的统治。蚩尤有八十一个铜头铁额兄弟，头角所向，玉石难存，凶恶无比，黄帝不敌，屡遭败绩。一日，蚩尤登泰山而小天下，自吹"天下谁敢当"。女娲遂投炼石以制其暴，石上镌刻着"泰山石敢当"五字，终使蚩尤溃败。黄帝乃遍立"泰山石敢当"，蚩尤军队见之，个个胆战心惊，望石而逃，蚩尤后在涿鹿被擒，囚于北极，由此"泰山石敢当"便成为民间辟邪镇煞的神石。

姜子牙姜太公助周灭商，驱魔挡邪，因辅佐西岐文、武二王灭商有功，被上天授以掌管鬼神神权，后世人们信仰他，故民间在石头上刻写"石敢当"、"姜太公在此，百事无忌"，以此石借姜太公之神威挡邪煞。

三国时名医华佗去泰山采药时，带回一块泰山石，上书"泰山压顶，百鬼宁息"八字。当巫人装鬼来害他时，他就举泰山石将其击败。百姓听说华佗用泰山石能镇鬼魔，便到山上采石，凿上"泰山石敢当"五个字，竖在宅墙上辟邪。

《新五代史·汉本纪要第十》记载："潞王从珂反，愍帝出奔，高祖自镇州朝京师，遇愍帝于卫州，止传舍，知远遣勇士石敢袖铁锤侍高祖以虞变。高祖与愍帝议事未决，左右欲兵之，知远拥祖入室，敢于左右格斗而死，知远即率兵尽杀愍帝左右，留帝传舍而去。"后人根据这则历史记载，将后晋石敬瑭的卫士"石敢"讹变为"石敢当"〔如"其曰当者，或为惟石敢之勇，可当其冲也（清·褚人获《坚瓠集》）"〕，以取其英勇无敌镇慑鬼神之意，并将石敢当三字镌刻石块上，立于房前屋后凡是隐含危险之处（后人还有为此所作七律诗一首：甲胄当年一武臣，镇安天下护居民。捍冲道路三叉口，埋没泥涂百战身。铜柱承陪间紫塞，玉关守御老红尘。英雄来往休相问，见尽英雄来往人）。

具有地域性的传说

这类传说的分布，分别以山东泰安地区、东北满族地区、江苏地区、福建广东客家人聚居区为核心，体现出很强的地方民族特色、民俗特色。故事所依托的时间范畴除极个别外，往往局限在明清，比如：

泰山脚下有一位猛士，姓石名敢当，好打抱不平，降妖除魔所向无敌，豪名远播。一日，泰安南边大汶口镇张家，其年方二八的女儿因妖气缠身，终日疯疯癫癫，多方医治未见起色，特求石敢当退妖，当晚石敢当就吓跑了妖怪。妖怪逃到福建，一些农民被它缠上了，请来石敢当，妖怪一看又跑到东北，那里又有一位姑娘得病了又来请他。石敢当想：这妖怪我拿它一回就跑得老远，可天南地北这么大地方，我也跑不过来。干脆，泰山石头多，我找个石匠打上我的家乡和名字"泰山石敢当"，谁家闹妖气就把它放在谁家的墙上，那妖怪就跑了。从此传开，大家知道妖怪怕泰山石敢当，就找了块石头或砖头刻上"泰山石敢当"来吓退妖怪。

明清之际，凡在广东徐闻县县衙坐大堂的知县，都不出三个月便死在任上。到了清康熙初年，有个新知县上任前恐蹈覆辙，特请风水先生前往勘察，方知县城内有一座宝塔的阴影正落在县太爷的公案上，历任县令都因承受不住它的压力而死。风水先生认为宝塔再高高不过五岳，五岳中泰山独尊，只有泰山的石头敢于抵挡它的阴影。知县听后忙派人请来一块泰山石，镌上"泰山石敢当"五个大字，立于县衙的大堂前，然后才接印到任。从此，徐闻县再也没发生过县令暴死任上的事情。奇闻传开后，人们纷

纷镌刻"泰山石敢当"或"石敢当"石碑砌在门口、立于街巷，用来解煞辟邪。

此外，民国早期之际，江苏苏州地区还有清乾隆下江南调戏民女不成反被石敢当巧妙气走的传说。

不难看出，与我国古代广为流传的其他类型的民间传说一样，石敢当的传说更多是借物寓事，无论是远古英雄化身、平民或救死扶伤的行医者的化身，主题就是驱除病魔邪恶、驱除强暴求得安康，一种隐藏在人们心中的趋利避害的永恒愿望。这一朴素的主题在世界其他民族的文化中同样也普遍存在，反映的是人类文明中的共性文化元素。

四、石敢当功能的起源：
灵石崇拜及其宗教学释义

当代中国的两大辞书《辞源》、《词海》，对石敢当有这样的描述：

唐宋以来，人家门口，或街衢巷口，常立一小石碑，上刻"石敢当"三字，以为可以禁压不祥。《急就篇》一："石敢当"注首字为姓，下二字为虚构之名。言所当无敌。宋仁宗庆历四年，于福建莆田发现唐代宗大历五年"石敢当"石碑，可见此俗由来已久。见宋王象之《舆地纪胜》。
　　　　　　　　　　　　　　　　　　　　——《辞源》

旧时人家正门，正对桥梁巷口，常立一小石碑，上刻"石敢当"三字，以为可以禁压不祥。《急就篇》"石敢当"，颜师古注："敢当，言所向无敌也。"《通俗编·居处》引《继古丛编》："吴民庐舍，遇街衢直冲，必设石人或植片石，镌'石敢当'以镇之。本《急就章》也。"又引《墨庄漫录》，谓得大历五年"石敢当"刻石，则此俗唐代已有。
　　　　　　　　　　　　　　　　　　　　——《词海》

《辞源》、《词海》中都指出，"石敢当"形似石碑，功能为避邪、镇邪，但最初的"石敢当"是否真的就像后世石碑一样立在住宅正对桥梁巷口处呢？根据史料中的记载描述，以及现存的石敢当的使用情况，却发现并不仅仅如此，石敢当的使用应该是在具有实际使用价值基础上的形式多样化和具有一个渐变过程的。依据文献及现存石敢当的情况，大致可分为早期的以稳固建筑基础为主要目的、具有实用性的地基石及其引伸意义的奠基石，及到后世的寓意攘祸佑福、带有镇符符号意义，立于房前屋后、路口、桥头等具有潜在给人们带来危害位置的刻字石块两大形态。这两大形态中，前一种出现于人类进入文明社会前后交接时期，以后逐渐消亡，但其极个别形式（奠基石）的使用却延续至今；后一种如前文所述，文献记载大致出现于唐代（实物例证为宋代），封建社会中晚期是其发展高潮阶段，近几十年虽逐渐消亡，但近年又有复兴迹象。而真正称作石敢当的，这里仅指后一种形态，而前一种形态只是石敢当在历史文化发展上的鼻祖。

　　早在人类还在茹毛饮血的蒙昧时代，随着原始人对石器使用及依赖度的不断加深，逐渐形成唯石论的认知，把一块普普通通的石块从思想上等同于大自然中风、雨、雷电、地震、海啸等人类不能驾驭现象，认为它是具有超脱人类肉体而凌驾于人类精神之上的功效。于是不仅日常生活中大量使用石器（体现它的实用功能），还伴随着历史的演进将石器或石块赋予体现财富、身份以致"护身符"的功能。这种赋予石器或石块"护身符"功能的作法，是宗教学中人类处于原始宗教阶段的万物有灵论的主要体现之一，也可以称之为"灵石崇拜"。因此，灵石崇拜是一种起源在史前社会但流传广泛的前宗教习俗，具有强烈的巫术特征。虽然人类社会在不断演进，但在一些地区和民族中这种行为还有延续、孑遗。

　　宗教学认为，万物有灵论是原始宗教思想发展的最初阶段。一些岩石因其所具有的特殊形状、斑斓的颜色，或因其所处的特殊地理环境，都可能被古人赋予灵性，随之赋予超人的神秘法力：

　　我国羌族地区就有白石崇拜的习俗，羌族传说：远古时羌人和戈鸡人战争，不能取胜。当时有神梦中指示羌人，要用白石做武器，才能战胜戈鸡人。羌人按照神的指示采集大量白石作为武器，果然取得胜利。疏乎的是，因是梦中托示，谁也不记得神的相貌，也没有办法描绘出来，于是羌人便以白石代替梦中之神的形象加以供奉。

　　在台湾，土著高山族人称神石为"石头公"，把它看作是保幸福、避妖邪的对象。

　　在非洲尼日利亚，某些原始部落把一些据认为是"神石"的石头供奉起来，并用谷物和狩猎所得制成的食物加以供享，以祈求这些神石能够治病。

在大洋洲的巴布亚新几内亚，当地土著把一种石头奉为神石，认为石头里附有精灵，把这类石头放在哪里哪里就会受到石头法力的影响，因此土人把它放在粮食作物的耕田内或作物旁，认为这样能够增加农作物收获。

应该说，大量的文化人类学田野调查资料（民俗学、民族学，属于文化人类学范畴），为我们提供了很多有关灵石崇拜的事例。可以看出，这种对灵石的崇拜并给予富于联想式的神法魔力，一则以成为延续今日一些地区和民族仍在施行的自然神祇崇拜的形式孑遗，二则成为日后的巫术。

从我国近现代考古学资料来看，也不乏例证。

甘肃永靖齐家文化墓地，有不少墓中随葬石块，石块有大有小，多呈白色，石块放在死者头部或身体两侧，有的则围绕在死者一圈；不分男女老少，不分葬式，大都有石块随葬，少者五六块，多的达105块。广西南宁地区的史前墓葬，如西津和长塘的不少墓中，常有着用一两块未经加工的片石随葬的现象，石块多放于死者头部，有的墓中还有用石子在人骨周围圈起的情况。1945年春，著名考古学家夏鼐先生在甘肃临洮寺洼发掘两座墓葬，都有大块砾石随葬。此外，云南元谋大墩子遗址的部分史前墓葬、四川巫山大溪文化遗址的部分墓葬，也有用石块随葬现象。

值得指出的是，前述原始文化墓葬中，有随葬石块现象的死者只是少数，推测墓主人很可能是非正常死亡，墓葬中随葬的石块很可能是灵石，其目的是借助灵石来镇墓驱邪，防止死者变成厉鬼祸乱生者。

既然灵石可以驱邪，那么灵石崇拜的巫术属性应用到作为人们四大需求"衣食住行"之一的"住"也就顺理成章了，因为建造房屋离不开石，特别是支撑房屋的立柱需要石块作为基础，以达到稳固防潮的目的；又因为房屋建造之后存在经久耐用的实用考虑，所以人们就要求助各种办法满足这种需求，这不外乎技术层面的和心理需求层面的双重满足，因此，灵石崇拜再次显示了它的功效。从文献来看，我国古代早就有在房屋四隅填埋灵石用以镇宅、避鬼的习俗，这种反映在建筑中的埋石镇宅之法，就是"灵石镇宅法"，汉魏六朝之际就已出现：

汉刘安《淮南子·万毕术》：丸石于宅四隅，则鬼无能无殃。

北周庾信《小园赋》：镇宅以埋石，厌山精而照镜。

吴兆宜注南朝宗懔《荆楚岁时记》：十月暮日掘宅角，各埋大石，为镇宅。

从考古文物、传世文物来看，也不乏说服力的材料，1975 年 12 月在湖北省云梦县睡虎地出土的秦简《日书·诘》里记载的"投石击鬼法"，应该是其在文明社会阶段的原型，将石头埋在地下或插在地面以镇妖邪则是该法术的另一种形式，自秦汉以降一直流行。成文于唐玄宗时期（李隆基，712 年至 756 年在位）的敦煌写卷（即敦煌遗书）3594 号《用石镇宅法》则有以下条文：凡人居宅处不利，有疾病、逃亡、耗财，以石九十斤，镇鬼门廊即东北角隒上，大吉利。

至此，我们可以认为，将石头视为辟邪灵物特别是用石块作为镇宅之物，既与古老的灵石崇拜密切相关，更可看成日后石敢当崇拜之滥觞。这种行为，属于原始自然神祇多神崇拜，或称是一种向宗教过渡的但未达到宗教阶段的前宗教行为。

五、石敢当的功能和形态

前文所述，真正意义上的石敢当，文献记载大致出现于唐代，实物例证为宋代，封建社会中晚期是其发展高潮阶段。

关于石敢当的功能和形态，一些文献如元末明初陶宗仪《南村辍耕录》卷 17 "今人家正门适当巷陌桥道之冲，则立一小石将军，或植一小石碑，镌其上曰石敢当，以厌禳之"，明杨信民《姓源珠玑》"必以石刻其志，书其姓字，以捍民居"，清黄斐默《集说诠真》"石敢当本系人名，取所向无敌之意，而今城厢第宅，或适当巷陌桥道之冲，必植一小石，上镌'石敢当'三字，或义绘虎头其上，或加'泰山'二字，名曰'石将军'……"以及清翟灏《通俗编》引《继古丛编》说"吴民庐舍，遇街衢直冲，必设石人或植片石，镌石敢当以镇之"，清袁枚《随园随笔》"镌今俗为厌胜，树一石于庐所，曰'石敢当'"等，都已有了明确表达，即一定规格的小石碑或小石人像，正面书写"石敢当"或"泰山石敢当"，小石碑有镌刻虎头的现象，与家宅相联且立于家宅与街道道口相对之处，或与水塘、桥头相对之处，有的则单独立在前述位置，作用为"捍民居"、镇煞、"厌胜"之物。

《鲁班经》中对于石敢当的规制和制作使用要求的描述书影

石敢当的型制标准，《鲁班经》记载为"高四尺八寸，阔一尺二寸，厚四寸，埋入土中八寸"，外观为长方体。实际上各地的"石敢当"尺寸大小不一，样式也有多种，大多数并不符合《鲁班经》所记载的"标准"尺寸，这从现存的石敢当形态就得到明证。因此，《鲁班经》所说的不过是个具有建议性制的规范。与此类似的还有中国古建的建造规范，也是个旁证。

而雕凿"石敢当"和确立"石敢当"也都有要求，即择日与祭享。关于雕凿的择日与确立后的祭享，《鲁班经》中有较为详细的规定：

凡凿石敢当，须择冬至日后甲辰、丙辰、戊辰、庚辰、壬辰，甲寅、丙寅、戊寅、庚寅、壬寅，此十日乃龙虎日，用之吉。至除夕用生肉三片祭之，新正寅时立于门首，莫与外人见，凡有巷道来冲者，用此石敢当。

十二生肖辰属龙、寅属虎，因此有在"龙虎日"刻石敢当之说，这其中又以体现"虎"为重点。

虎的年画　　　　　　　　西南少数民族的虎形石刻用以镇宅

华南虎

　　中国本土的动物概念中，虎是百兽之王。古生物学研究表明，世界上虎的发源地在中国的华中华南一代，代表是现今已无野外生存实例的华南虎（华南虎从生物学概念上说已为灭绝，现只余人工繁育饲养种）。远古时代，虎的生存地域遍及四方，华夏文化的核心区域广布华南虎，而北部地区有东北虎（阿穆尔虎），西部地区有里海虎、西亚虎，西南地区有孟加拉虎。因此古人在日常生活中，可以说处处能与这种亚洲地区最大猫科动物之一接触（另一种最大猫科动物是伊朗狮，但从未进入古华夏人的活动区域）。虎的凶猛和对百兽的自然威吓力，深深影响了人类对虎的认知。人们从惧怕虎，到试图以虎的威猛作为自己面对自然的勇气，再到将这种无形的威猛以虎的形象作为偶像、符号加以膜拜，完成了人类文明史中最为常见的"斯德哥尔摩综合征"心理建立过程（文化人类学材料表明，曾经存在于南美洲亚马孙河流域的食人风俗，其中的一个目的，就是食用了勇猛的敌人后，能够将敌人的勇猛精神归于自己，这也是从畏惧到崇拜演化过程的一个重要体现）。汉代《风俗同义》就说"画虎于门，皆追效前事，冀以卫凶也"，还说"虎者阳物，百兽之长也，能执搏挫锐，噬食鬼魅"，因此民间对虎的崇拜比比皆是，比如将壮实的儿童形容为虎头虎脑，春节穿上虎鞋、戴虎帽，甚至家中悬挂虎的画像，等等，都是试图用虎的形象、符号作为镇符，以驱散鬼邪、妖魔，达到福佑祥瑞之现实主义目的（现实中，虎捕食野猪，能够客观上保障农耕农业生产的安全，因此也作为古代的护农神祇之一被人们祭祀，称八蜡神崇拜）。

甲骨文中的虎字

古人以夏历建寅之月为正月，这是属虎的月份，"寅时立于门首"，仍取属虎之寅。在寅虎之日雕凿、寅虎之时确立，甚至直接在刻石之上镌出虎头形象，人借虎威、借虎增威，至此原本毫无功力的石头转身变为具有辟邪神功的法器镇物、文化符号。这样，石敢当与虎的形态相结合，更加突出石敢当震慑鬼邪的威力。

以上是1911年以前的古文献中对石敢当的经典描述，阐述的功能是石敢当的传统功能用法，阐述中描述的形态可看成石敢当的标准形象，是石敢当的"标准照"。

不过，保存至今的石敢当却是有着相当有趣的众生相，它们的形态体现出一定的地域性差别，大体上可分石碑型、石人造像型、动物型、其他型。其中石碑型几乎遍布全中国，甚至流传海外（如流传古琉求国、日本、越南、朝鲜等汉文化传播区。据报道直至今天琉求的一些岛屿还有数量众多的石敢当，而全日本据称石敢当的拥有量达600多尊），是数量最多的品种。它们的选料因地而异，没有限制。

有字无虎镇石敢当

石碑型 也就是标准型。这类石敢当如前所述，数量最多、分布最广，通常还可细分无字石板型、有字无虎镇型、有字有虎镇型、具有道家文化内涵型。无字型不多见，通常器表素面。这类石敢当在某些场所发挥着其实用性一面，但往往被世人忽视（在本文后面还有介绍）。有字无虎镇型、有字有虎镇型，是石碑型石敢当中最多的，也可看成石敢当的"真身"，分布于全国。

有字有虎镇石敢当

具有道家文化内涵型石敢当

具有道家文化内涵型，一般是在前三个品种基础之上额外镌刻道家的阴阳鱼或八卦图案，多分布在江浙闽赣粤一带，与这一带道家盛行不无关联（江西贵溪龙虎山有道教正一派的教廷，历代正一派张天师多居于此，为此还有"泰山石敢当江西龙虎山张天师亲书"之说），现存实物多为明清民国特别是清至民国时期之物。

石碑型石敢当也是中国现存石敢当中的最早类型，其代表就是前文所说的发现于四川省阿坝藏族羌族自治州桃坪羌寨的西夏党项人雕刻风格的石敢当，上书"泰山石敢当"。经文物专家鉴定，已确认其为宋代文物。

石人造像型石敢当

石人造像型 这个品种极为罕见，所存实例稀有，目前江苏苏州存有一例，山东莱芜存有一例。苏州的实例为长方形体石块表面阴刻出一手按宝剑的古代武士形象，山东莱芜的实例是块残件，应该是一块白石表面阳刻一着袍服、右手举剑武士形象。这类石敢当也就是前述古书中说的"石将军"，是石敢当中的珍品。

福建的狮形石敢当

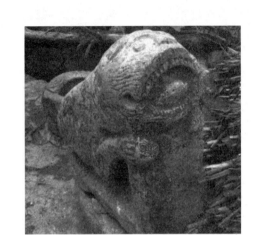

云南的虎形石敢当　　　　　重庆的"泰山香位"虎形石敢当

动物型　这个品种极富地域性，目前多见于福建、台湾，云南也有个别实例。其大小形态不同，动物形象为虎狮。云南的实例更像一尊独立的石刻（如石马、石牛等，类似石像生），虎形，蹲扶石敢当刻石。

其他型　数量稀少，有石质、有木质。石质的为令牌形，即上尖下方，有刻字不刻字之分；木质的就是一块长方形木板，上书"石敢当"或"泰山石敢当"。石质的还存在简单利用天然石材的个例，也就是找一块大体呈矩形或方形的毛石（鹅卵石或自然碎裂的石块），上刻石敢当或泰山石敢当字样，立在拟用之处。

其他型石敢当

需要指出的是，石敢当表面装饰图案及纹饰雕刻的繁简，与所处地域的社会经济发达程度密切相关。一些地区，如晋中、苏南、浙江沿海、福建沿海、广东潮汕等，传统的社会经济发达，因此不光石敢当雕凿精美，其他如建筑装饰等更是雕梁画栋、技艺超群。

六、石敢当与泰山石敢当

很多人都会发现，有些石敢当上镌刻的文字多了泰山二字，那么，镌刻"石敢当"与"泰山石敢当"有什么区别吗？简单地说，作用是一样的。目前文献上并无记载因何原因、在何时出现镌刻"泰山石敢当"三字的习俗，不过现存文物到是显示出镌刻"泰山石敢当"的实例出现在宋代（见前述四川省阿坝藏族羌族自治州桃坪羌寨的西夏党项人雕刻风格的石敢当），我们不妨试说镌刻"泰山石敢当"字样的习俗出现的上限不晚于宋代。

因华夏文明的地域性所限，处于华夏文明核心区域的大河洛地区（也就是今天河南、陕西中东部、山西中南部、山东西部）的先民眼界所见山川，尤其是当时看来的大山大川，几乎都纳入自然神祇崇拜范畴顶礼膜拜。岳镇海渎概念的形成，定型了从具象到象征性大于实用性的抽象演化过程，狭隘的地理观（譬如周代所称之中国，实质上不过是以华夏文明自身所处的河洛地区为中心的自称，也因此产生鄙夷四周的北狄、西戎、南蛮、东夷概念）从此左右了中华大地几千年。

岳镇海渎崇拜中，尤以五岳为盛，其中的东岳泰山又为其冲。

五岳之首——泰山

泰山为五岳之首，与华夏民族地理方位观和秦汉盛行封禅泰山大典密不可分。

古人确定方位的观念，与华夏民族生存在北半球的实际情况有关。北半球所见生命与热能的来源——太阳，终年处于天空中的南侧，夏季时太阳位于天球的位置高于冬季。因此越往北方，人们感觉太阳的位置就越低，给予人们的热能就越少。向往太阳、崇拜太阳，崇拜南方，也成为出现较早的自然崇拜内容之一。为此，面南背北，成为中国古代确定方位的一项重要原则，人们以面南背北作为正位。按照这个原则，再进行其余方位排序，并规定左为上，右为次，面北背南为末。这个次序，也是人们面南背北时观察到的太阳在天球的运行轨迹规律，即，太阳升起时位于东方，因此东方是引入阳光、热量的生命初始之位；太阳落下时位于西方，因此西方是太阳带走阳光、热量的生命结束之位；而面北背南之位始终不见阳光，是为最低之位。这个理念，今天我们还能在建造北京四合院的人文理念中见到，而且体现得十分到位。

遵照前述方位理念，古人崇左的做法也附会到五岳排序。位于中原地区东侧的大山，即被称为太山。古语大、太同音同意，而太与泰音同，因此这座高大之山后虽以泰山为名，但实则就是大山之意。"会当凌绝顶，一览众山小"，就这样泰山成为五岳之首、群山之尊，统辖古代狭隘地理观念下的"天下"众山。因《周礼》说泰山所处的兖州又有岱宗之名，因而后人又以岱宗相称泰山，岱宗也成为泰山的别称。

也正是因为沿袭自上古的岳镇理念，三代开始逐渐重视岳镇祭祀，并作为国家祀典的重要内容。因为路途遥远、环境险恶、物质条件十分艰苦，人们创造出不能亲自到现场祭拜时的遥祭之法，向着圣山的方向行礼并掩埋牺牲，以此代替亲临之祭。而如果能够亲临祭祀，就体现出克服重重困难、不畏艰辛的虔诚祭祀之心，更加凸显对圣山的重视。传说五帝之时的舜帝，曾经巡视天下，亲临泰山。秦汉之际，出现天子封禅泰山的国家大典。秦始皇、汉武帝等专制时代的皇帝封禅泰山后，泰山名闻天下，更为人们景仰。帝王们在泰山上举行国家大典，向泰山朝拜，泰山俨然已是神化，比帝王更高一等，天下谁还敢藐视泰山呢？于是人们认为"石敢当"如能再与"泰山"联系上，"石敢当"借泰山之威将会产生出无穷的威力，进一步增强它对鬼魅邪祟的威慑力量。俗语说的"稳如泰山"、"威如泰山"、"像泰山一样威然耸立"，其实就是这个意思。

因此，石敢当与泰山石敢当，不过是一物多称，所谓名前加上泰山二字，从实用主义角度说就是为了加强石敢当的镇邪驱鬼威力，当然是借用泰山二字蕴含的人们给予的附会之意，同时也是表明庄重和十分的敬重。

泰山二字作为名词指代岳镇之外的事物，在传统生活中亦有事例，旧时民间就有将岳父称作泰山的习俗，从语言学溯源，也是借用五岳泰山之词寓意威严之意，仍然是原始泰山二字内涵的外延而已。

七、石敢当的几种近亲

文化在传播过程中，存在异化的现象。通俗地说，就是一个文化流经不同的地域时，富有本地域特色的个别理念影响或加入文化中，糅合成一种新的文化衍生。比较典型的事例，就是印度佛教在向北方传播中，途径西藏加入了西藏本地更为原始的苯教因素；在向汉地传播中，不仅加入儒家思想成分，甚至加入佛教在印度时原本摒弃鄙视的婆罗门教式的多神崇拜因素，原本无神、不持金钱、托钵乞食、日中一食、过午不食引导人们追求彼岸的正统佛教，成为中华大地为世俗祈福增寿、求财求官、安于现世的功利主义工具。石敢当这种富有原始自然崇拜特点的民间崇拜，在向四方传播过程中也发生一些变异，个别变异因具化的外观发生重大变化，或因内涵变异，演化为新的崇拜物，但现世功利的目的从大的概念上属于石敢当的内涵近缘，也就是说，仍然是为世人祈福攘祸辟邪之用。

厦门、金门的石狮公、风狮爷

前面已述，石敢当在福建存在石狮形变异。中华本不产狮，只产虎，但狮的形象是伴随西域地区与中原的交往进入汉族视线，并逐渐演变为一种具有祥瑞寓意的瑞兽。南北朝、隋唐之世，中外幅度交往进一步加大，狮的形象更加深入人心，甚至帝王陵寝的神路旁都出现石狮，以作为石像生的一种。而民间更是对狮情有独钟，因为实际的存在不可见，就更加重了其神秘性，人们更加确信这种神兽具有法力，进而逐渐在民俗活动中，狮的攘祸纳福法力与虎并驾齐驱，甚至在封建社会晚期有超过虎的趋势。南方地区尤甚，比如节庆之日的民间舞龙、舞狮活动，就能感受到狮对晚期中华古典文明的魅力。

福建厦门的石狮公崇拜石像和神龛

　　作为厦门地方的一个特色民俗，把福建本省的石狮形石敢当进一步做夸张处理，摒弃狮身和石敢当等文字，只余狮头，将狮头单独进行供奉。这符合福建地区自古好鬼神之风，淫祠杂祀成为民间崇拜的主力习俗。通常的做法是：在街头巷尾，选择一处街巷交会处，建一小龛，可以是独立的，也可以是寄居在建筑一角的；用石头镌刻一狮头形象，眼睛描黑或素面；春节或平时都可上香、燃烛，贡品有无皆可；每月初一或十五举办集中敬祀焚香，每年农历五月十八的石狮公生日，还要举办活动；小龛定期有人募捐修葺，所祈求之事，无非也是在人为宗教场所祈求的事项，当地人称之为石狮公。比较夸张的是，信仰混乱的做法不为当地人们拒绝，反而竞相从之，比如，常常在石狮公的敬祀处张挂佛教法物或道家法物，借用佛道宗教用语进行石狮公崇拜。

　　厦门对海的金门，则将狮的形象与石敢当的辟邪功能完全融合，一反厦门普遍存在的纳入矮小神龛的石狮公形象（今天的话来说，厦门的石狮公相貌萌宠），改为勇武高大，使用金门当地的砂岩石材，雕琢成巨大石柱之形，柱身完全是变异站立的狮形象，着各种颜色，颇具北美印第安人图腾柱神韵。它的功用，是用来祈求遮挡、攘却风沙。

金门岛富有厦门石狮公特点的风狮爷

原来，大小金门岛虽位于海上，但恰恰这样造成北部毫无遮挡冬季强劲北风的屏障物，又伴随岛上植被几百年来的破坏，岛屿北侧海岸沙地往往冬季肆虐，随着北风吹遍全岛，使岛民民生受损、苦不堪言。这种先天的地理环境劣势，并没有逼退岛上居民，他们战天无力，只能祈求神祇相助。根据文献记载表明，明末清初的郑成功抗清时期，是大小金门自然环境遭到彻底破坏最为严重时期，从这时起，厦门的石狮公攘灾祈福习俗开始渡海，传到金门，为当地人改造为阻挡风沙的风狮爷崇拜。因此，风狮爷崇拜，可以看成富有福建地方特色的石敢当崇拜，只不过具象的外观已经发生了重大变化，看成石敢当崇拜变异更为适宜。

风狮爷的崇拜，可以说是中国古代万物有灵多神崇拜近几百年来的新产物，造型特色鲜明：

姿态　可分成立姿和蹲踞两种，立姿或坐立或蹲立，或如人直立状，浑圆的身躯，立体感并不强。由于将风狮变成直立姿态，比例上有的并不匀称，四肢显得细小些。部分立姿风狮爷的双后肢向前弯曲，而后部尚有一截圆柱，犹如坐在一张圆凳上。以灰泥塑造的风狮爷都是立姿，双前足平举至身侧或胸前，类似张牙舞爪状，是共同的特征。

仪态　风狮爷有各种丰富的表情，或凶悍无比，虎视眈眈；或露齿含笑，圆圆酒窝，逗趣可掬的；有狰狞像，有忸怩作态，也有一脸稚气者，并不全是一副凛然不可侵的神态。出自名匠雕凿的风狮爷，充分显露出属于狮子威猛的精神面，散发出一股充沛的活力。

金门最大的风狮爷

风狮爷

雕刻技术 有的雕工细致，神态逼真，有的则雕工粗糙、造型简略，徒具狮子象征的形象而已，五官与四肢雕得并不明显。雕刻的精华在头部，尤其是脸部，一般为圆眼凸出，鼻头宽阔的狮子鼻，龇咧的大嘴，甚至与头等宽，露出尖锐的牙齿，有的嘴角夸大成二凹洞，这是较显著的共同特征。

信物 不少风狮爷额头上刻有王字，表示狮的神圣至上，王者有吓退妖魔鬼怪的力量；手持三角形或四方形令旗和朱笔、令印等物，这也是许多神像所共同持有的信物，无疑也表示神明之威严，可差遣神兵以克制妖魔，所配饰的宝剑（七星剑）就是斩妖魔的利器。这些信物的持有，显然是借用了其他宗教或崇拜的概念。

饰物 风狮爷均单独一尊呈立状，以雄狮为主，双后足间常可见有雄性生殖器；绣球或为双前足捧着，或左右前足之一持着，也有像一般石狮一样是足踏着的，至于颈系铜铃，或胸前置有双钱、彩带、盘长等等，均与一般石狮雕刻之配饰物相同。有的风狮爷双后足间雕有葫芦，葫芦是道家所持有法器之一，有除病、辟邪的象征。另外，葫芦也表示雄性的特征，喻内藏有生殖的种子，所以将原来雕雄根的部分雕成葫芦，象征庇佑人丁兴旺。

广东雷州半岛的石狗

像福建浓厚的狮信仰一样，广东南部的雷州半岛，自古就是百越之民杂居之地，原始的多神崇拜传统一直根深蒂固，尽管后世的人为宗教传入，但并未根除自然神祇多神崇拜的原始淫祠杂祀民风。其中，百越时期原生的本地祖先狗图腾崇拜，在雷州当地拥有绝对的信仰基础。

石狗（雷州半岛，刻有泰山二字）

世界很多民族，都存在将祖先拟化为一种动物的做法，以取动物之勇、之智，或像动物一样的种群繁盛。像北美印第安人中，就有将熊、豹、狼等猛兽作为祖先崇拜的做法，而我们中华民族也宣称是龙的传人，也把传说中的神龙作为华夏民族祖先。显然，从科学的角度说，把非人科动物作为祖先，绝对是无稽之谈，因此这种文化现象存在的唯一合理解释，就是把动物作为划分不同人群（比如氏族、部落、部落联盟）组合的标志物。至于人们对动物的崇拜，则是为了提高和加强不同人群组合向心力、凝聚力的一种手段而已，在古代具有十分奏效的政治作用。雷州半岛的原住民秉承对狗祖先的敬祀，在漫长岁月中成为当地一种信仰风俗，主要以石狗崇拜的形式一代代延续。

随着专制国家的不断改朝换代，原本荒凉的雷州半岛成为一些避乱人们的世外桃源，特别是两宋时期，汉民族与北方游牧民族战争不断，北方大量人口南迁，又迫使华南一些汉族人口迁入地的居民呈波浪式的被动南迁，来到荒芜的雷州半岛。他们的迁入，带来汉民族的灵石崇拜风俗——石敢当。虽然汉民族赋予石敢当的寓意，与雷州半岛原住民的石狗崇拜不尽相同，原住民也不认同汉民族的石敢当，但汉民族文化理念的先进性，吸引着落后的当地富含原始文化气息的原住民。随着民族的不断融合，被逐渐同化后的当地住民逐渐淡忘了自己的原初信仰和崇拜，接受了汉民族的多数形而上，有的与自己的信仰相结合，变异出新的信仰内涵。石狗崇拜的原本属于祖先崇拜内涵的信仰内核，与石敢当的辟邪、保平安主体结合，出现镌刻石敢当或泰山石敢当字样的石狗，当地狗崇拜的物质载体摇身成为石敢当的新的具象。这个变化，当然是纯粹汉民族难于接受的表象形式，因为农耕民族的动物崇拜中不可能有狗的地位（直到今天，具有游牧文化传统的民族不能接受食用游牧民族的好帮手狗的做法，而农耕民族却泰然处之，这就是因为狗在这两种不同文化中所扮演的工具角色不同导致）。从这个角度说，镌刻石敢当字样的石狗，至多也只能是两种不同崇拜思想的妥协产物，不能归为真正的石敢当。现在，雷州半岛尚遗存几百尊石狗石刻。

山东局部地区的石大夫

山东作为石敢当习俗的核心区域之一，也存在有别于石敢当崇拜的一种民间崇拜形式——石大夫崇拜，以山东鲁中地区为主，但田野事例不多见，影响范围狭窄。

清俞樾《茶香室丛钞》卷10记载：国朝王渔洋山人《夫于亭杂录》云：齐鲁之俗，多于村落巷口立石，刻"泰山石敢当"五字，云能暮夜至人家医病，北人谓医士为大夫，因又名之曰石大夫。

根据文化人类学田野调查，推测这种灵石崇拜的衍生物石大夫崇拜，起源时间应早到汉代的石人崇拜，只不过明末清初才由石人崇拜分化出属于石人的衍生功能——灵石治病功能崇拜。而石人崇拜在延续的历史时期内，一部分内涵早已与石敢当的拟人化重合，从而结合为前述石人造像型石敢当。因此从这个角度说，石大夫崇拜是与石敢当崇拜几乎并行的两种崇拜行为。

山东莱芜的石将军

山东鲁中地区近20年新建的石大夫神龛

　　根据事例出现的地方志来看，清中后期石大夫崇拜对今天的影响明显，但具有文物价值的物质遗存已然十分罕见，崇拜场所不过是近20年新建神龛，一般立于野外，也有立于村落中的个例。新中国建国后的相当长时间内，石大夫崇拜已经被人摒弃，因此物质遗存罕见。目前这种崇拜多由当地老年人因病引致信仰，或祈求健康而拜。

辟邪

　　从前文我们可以看出，古人对于祈福安康，有着强烈的心理需求。

通常民间说的邪，可以理解为因居住等日常生活场所出现物质文化中代表不吉祥的物品，或这些代表不吉祥的物品延展触及到生活场所。通过研究表明，对于居住建筑来说，动物、车辆等一些能够对建筑发生实际触动的物质存在，也是人们延伸理解的所谓"邪"，这是典型的自利原则下的理念。在这种以利为界定概念标准的思维下，很多看似简单的事情的解释变得无比复杂，成为唯心主义玄学的网罗素材。在西方科学传入中国之前，玄学思想曾经成为中国文化中解释万物的一种重要手段，至今在人们的生活中仍然拥有拥趸。

古人的原始形而上的创造之一，就是出现鬼魂之说，即生物是肉体和灵魂的结合体，灵魂可以脱离肉体存在，当肉体消失后，灵魂可以安歇，也可以四处游荡。对人们无害的，可以作为吉祥，对人们有害的，就是凶恶。以吉凶划分来说，属于凶的事物灵魂都是不洁净的，需要人们躲避和对抗，为此产生出很多辟邪的物质形象，石敢当是其一，前述的类似石敢当效用的物质形态也是这个作用。把想象中的鬼怪形象，或者凶猛动物形象（亦包括想象中的神怪形象），用石质、陶质镌刻或模造出来，或者用纸张绘出，悬挂于屋檐下、墙上、门上，或正对门的室内墙上，把来犯的鬼怪、凶恶之物反射回去、阻挡回去（不洁之物的来犯侵扰叫作冲，因此不洁之物的来犯多称为冲煞）。这种作用的物件，叫辟邪，以功效为名。

从考古发现中，我们得知早在南北朝的北朝，就已经出现在都城城墙墙面上粘贴鬼面砖的做法（北魏洛阳城的外墙面，以粘贴鬼面砖著称）。鬼面砖又称兽面砖，以凶猛动物形象粘贴悬挂于城墙，显然具有震慑邪恶鬼魂之效。

北魏洛阳城的鬼面砖（兽面砖）形象

这种悬挂具有镇符效用辟邪的做法，虽然在中原地区已经罕见，但流传到距离中原地区较为偏远的东南地区和西南地区，至今仍能见到。它们的作用，与石敢当立于冲煞之处回挡不洁之物犯冲，是同等功效。

狮形辟邪

福建地区因自古就有浓厚的淫祠杂祀之民风，经常将不同信仰的信物、法器形象混合使用，以期达到多重驱鬼辟邪祈福安康的效用。福建泉州博物馆中，就藏有将道家桃木剑驱鬼之效与狮形辟邪合二为一的形象物件，称为剑狮兽牌或八卦剑狮兽牌。狮形兽口咬桃木剑，呈狰狞装，下方有的加挂道家八卦图案，有的不加挂。

福建泉州博物馆藏的八卦剑狮兽牌

《鲁班经》中对于兽牌的规制要求和使用要求

台湾的狮头衔剑年画　　　　四川的狮头衔剑镇符

吞口

从上述狮头衔剑图案，又引发出中国古代另一种更为古老、带有浓厚原始社会巫术特征的驱邪祈福的物质文化遗产——吞口的内涵。因为，狮头衔剑的形象，是吞口的形象与鬼面砖辟邪的结合体。

人类的远古文明中，曾经存在相当长的前宗教时期的万物有灵自然崇拜阶段，在这个时期中，神巫成为人与鬼神之间的沟通媒介，具有通晓人神、驾驭天地、通灵祖先之能。神巫在原始社会中享有至高无上的权力，生杀予夺、发布神的启示，安排人们的社会生活一切。虽然有的文化中，神巫施法无效时会成为人们献祭的牺牲（南美印第安人玛雅文明、阿兹特克文明），但总体来说，神巫的权力在古代世界中是享有崇高地位的存在。进入国家阶段后，诸如古埃及这样的古代帝国中，神巫演变为原始宗教的国家大祭司，仍然掌握重大宗教和世俗权力。

为了加强神巫沟通神灵的效力，更为了凸显神巫祛除妖邪、攘除想象中的鬼怪对人们的侵扰，为了把诸如病魔、痛苦等折磨人们的现象驱离人们的肉体，初民们把现实中的凶猛动物形象，以及不可知的怪兽形象等用木材雕刻出来，或用皮革描绘出来，着上颜色，戴在头上，使用舞蹈的一系列动作表情，施用巫术魔法（直接巫术、交感巫术等）、咒语去除侵害，妄图使受害者脱离痛苦。这个过程中的几个文化要素，像戴在头上的面具、舞蹈、咒语、握在手中的法器，以及必要的程序等，都是神巫达到巫术效力的条件。而戴在头上的面具，就成为日后在一些地区独立存在的一种驱离攘却不洁之物的法器，因其面目狰狞，在人们的认知心理中有着天生的镇鬼驱邪之威力。这种带着面具的巫术活动，后来演变为原始的戏剧，成为节日（所为节，在日本汉字中写为祭，对于表达节的原初含义更为准确，实质上就是初民时代的祭祀日）中人们观看主旨体现敬祀神祇人鬼的表演，这种原始戏剧，就是傩戏。而中原地区的傩戏逐渐消亡边缘化后，传播到西南少数民族地区和东南沿海浙闽地区的傩戏仍然保留，今天成为那里的民族文化重要组成部分。

傩戏中的主要道具，或者说主要文化特征物就是吞口，也就是初民时代的面具（MASK）。

贵州彝族的吞口　　　　　　　云南水族吞口

今天的文化人类学调查表明，吞口这种堪称远古文化孑遗的物质文化遗产，在湖南西南部、广西壮族聚居区、贵州彝族聚居区、云南水族聚居区、江西畲族聚居区还有存在，初民的傩戏面具，演变为悬挂吞口辟邪禳祸的习俗。像其他辟邪禳灾之物一样，这种富有极度原始文化特征的物质遗产，在漫长的演化过程中，与逐渐流传本地的石敢当崇拜相结合，在兽面衔剑的典型形象中，添加石敢当或泰山石敢当字样（见图：贵州彝族的吞口），甚至添加道家文化的八卦图案，企图使用复合神符加强吞口的禳灾祛祸威力。这与前述其他物质遗存体现出的万物有灵多神崇拜与人为宗教有选择的合流崇拜典型化特征是一样的，这也是原始崇拜内涵随着时间漂移发生异化的一种重要表现。

几例相当特殊的物质存在现象

由于中国本土宗教文化中的原始性，在人为宗教出现之前的人类社会中的崇拜理念和行为，至今在我们这个传统礼仪之邦的民族文化中尚有大量遗存，开始于西汉的"罢黜百家、独尊儒术"，并没有从根本上遵从孔子的愿望远鬼神，这是儒家的世俗道德自律性在去除淫祠杂祀民风上的先天不足之处，缺乏刚性执行力度所致。人

们信仰的混乱与混杂，成为一个古老而成熟文明不该有的奇观。尽管道教、佛教、伊斯兰教、基督教、天主教等人为宗教都在中华大地传播过，但面对顽固的本土万物有灵淫祠杂祀，除了基督教、天主教、伊斯兰教因纯净的一神教本性外，最为令人叹息的是佛教在中华文明中的异化。当然，儒家的世俗理念顽固地试图同化外来信仰体系，在与佛教争斗500多年后，宋代出现儒释道合流趋向，佛教逐渐失去本色，成为中华文明世俗社会功利主义的工具。

说到功利性，这也是中华民族本土文明的一大特点。原本上古时代，华夏文明的核心区——河南、山西南部、陕西东部、山东西部，虽水土丰美，但无奈所处气候之限和地理条件所限，黄河的泛滥、洪灾、旱灾、蝗灾等不断侵扰着先民，人们在努力改变现状的同时，在神祇崇拜中强调祀神的回报。进入周代后，世俗社会的强调现世理念再一次强化人们的功利思维，祈求鬼神并不是为了超脱，而是回报现世。那种庄子的飘逸超脱之风，往往只局限在一小部分人当中，人们像孔子一样，乐道于理念的经世济用。因此，人为宗教的介入，并没有洗去这种或明或暗的现世主义观，无论官家还是民间都是如此。人们祈求神灵，就是为了现世的幸福。在石敢当崇拜中，就是为了避冲煞、攘鬼神、保安康，所以才树立灵石。

现存石敢当实例中，还有多种宗教信仰内涵元素被人们主观糅合一处的极端事例，实用主义的信仰观实在是令人无言以对。

云南昆明的特例

比如云南昆明的一处事例：石敢当由红纸书就，上绘道教阴阳八卦图案和阴阳鱼，顶书"元始镇安"，左书"青龙财神"，右书

"白虎土地"，下书"太岁"，纸的最下缘，书"泰山石敢当"五字。前面已述，将石敢当与道教图案混合，成为石碑形石敢当是有实例的，但这个事例把广义上的道教神祇（青龙白虎方位神、财神土地等涉及世俗福禄的职能神，及值年之神太岁）与自然崇拜的石敢当完全混合一处，根本目的是求家宅平安。目的虽朴素，但通常道教崇拜中阴阳八卦的驱魔威力已然是最为强大，根本不会再用其他镇符镇妖魔之用。这里的同一目的使用同一宗教中的多重信物，看得出这处家宅主人严重的宗教实用心理。

福建厦门的特例

另一事例在福建厦门：一处人家将疑似一小尊佛教四面石幢当作石敢当，放置于小巷正对路口处（冲煞处）供奉，背后墙面竟然悬挂"金玉满堂"民间祈福旗，上绘黄色腾龙图案。将佛教法器用于本土崇拜，而且现场布置的宗教用意混沌不清，可见信仰理念的极度随意不经，毫无信仰应有的庄重与虔诚。

八、石敢当宗教意义之外的实用性

经过前面研究，石敢当的宗教意义已经十分明晰。不过，任何一种形而上的物质载体，大凡都应该具有原始的，或者朴素的实用性相伴。虽然人们石敢当给予了太多的附会情感，但从文物研究角度来说，我们还是感觉石敢当在实际生活中应该占有实用性一席之地。

以北京为例，观察石敢当所处的位置，几乎都是街巷正对某个人家房屋的墙体之处。这个位置，从实用性角度来说，正是来往人流车辆密集之处。生活中，尤其是过往车辆很容易因不可控的因素，在行驶时撞上巷口对面墙体，给建筑物造成损伤，因此北京旧城区中以前很容易看到这个位置或者街巷拐角处，立有用青石板或废弃的石块、磨盘充当的护墙石，有的墙体外侧甚至沿街树立一排石板，有汉白玉的，也有青石的，如图：

是不是可以这样理解：原本是实用的护墙石，或者立于桥头警示过往车辆人流缓行，以避免出现以外的警示石块，随着时间流逝，人们把它的实用性升华为附着在石头上的象征性意义，用象征性替代了原初的实际功效。以后，为了石块的稳固和长久，上书石敢当，以示石头的坚固和效力非凡，而后再又添加泰山二字，使用巫术的理念把泰山的威严、坚固性加在石敢当身上，起到加倍稳固的目的，

因此石敢当成为了镇符之物。

石敢当的所用之处，都显示着它与建筑之间的相互依存性，可以设想，脱离开建筑存在的石敢当，难以体现其"敢当"的本性，因此成为镇符之前的石敢当，必然拥有实用意义。

石敢当与建筑的关系

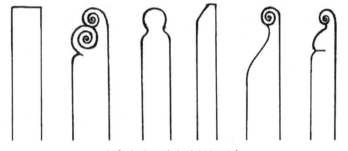

北京地区石敢当的侧视形态

九、石敢当崇拜习俗的现实意义

国务院于2006年5月20日下发的《国务院关于公布第一批国家级非物质文化遗产名录的通知》，将"泰山石敢当习俗"列在第十类民俗中，这说明，泰山石敢当崇拜习俗是一种历史文化，是一种曾经的而且现今还有存在的文化现象。

趋利避害，是所有生物的本性，人类也不例外，因此演变出的一切习俗是所有人类社会阶段都会存在的人文现象，它不具备社会形态的专属性。历经长久时间的文化涤荡，很多古老习俗消失了，有的则淡化了，有的改头换面以异变的形式苟且。石敢当崇拜也不例外，它既掺杂着原始自然多神崇拜的不良影响（淫祠杂祀、对自然的恐惧，造成人们永远停留在对自然的不可知论阶段），同时也包含着从敬畏自然引发的爱护自然、天人和谐的符合当今绿色环保主义理念，而后者的积极意义十分值得提倡，也是建设人类文明社会的重要内涵之一。

当下，虽然大力提倡恢复优秀的传统文化，但何为优秀，并没有统一的认同。一些人错误地认为，只要是传统的东西就有保留价值，就有实际意义。我们通过前述研究，不难发现石敢当的信仰富含严重的神秘主义理念，这对于缺乏科学传统的中华文明来说，对于科学立国的现代化经济建设宗旨来说，危害性不言自明。

因此，倡导石敢当信仰中的符合科学性的内涵，尤其是爱护自然、天人和谐的内容，是十分必要的。而神秘主义的诠释，比如除害趋利、攘祸辟邪等，早已被科学证明是无稽之谈，应该彻底抛弃。至于个别地区炒作概念，大搞宗教内涵混乱的石敢当经济开发，则更要制止，因为这种做法既不尊重已有的人为宗教理念，更是误导人们经济发展观的短视行为。

雕刻一小块石头为石敢当，做个旅游纪念品，不仅有趣轻松，也是石敢当在工业文明社会得以存在的最好方式，同时也为世人传播爱护自然的大爱之心，这也是石敢当当下存在的真正意义和价值所在。

董绍鹏（北京古代建筑博物馆保管部，主任、副研究员）

顺治九年《御制晓示生员》卧碑考略

◎ 常会营 孙 萍

在北京孔庙和国子监博物馆的中夹道，有一座闻名遐迩的十三经碑林，又称"乾隆石经"。而在十三经碑林东侧偏北的位置，竖立着两块据顺治九年圣谕所立的卧碑，南侧为满文碑，北侧为汉文碑。由于年代久远，石碑风化较为严重，除前面几行约略辨识，上面的字迹大都已漫沥不清。根据《钦定国子监志卷五十四·金石志二·御碑》所载："世祖章皇帝御制晓示生员卧碑：清、汉文各一石，顺治元年二月立，在太学门外之左，南向。"（文恭载《卷首》）① 而参照《钦定国子监志卷首一·圣谕、天章》，明确言顺治皇帝御制晓示生员卧碑应颁立于顺治九年（1652 年）。当时此碑是立于太学门外之左，南向。1956 年，首都图书馆以国子监作为馆址入住，逐步腾空六堂、辟雍、彝伦堂、敬一亭、博士厅、绳愆厅等，作为办公场所。乾隆石经被移迁置于北京孔庙和国子监的中夹道（即今址），很可能顺治皇帝《御制晓示生员》卧碑亦并迁今址。

除了这两块卧碑，其南侧有康熙《御制训饬士子文》碑（"康熙四十一年正月立……在敬一亭正中，南向。文恭载卷首"，② 应同顺治《御制晓示生员》卧碑同时迁今址），其北侧，则有乾隆《御制训饬士子文》碑（"乾隆五年十一月立，在南学率性堂正中"，③ 后南学倾颓，被移至博士厅，后应同顺治《御制晓示生员》卧碑同时迁今址）。由于康熙和乾隆的训示士子碑所述较为笼统，而顺治九年的这两块卧碑则背景清晰，目的明确，学规条分缕析，具有法律

① 参见（清）文庆、李宗昉纂修，郭亚南等点校《钦定国子监志》（下册），北京古籍出版社 2000 年 3 月版，第 924 页。《钦定国子监志卷九·学志一·学制图说》（上册，P111）载："其集贤门之左隅，恭立顺治元年世祖章皇帝御制晓示生员清、汉文卧碑。文恭载《卷首》。南向。"按：集贤门应为太学门，元年应为九年，因为颁布圣谕便在顺治九年，立碑用元年，很可能是欲将时间尽量往前推延。

② 同上书，第 924 页。

③ 同上书，第 926 页。

效力，故值得详细考察，以为今鉴。

十三经碑林东北侧的顺治九年《御制晓示生员》卧碑图，左汉文，右满文

一、明清学规的历史概述

明清时期，国家元首皇帝对孔庙国子监的教育教学管理是非常严格的，除了派驻兼管国子监事大臣（著名者如刘墉）外，皇帝还每每亲颁训斥官师、士子圣谕，严肃学规校纪，鼓励士子克己复礼，端正身行，兢兢业业，上报国恩，下立人品。

根据白寿彝主编《中国通史》所载，国子监颁行过各种管理制度，包括考试升降制度和放假制度。据黄佐《南雍志》、孙承泽《春明梦余录》等书，对于南北两监有所记述。以北京国子监为例，国子监大门三间，门东有敕谕碑、洪武十五年申明学训碑、洪武三年定学规碑、洪武初定永乐三年申明学规碑、洪武十六年并三十年钦定庙学图碑等。① 明朝制订颁布了56条监规，严禁各种越轨言行，

---

① 根据《钦定国子监志卷九·学志一·学制图说》（上册，第111页）载："其集贤门之左隅，恭立顺治元年世祖章皇帝御制晓示生员清、汉文卧碑。文恭载《卷首》。南向。右西偏，恭立乾隆二十五年高宗纯皇帝圣谕修葺国子监碑。谕旨恭载本志《建修》。东向。明碑三，左右列焉。附见《金石志·御碑》。"可知北京国子监集贤门（应为太学门）一共立有三块明碑，而非文中所言数块。据《钦定国子监志卷五十四·金石志二·御碑》（下册，第933页），三块明碑，其中两块为："洪武学志碑：洪武二年立。字多磨沥。在太学门之左，西向。五朝上谕碑：洪武十五年二月、三十年七月、宣德三年四月、正统五年六月、九年三月、景泰二年二月、成化元年三月，凡上谕七通，合为一碑。成化三年三月，朝列大夫、国子监祭酒邢让等立石。在太学门左，南向。"第三块据《钦定国子监志卷六十四·金石志十二·诸刻》（下册，第1140页）："文庙国子监图碑：……正统十二年十一月立石，在太学门右，南向。"

违者"定将犯人杖一百，发云南地面充军"。

明朝洪武年间的第一任国子监祭酒宋讷，秉承朱元璋的旨意，在管理上近乎严酷，学生曾有饿死吊死的，为此引发了两次学潮。第二次学潮时，监生赵麟出了一张没头帖子，朱元璋闻之大怒，将其枭首示众。10年之后，朱元璋有一天召集国子监师生训话，还念念不忘这件事。

宋讷，字仲敏，滑人。父寿卿，元侍御史，讷性持重，学问该博。至正中，举进士，任盐山尹，弃官归。洪武二年，征儒士十八人编礼、乐诸书，讷与焉。事竣，不仕归。久之，用四辅官杜荐，授国子助教，以说经为学者所宗。十五年，超迁翰林学士，未几，迁祭酒。时功臣子弟皆就学，及岁贡士尝数千人。讷为严立学规，终日端坐讲解无虚晷，夜恒止学舍。十八年，复开进士科，取士四百七十有奇，由太学者三之二。再策士，亦如之。帝大悦，制词褒美。[①] 据记一次有学生因趋跄碰碎茶器，宋讷为之而发怒甚久，以致画工为之所画之像都带有怒容。在这样的管理之下，师生们都要小心翼翼地行事，这不仅使学生们颇感不堪，一些任教的文人也感到不满，"助教金文徵等疾讷，构之吏部尚书余熂，牒令致仕。讷陛辞。帝惊问，大怒，诛熂、文征等，留讷如故。"至宋讷死后，太祖思之，复官其子宋复祖为司业。宋复祖确有复祖之风，"戒诸生守讷学规，违者罪至死"，[②] 简直是一种带有恐怖色彩的管理了。

《明史》中说："明开国时即重师儒官，许存仁、魏观为祭酒，老成端谨。讷稍晚进，最蒙遇。与讷定学规者，司业王嘉会、龚。三人年俱高，须发皓白，终日危坐，堂上肃然。"[③]

明代国子监的学规先后更定了四次，洪武十五年（1382年）两次，十六年一次，二十年一次，尽载于《明会典》。宋讷死于洪武二十三年，这四次监规的更定他都直接参预了。

十五年的监规比较简单，共九条，针对监内不同职官及监生分别做了一些规定，对于监生的规定只有一条，也只是要求监生们明礼适用，遵守学规。同年再定的监规共十二条，其中主要条款便都是针对监生的了，例如其中第一条规定："学校之所，礼义为先，各堂生员，每日诵授书史，并在师前立听讲解，其有疑问，必须跪听，

---

① 参见铜陵《明史》卷137《宋讷传》。
② 参见《明史》卷137《宋讷传》。
③ 参见《明史》卷137《许存仁传》。

毋得傲慢，有乖礼法。"第二条规定："在学生员敢有毁辱师长及生事告讦者，即系干名犯义，有伤风化，定将犯人杖一百，发云南地面充军。"再如第三条规定："今后诸生，止许本堂讲明肄业，专于为己，日就月将，毋得到于别堂，往来相引，议论他人短长，因而交结为非。违者从绳愆厅究察，严加治罪。"① 十六年的监规主要是一些具体的学习制度，如率性堂积分之法，等等。这三次监规的更定，对于国子监师生有了比较全面要求，但其中亦有重复，又分为三规，不够统一，于是二十年再重定监规 27 条，内容具体而详明，成为明代国子监遵承的规制。

这时候的国子监管理基本上都是针对生员而制定，其他如像洪武十五年（1382 年）初规中所定的那些学校礼仪等项，都已以约定成制，无须再行申明了，这是明代学校管理趋于成熟的表现。②

国子监太学门外东侧，立着一通汉白玉石碑，碑阳通体镌刻着碑文，这就是著名的明代《五朝上谕碑》。原碑为明成化三年（1467年）立石（应为 1956 年迁至今十三经碑林南部东侧），载有明代太祖、宣德、正统、景泰、成化五位皇帝对国子监师生的敕谕。其中第二道为明太祖朱元璋所做，文体为白话，带有浓重的方言特色，所以"五朝上谕碑"又名为"白话圣谕碑"。《五朝上谕碑》（以下简称《碑》）所载的历史跨度，是为洪武、永乐、洪熙、宣德、正统、景泰、成化七朝，碑身所镌刻的太祖、宣宗、英宗、代宗、宪宗五位皇帝对国子监师生的七道谕旨。

《五朝上谕碑》载：

洪武三十年七月二十三日，同本监教官生员一千八百二十六员名，于奉天门钦奉圣旨：恁学生每听着！先前那宋讷做祭酒呵，学规好生严肃！秀才每循规蹈矩，都肯向学，所以教出来的个个中用，朝廷好生得人。后来他善终了，以礼送他回乡安葬，沿路上着有司官祭他。近年着那老秀才每做祭酒呵，他每都怀着异心，不肯教诲，把宋讷的学规都改坏了，所以生徒全不务学，用着他呵，好生坏事！如今着那年纪小的秀才官人每来署着学事，他定的学规，恁每当依着行。敢有抗拒不服、撒泼皮、违犯学规的，若祭酒来奏着恁呵，

---

① 参见《明会典》卷 22《国子监·监规》。
② 上述资料参见白寿彝主编《中国通史》，第 9 卷丙编第 9 章第 1 节《（明时期）教育制度》，上海人民出版社 1995 年 12 月版。

都不饶！全家发向武烟瘴地面去，或充军，或充吏，或做首领官。今后学规严紧，若无籍之徒，敢有似前贴没头帖子，诽谤师长的，许诸人出首，或绑缚将来，赏大银两个。若先前贴了票子，有知道的，或出首，或绑缚将来呵，也一般赏他大银两个。将那犯人凌迟了，枭令在监前，全家抄没，人口迁发烟瘴地面。钦此！

由此来看，明太祖朱元璋对于国子监教育教学是非常重视的。洪武三十年（1397 年）七月二十三日，国子监教官生员 1826 名，于奉天门钦奉圣旨。他认为当初宋讷做祭酒时，学规严肃，秀才循规蹈矩，都肯向学，所以教出来的个个中用，朝廷得才无数。近年老秀才做祭酒，怀着异心，不肯教诲，把宋讷的学规都改坏了，所以生徒全不务学，不堪重用。如今他定的学规，当依照奉行。敢有抗拒不服、撒泼皮、违犯学规的，绝不轻饶。如发配烟瘴之地，或充军，或充吏，或做首领官。今后学规严紧，诽谤师长的，将那犯人凌迟了，枭令在监前，全家抄没，人口迁发烟瘴地面，可知明太祖颁发的学规可谓严酷之极。

根据《中卫县教育志》，明太祖颁《禁例八条》卧碑：

1. 府、州、县生员，有大事干己者，许父母兄弟陈诉，非大事毋亲至公门。

2. 生员父母欲行非为，必须再三恳告，不陷父母于危亡。

3. 一切军民利病，工农商贾皆可言之，惟生员不可进言。

4. 生员才学优赡，年及三十愿出仕者，提调正官奏闻考试录用。

5. 生员听师讲说，毋恃己长，妄行辩难，或置之不问。

6. 师长当竭诚训导愚蒙，毋致懈惰。

7. 提调正官务常加考校，敦厚勤勉者进之，懈怠顽诈者斥之。

8. 在野贤人有练治体敷陈王道者，许所在有司给引赴京陈奏，不许在家实封入递。①

明代宁夏之中卫县（今为地级市）儒学，学规异常严格，除学业成绩考核外，对品行也有极严格之要求，并设"稽考簿"逐一详加记录。稽考内容分德行、经艺、治事三项，凡三项兼优者，列入

---

① 中卫县教育局魏若华、史明章编《中卫县教育志》，宁夏人民出版社 1992 年 3 月版，第 84—85 页。

上等簿；长于德行而短于经艺或高于治事者，列入二等簿；如经艺与治事兼长而德行有缺陷者，列入三等簿。所谓德行，即是孝亲敬长，不"犯上作乱"。凡生员犯律，情节轻尚能改悔者，许以革名开复；业经定罪者，许以原名应童子试；情节轻微者，加以戒饬，但不得如平民加以鞭挞。

清之学规亦采用明制，且更甚于前。

在明清两代，中卫儒学先后苛求生员必须遵守《禁例八条》、《圣谕十六条》以及《圣谕广训》，以此作为训练准则，刻碑立于明伦堂内，令其默读，逢节令或岁、科考之时，则由县宰亲自宣讲、告戒。

我们且看一下康熙颁《圣谕》十六条：

1. 敦孝弟以重人伦；2. 笃宗族以昭雍睦；3. 和乡党以息争讼；
4. 重农粟以足衣食；5. 尚节俭以惜财用；6. 隆学校以端士习；
7. 黜异端以崇正学；8. 讲法律以儆顽愚；9. 明礼让以厚风俗；
10. 务本业以定民志；11. 训子弟以禁非为；12. 息诬告以全良善；
13. 戒窝逃以免株连；14. 完钱粮以省催科；15. 联保甲以弥盗贼；
16. 解仇忿以重生命。①

此外，在《中卫县教育志》中，我们也发现了清顺治颁《御制晓示生员条教》卧碑：

朝廷建立学校，选取生员，免其丁粮，厚以廪膳，设学院、学道、学官教之。各衙门官，以礼相待，全要养成贤才，以供朝庭之用，诸生皆当上报国恩，下立人品，所有条教，在列于后：

1. 生员之家，父母贤知者，子当受教；父母愚鲁或有为非者，子既读书明理，当再三恳告，使父母不陷于危亡。

2. 生员立志，当学为忠臣清官，书史所载忠清事迹，务须互相研究，凡利国利民之事，更宜留心。

3. 生员居心忠厚正直，读书方有实用，出仕必作良吏，若心术邪刻，读书必无成就，为官必取祸患，行害人之事者，往往有杀其

① 中卫县教育局魏若华、史明章编《中卫县教育志》，宁夏人民出版社1992年3月版，第84—85页。

身，常宜思省。

4. 生员不可于求官者，交结势要，希图进身。若果心善德全，上天知之，必加以福。

5. 生员当爱身忍性，凡有司衙门，不可轻入，即有切己之事，只许家人代告，不许干预他人词讼，他人亦不许牵连生员作证。

6. 为学当尊敬先生，若讲说须诚心听受，如有未明，从容再问，勿妄行辩难。为师亦当心教训，勿自委难。

7. 军民一切利弊，不许生员上书陈言，如有言建白，以违制论，黜革治罪。

8. 生员不许纠党多人，立盟结社，把持官府，武断乡曲，所作文字，不许妄行刊刻，违者听提调官治罪。①

作为元明清的最高学府兼管理国家教育的行政机构，国子监的学规自然亦是遵循以上条令，且皇帝往往钦颁条规，严加训示，相对而言更为严苛。《中卫县教育志》中的清顺治颁《御制晓示生员条教》卧碑，亦立于孔庙国子监内（据《钦定国子监志·金石志·御碑》所载，其名为世祖章皇帝《御制晓示生员》卧碑），甚至在一定程度上说，按照法定程序，应该是国家先立于孔庙国子监，然后颁行全国府州县学的。下面，我们就重点考察一下顺治九年刊刻于孔庙国子监的《御制晓示生员》卧碑。

二、顺治九年《御制晓示生员》
卧碑条文及历史背景

参照《钦定国子监志卷首一·圣谕、天章》：

顺治九年

敕谕国子监祭酒、司业等官：圣人之道，如日中天，上资之以图治，下学之以事君。尔等当严督诸生，尽心训诲；诸生当敬奉师教，身体力行。教有成效，时维师长之功；学有实用，方尽弟子之职。如训导不严，怠肆失学，尔师生俱难免咎，尚其勉之。

① 中卫县教育局魏若华、史明章编《中卫县教育志》，宁夏人民出版社1992年3月版，第84—85页。

又，训示生员曰：朝廷建立学校，选取生员，免除丁粮，厚以廪糈。设祭酒、司业及厅、堂各官以教之，各衙门官以礼相待，全要养成贤才，以供朝庭之用，诸生皆当上报国恩，下立人品，所有教条，开列于后：

一、生员之家，父母贤智者，子当受教；父母愚鲁或有为非者，子既读书明理，当再三恳告，使父母不陷于危亡。

二、生员立志，当学为忠臣清官。书史所载忠清事迹，务须互相讲究，凡利国爱民之事，更宜留心。

三、生员居心忠厚正直，读书方有实用，出仕必做良吏。若心术邪刻，读书必无成就，为官必取祸患。行害人之事者，往往自杀其身，常宜思省。

四、生员不可干求官长，交结势要，希图进身。若果心善德全，上天知之，必加以福。

五、生员当爱身忍性。凡有官司衙门不可轻入，即有切己之事，只许家人代告。不许干与他人词讼，他人亦不许牵连生员作证。

六、为学当尊敬先生。若讲说皆须诚心听受，如有未明，从容待问，毋妄行辩难。为师亦当尽心教训，勿致怠懒。

七、军民一切利病，不许生员上书陈言。如有一言建白，以违制论，黜革治罪。

八、生员不许纠党多人，立盟结社，把持官府，武断乡曲。所作文字，不许妄行刊刻，违者听调官治罪。

（谨案：谕旨恭勒卧碑于太学门左，碑作元年。）①

由此，我们可以获知，顺治九年《御制晓示生员》卧碑刊刻于顺治九年（1652年）。卧碑本来立于太学门左，碑上所写为顺治元年，实际上应为顺治九年刻立。那么顺治皇帝刊刻《御制晓示生员》卧碑的历史背景是什么？其目的和宗旨又是什么呢？

1644年，清王朝正式建立。在清王朝成立前后，清帝其实都是非常尊崇孔子、重视儒学教育的。根据《清史稿·志五十九·礼三（吉礼三）》所载：

---

① 参见（清）文庆、李宗昉纂修，郭亚南等点校《钦定国子监志》（上册），北京古籍出版社2000年3月版，第2—3页。

崇德元年（1636 年），建庙盛京，遣大学士范文程致祭。奉颜
子、曾子、子思、孟子配，定春秋二仲上丁行释奠礼。世祖定大原，
以京师国子监为大学，立文庙。制方，南乡。西持敬门，西乡。前
大成门，内列戟二十四，石鼓十，东西舍各十一楹，北乡。大成殿
七楹，陛三出，两庑各十九楹，东西列舍如门内，南乡。启圣祠正
殿五楹，两庑各三楹，燎炉、瘗坎、神库、神厨、宰牲亭、井亭皆
如制。

顺治二年（1645 年），定称大成至圣文宣先师孔子，春秋上丁，
遣大学士一人行祭，翰林官二人分献，祭酒祭启圣祠，以先贤、先
儒配飨从祀。有故，改用次丁或下丁。月朔，祭酒释菜，设酒、芹、
枣、栗。先师四配三献，十哲两庑，监丞等分献。望日，司业上香。

九年（1652 年），世祖视学，释奠先师，王、公、百官，斋戒
陪祀。前期，衍圣公率孔、颜、曾、孟、仲五氏世袭五经博士，孔
氏族五人，颜、曾、孟、仲族各二人，赴都，暨五氏子孙居京秩者
咸与祭。是岁授孔氏南宗博士一人，奉西安祀。

崇德元年（1636 年），皇太极改国号后金为清，建立清朝，定
都盛京。此时，便已经于盛京建立孔庙，派遣大学士范文程致祭，
以颜子、曾子、子思、孟配享孔子，并定春秋二仲上丁行释奠礼。
清世祖定大原，又以京师国子监为大学，立文庙。顺治二年（1645
年），定称大成至圣文宣先师孔子，春秋上丁，遣大学士一人行祭，
翰林官二人分献，祭酒祭启圣祠，以先贤、先儒配飨从祀。月朔祭
酒释菜，望日司业上香。

顺治九年（1652 年），清世祖视学国子监孔庙，亲自释奠先师，
王、公、百官，斋戒陪祀。前期，衍圣公率孔、颜、曾、孟、仲五
氏世袭五经博士，孔氏族五人，颜、曾、孟、仲族各二人，赴京参
与释奠，五氏子孙居京城者皆参与陪祭。该年顺治授孔氏南宗博士
一人，前往西安，奉行孔子祭祀。

也就是在同一年，顺治皇帝敕谕国子监祭酒、司业等官，赞颂
圣人之道，如日中天，皇帝资之以图天下大治，臣下学之以事奉君
主。国子监官师应当严督诸生，尽心训诲；诸生当敬奉师教，身体
力行。教有成效，全赖师长之功劳；学有实用，方尽弟子之职责。
如果训导不严，怠惰放肆，荒废学业，师生都难辞其咎，需要勉励
行之。同时，他又训示生员说，朝廷建立学校，选取生员，免其丁

粮，厚加抚恤，并设祭酒、司业及厅、堂各官予以教育。各衙门官，要以礼相待，一定要养成贤才，以供朝廷之用。诸生皆应当上报国恩，下立人品，并规定条规若干。总之，顺治训示士子的根本目的和宗旨，便是"养成贤才，以供朝庭之用，上报国恩，下立人品"。

三、顺治九年《御制晓示生员》卧碑的具体内容

参看顺治所颁《御制晓示生员》卧碑具体内容，我们可以看到，它与明代明太祖朱元璋的《禁例八条》、成化时所立《五朝上谕碑》，以及清代顺治之后康熙帝所颁发的《圣谕十六条》，实质上是一脉相承的，其主旨在于训诫士子尊敬师长，勤勉上进，发奋求学，以便将来成为国家的栋梁之才，所谓"上报国恩，下立人品"。相对而言，明太祖颁发的学规可谓严酷之极，例如敢有抗拒不服、撒泼皮、违犯学规的，绝不轻饶，如"发配烟瘴之地，或充军，或充吏，或做首领官。今后学规严紧，诽谤师长的，将那犯人凌迟了，枭令在监前，全家抄没，人口迁发烟瘴地面"。清之学规亦采用明制，且更甚于前。

对比这些条规律令，我们可以看到，顺治所颁《御制晓示生员》卧碑第一条，"生员之家，父母贤智者，子当受教；父母愚鲁或有为非者，子既读书明理，当再三恳告，使父母不陷于危亡"，与明太祖《禁例八条》第二条"生员父母欲行非为，必须再三恳告，不陷父母于危亡"，所述内容及用词相似，几乎如出一辙。康熙颁《圣谕十六条》则以"①敦孝弟以重人伦；②笃宗族以昭雍睦；③和乡党以息争讼"来概括统摄。

第二条，"生员立志，当学为忠臣清官。书史所载忠清事迹，务须互相讲究，凡利国爱民之事，更宜留心"，明太祖《禁例八条》虽未明言，但精神是一致的，康熙帝《圣谕十六条》第七条则以"黜异端以崇正学"来概括。

第三条，"生员居心忠厚正直，读书方有实用，出仕必做良吏。若心术邪刻，读书必无成就，为官必取祸患。行害人之事者，往往自杀其身，常宜思省"，明太祖《禁例八条》第七条"生员才学优赡，年及三十愿出仕者，提调正官奏闻考试录用"，"才学优赡"其实便包含了"忠厚正直"，《禁例八条》第八条"提调正官务常加考校，敦厚勤勉者进之，懈怠顽诈者斥之"，更明确用"敦厚勤勉"

来要求士子。而顺治帝单提"忠厚正直"，便说明了清代定鼎北京之后，对于人才在德行方面要求是很高的，无论读书还是为官，皆将德行放在首位。康熙帝《圣谕十六条》中"⑥隆学校以端士习"、"⑨明礼让以厚风俗"，皆是对士子"忠厚正直"要求之生动具体体现。

第四条，"生员不可干求官长，交结势要，希图进身。若果心善德全，上天知之，必加以福"，此条明太祖《禁例八条》未明确言，康熙帝《圣谕十六条》第十一条则以"训子弟以禁非为"可笼统言之。相对而言，顺治训示士子卧碑更为具体，如"生员不可求于官长，交结势要，希图进身"，并认为生员诚能不为非，"上天知之，必加以福"。

第五条，"生员当爱身忍性。凡有官司衙门不可轻入，即有切己之事，只许家人代告。不许干与他人词讼，他人亦不许牵连生员作证"，此条亦承继明太祖《禁例八条》第一条"府，州、县生员，有大事干己者，许父母兄弟陈诉，非大事毋亲至公门"，其精神是一致的，即若家里有官司，自己不能轻易入衙门提起诉讼，但是，可以允许家人父母兄弟代告陈诉。不允许生员干预他人的诉讼，他人也不能让生员为其做证人。皇帝之所以制定如此严格的条规律令，因为其担心生员士子的特殊身份，会妨碍衙门官员办案的公正性，即今所谓维护"司法公正"，否则，执法官员难免会碍于其特殊身份，加以偏袒，诚如是，则必然会引起民众极大不满，导致官民矛盾加剧，民怨沸腾，甚至由此会引起社会动荡，影响国家社会稳定。故明太祖《禁例八条》将其置于首位，而顺治帝亦在训示士子碑中加以申明强调，而康熙帝《圣谕十六条》则以"⑫息诬告以全良善；⑬戒窝逃以免株连"予以申饬，严禁生员士子牵扯进各种诉讼官司，以保全良善，免受株连。

第六条，"为学当尊敬先生。若讲说皆须诚心听受，如有未明，从容待问，毋妄行辩难。为师亦当尽心教训，勿致怠懒"，此条与明太祖《禁例八条》中"⑤生员听师讲说，毋恃己长，妄行辩难，或置之不问。⑥师长当竭诚训导愚蒙，毋致懈惰"若合符节，其内容基本是一致的，体现的是生员应当尊重先生，不要对老师妄加非难，师长也应当竭诚训导教育生员，不要让他们懈怠懒惰。

第七条，"军民一切利病，不许生员上书陈言。如有一言建白，以违制论，黜革治罪"，这一条同明太祖《禁例八条》第三条"一切军民利病，工农商贾皆可言之，惟生员不可进言"亦基本一致，且相较而言更为严厉。明太祖所言，一切关于军民的利病，工农商贾皆可以进言，惟有生员不可进言，即要求学生将全部的时间精力用于学业精进上，莫谈国事。顺治训示士子卧碑则更明确言，如果有一言进之，就要以违制来治罪，非常严重。联系到宋代元祐党禁，以及明末东林党的结社，议论朝政，最后皆被朝廷严惩，可知禁止生员议论朝纲，在宋明以来是非常严苛的，清代尤甚。

第八条，"生员不许纠党多人，立盟结社，把持官府，武断乡曲。所作文字，不许妄行刊刻，违者听调官治罪"，与第五条类似，亦是对朝廷不允许生员立党结社，插手诉讼，以妨碍司法公正的重申和强调。同时，皇帝规定生员也不能任意刊刻所作文字，否则治罪。

四、结语

汉代以降，随着儒家思想独尊地位的确立，引儒入法，使法律条文儒家化，使儒家经义法律化，遂成为整个中国法律思想的特点。汉代作为中国法律思想的转型期，这一思想已初露端倪。魏晋以降，儒学对法律的影响日隆一日，及至唐代，法律已完全儒家化。作为儒家经典的《论语》，其经文中所体现出来的法律精神及原则也被直接或间接地纳入了法律条文中。①

明清时期，国家元首皇帝对孔庙国子监的教育教学管理是非常严格的，自明太祖朱元璋起，皇帝每每亲颁训斥官师、士子圣谕，严肃学规校纪，鼓励士子克己复礼，端正身行，兢兢业业，上报国恩，下立人品。在国子监中所刻立的《洪武学志碑》、《五朝上谕碑》以及顺治九年《御制晓示生员》卧碑、康熙《御制训饬士子文》碑、乾隆《御制训饬士子文》碑便是其显著体现，且皆具有法律效力。

通过对顺治九年《御制晓示生员》卧碑的历史考察，我们亦可以看到汉代以降以至唐代这种"引儒入法"趋势，在明清时代的历史延续和发展，即法律条文儒家化，儒家经义法律化。清王朝建立

---

① 参见唐明贵、刘伟《论语研探》，中国社会科学出版社2014年6月版，第216页。

前后直至清末，国家其实也都是非常尊崇孔子、重视儒学教育的。顺治宣谕并刊刻《御制晓示生员》卧碑的根本目的和宗旨，便是"养成贤才，以供朝庭之用，上报国恩，下立人品"。

通过顺治所颁《御制晓示生员》卧碑具体内容，我们可以看到，它与明代明太祖朱元璋的《禁例八条》、成化时所立《五朝上谕碑》，以及清代顺治之后康熙帝所颁发的《圣谕十六条》（包括后来雍正帝颁行的《圣谕广训》），实质上是一脉相承的，其内容包括：孝敬父母，接受教化，读书明理，不能陷父母于危亡和不义；立志学为忠臣清官，利国爱民；居心忠厚正直，力戒心术邪刻；不可干求官长，结交权贵，以做进身之阶梯，而应存心良善，天必赐福；爱身忍性，不轻入官门，切己之事，只许家人代告，不许干预他人诉讼，不为他人做证人；尊敬先生，诚心听受，不能妄加辩难，为师也应尽心教导，不致学生怠惰；不允许生员言军民一切利病，否则以违制治罪；生员不允许结党营私，把持官府，横行乡里。所作文字，不许妄行刊刻，违者治罪。其主旨在于训诫生员士子孝敬父母、清正廉洁，忠厚正直，存心良善，不涉官司，尊敬师长，莫谈国事，莫刊文字，勤勉上进，发奋图强，以便将来成为国家的栋梁之才。

《御制晓示生员》卧碑具有重要的历史价值，它不但让我们对于清代的国学教育有了更全面深入的认识和了解，而且对于今日之教育有着重要的历史启迪。明清的国学教育，是在明清君主专制加强下的一种历史产物，不可避免地带有政治专制色彩，例如该碑第五条"生员当爱身忍性"，第六条"为学当尊敬先生。若讲说皆须诚心听受，如有未明，从容待问，毋妄行辩难"（当然，它也对老师提出了严格要求"为师亦当尽心教训，勿致怠懒"），特别是第七条"军民一切利病，不许生员上书陈言。如有一言建白，以违制论，黜革治罪"，这俨然就是当时的禁言令；第八条，"生员不许纠党多人，立盟结社，把持官府，武断乡曲。所作文字，不许妄行刊刻，违者听调官治罪"，这实际上是取消了学生的言论、结社和出版自由，与现代法治社会相比，显然是消极、落后的，是君主专制制度下的历史产物。

但是，《御制晓示生员》卧碑里面诸多内容依然具有现代价值，值得现代教育者汲取。例如，要求生员孝敬父母，接受教化，读书明理，利国爱民，忠厚正直，力戒邪刻，不干求官长、结交权贵，存心良善，不干预诉讼，尊敬老师，勤奋上进等。这些其实都是古代重视道德教育的重要例证，是古代治国理政"德主刑辅"之充分体现。即便放至今日，也依然闪耀着德性的光辉，足以为后人世世代代所效法。同时，它也可以为当今以德治国和依法治国相结合之为政理念，提供重要的历史镜鉴。

常会营（孔庙和国子监博物馆，副研究员）

孙萍（中国社会科学出版社，编辑）

真觉寺的初建

◎ 滕艳玲

有关真觉寺的历史，基本脉络清晰，细节模糊。对于真觉寺的始建年代问题在细节上的争议主要集中于以下几点：①真觉寺建于永乐年初年；②真觉寺建于宣德元年，为大善国师室利沙所建之塔寺；③寺院始建于成化年间，成化九年建成。这些疑义的形成，与相关文献记载的缺失和繁乱有直接关系。为了理清头绪，我们先从文献入手，逐步理清真觉寺的建设时间。

一、有关真觉寺初建文献中之未解

在研究真觉寺的历史沿革问题时，最多被引用的就是如下的几种文献。现将其所载一一列举，以方便我们进一步的研究。

明刘侗①《帝京景物略》卷5、真觉寺条载："成祖文皇帝时，西番板的达来贡金佛五躯，金刚宝座规式，封大国师，赐金印，建寺居之，寺赐名真觉。成化九年诏寺，准中印度式建宝座，累石台五丈，藏级于壁，左右蜗旋而上，顶为平台，列塔五，各二丈，塔刻梵像、梵字、梵宝梵华，中塔刻两足迹，他迹陷下廓摹耳。此隆起，纹螺相抵蹲，是由趾着迹涌，步着莲生。灯灯焰就，月满露升，法界藏身，斯不诬焉。"

明孙国粄②《燕都游览志》：载："真觉寺原名正觉寺，乃蒙古人所建。寺后一塔甚高，名金刚宝座。从暗窦中左右入，蜗旋以跻于颠为平台。台上涌小塔五座，内藏如来金身。金刚座左偏又一浮

① 刘侗（1594—1637），字同人，号格庵，湖广麻城（今属湖北）人，明崇祯七年（1634年）进士，授吴县知县，赴任途中死于扬州，善诗文，为竟陵派重要作家，与于奕正合撰之《帝京景物略》8卷，文笔峻峭奇崛，体现了竟陵派幽深孤峭的风格，且所写北京风物古迹，颇具史料价值，所著还有《龙井崖诗》、《雉草》等。

② 孙国粄，明朝天启年间（1621—1627）廷试第一的贡生，内阁中书，六合县人。

屠，传是宪宗皇帝生葬衣冠处。前临桥，桥临大道，夹道长杨，绿荫如幕，清流映带，尤可取也。"

明释镇澄①撰《清凉山志》卷 2 中伽蓝胜概"大圆照寺"条的记载："圆照寺：永乐初，印度僧室利沙者来此土，诏入大善殿，左论称旨，封圆觉妙善（普）济辅国光范大善国师，赐金印，旌幢遣送台山，寓显通寺。至宣德初，复诏入京……明日示寂，上闻，痛悼之，敕分舍利为二，一塔于都西，建寺曰真觉，一塔于台山普宁基，建寺曰圆照……"

谈迁②《北游录》"纪邮上"的一段记载，又为我们提供了一个新的线索。《北游录》第 79 页载："……大真觉寺，永乐甲子，遣太监侯显迎西域梵僧班迪达大国师。诏对武英殿称旨，贡佛像及金刚宝座之式，于是立寺。"

清于敏中③等编纂《日下旧闻考》卷 77 引《日下旧闻》原文载《明宪宗御制真觉寺金刚宝座记略》碑碑文，是现存关于真觉寺和金刚宝座建造历史最具权威的文献。碑在清朝佚失，碑文节略如下："永乐初年，有西域梵僧曰班迪达大国师，贡金身诸佛之像，金刚宝座之式，由是择地西关外，建立真觉寺，创治金身宝座，弗克易就，于兹有年。朕念善果未完，必欲新之。命工督修殿宇，创金刚宝座，以石为之，基高数丈，上有五佛，分为五塔，其丈尺规矩与中印土之宝座无以异也。成化癸巳（九年，1473 年）十一月告成立石。"

民国时期北京古物陈列所所长周肇祥④（1880—1954）所著《琉璃厂杂记》卷 2 载："（极乐寺）西数武曰五塔寺，明真觉寺也。永乐时，番僧板达的以金佛五躯贡，建寺居之。成化九年，诏寺准中印度

①　释镇澄于明万历十年（1582 年）至五台山，前后住了 30 余年。他对五台山的地形、历史及佛教情况了如指掌，所以他撰的《清凉山志》也是我们研究五台山的宝贵资料。

②　谈迁（1594—1657），明末清初史学家。原名以训，字仲木，号射父，明亡后改名迁，字孺木，号观若，自称"江左遗民"。浙江海宁（今浙江海宁西南）人，终生不仕，以佣书、作幕僚为生。喜好博综，子史百家无不致力，对明代史事尤所注心。

③　于敏中（1714—1779），字叔子，一字重棠，号耐圃，江苏金坛人。乾隆二年（1737 年）进士，官至文华殿大学士兼军机大臣，在乾隆朝为汉臣首揆执政最久者。四库全书馆开，于敏中为正总裁，卒谥文襄。

④　周肇祥（1880/1886—1945），字嵩灵，号养庵，又号无畏，别号退翁，室名宝觚楼。浙江绍兴人，清末举人，曾肄业于京师大学堂、法政学校。中国近代书画家，北洋政府官员，古物陈列所第四任所长。

式建金刚宝座……寺西僧塔三，大者无碍，制特宏丽。疑即班迪达藏骨处。次者碑题《大隆善护国寺大国师张公塔记》……小塔坚牢，修净若拭，提督五台山番汉僧象罗藏丹巴塔也。"

综合上述文献，不存在疑义的就是寺址，而且现存地和文献记载的所谓"西关外"① 也是一致的。西关外指明北京城的西北门外，即现在北京城的西直门外。永乐初，此门还沿用元时称谓，即和义门，明朝永乐中期改今名并沿用至今。要想进一步推断寺院的建造时间，首先要从模糊不清的建造人——班迪达开始。

二、真觉寺的初建

据《明宪宗御制真觉寺金刚宝座记略》："永乐初年，有西域梵僧曰班迪达大国师，贡金身诸佛之像，金刚宝座之式，由是择地西关外，建立真觉寺，创治金身宝座……"② 班迪达是指通五明的高僧。明，梵文意译，有见、阐明、知识、学识和智慧等意义。五明即佛学领域所涵盖的五种学科：①声明，研究语音、语法、修辞的学问；②工巧明，工艺、数学、天文、星象、音乐、美术等科学技术与艺术的总称；③医方明，印度古代的医学；④因明，即论理学（形式逻辑）；⑤内明，即关于宗教哲学的知识。③ 这5种学科的知识研习通达后的僧人会被授予"班迪达"的称号。

就建寺时间和班迪达相关的研究线索一一列举，推断出班迪达的具体姓名。

第一线索：寺院兴建于明朝宣德初年，班迪达是名为实哩沙哩卜得啰（简称"室利沙"）的东印度高僧。同时，真觉寺金刚宝座是为这位高僧所建的灵塔。

第二线索：寺院兴建于明朝正统年间，创建人是一位西天佛子大通法王智光的弟子印度人桑渴巴辣。

第三线索：寺院建寺的时间是明朝永乐四年（1406年），而创

---

① 西关就是京城西北门外，元时城西北门，名"和义"，永乐初，此门还沿用元时称谓，即和义门，明朝永乐中期改今名并沿用至今。

② 《日下旧闻考》，清于敏中等编纂，北京古籍出版社1981年10月北京第1版，卷77。

③ 《大唐西域记校注》【唐】玄奘、辩机原著，季羡林等校注，中华书局1985年2月北京第1版，第186—187页注释。

建人是一位来自西藏地区的喇嘛教僧人。

首先对照史籍我们来印证一下，上述说法中关于建造人、寺院初建时间以及金刚宝座的兴建哪些结论是成立的！

1. 第一种线索①的印证

观点持有者所依据的是两种文献，《补续高僧传》卷25"大善国师传"、《清凉山志》卷2·伽蓝胜概"大圆照寺"。

《清凉山志》卷2·伽蓝胜概"大圆照寺"条的记载："圆照寺：永乐初，印度僧室利沙者来此土，诏入大善殿，左论称旨，封圆觉妙善（普）济辅国光范大善国师，赐金印，旌幢遣送台山，寓显通寺。至宣德初，复诏入京……明日示寂，上闻，痛悼之，敕分舍利为二，一塔于都西，建寺曰真觉，一塔于台山普宁基，建寺曰圆照……"著者认为"五塔寺的金刚宝座塔乃明宣宗朱瞻基为印僧室利沙所建，开始建造是在室利沙示寂的明宣德初年"。②这个结论得到了许多研究者的认可。

《补续高僧传》卷25"大善国师传"载："实哩沙哩卜得啰（即室利沙）……永乐甲午（永乐十二年【1414年】）入中国，谒文皇帝于奉天殿，应对称旨，命居海印寺。丁酉（永乐十五年【1417年】），奉命游清凉山，还都，召见武英殿，天语温慰，宠赉隆厚。授僧禄寺阐教，命居能仁寺。岁甲辰（永乐二十二年【1424年】），仁宗昭皇帝……特授师号圆觉妙应慈惠普济辅国光范弘教灌顶大国师……将化，谓弟子不啰加实哩等曰，吾自西天行化至此，今化缘已周，行将逝矣……言讫，俨然而寂。实宣德丙午（宣德元年【1426年】）正月十三日也。讣闻，上悼叹之。命有司具葬仪。阇维，收舍利于香山乡，塔而藏之，遗命分藏清凉山圆照寺亦建塔焉。"以此推断出寺院的建造时间应该是在明宣德（1426—1435）年间。

（1）确认寺院的创建人是室利沙

A. 班迪达初抵中国觐见永乐皇帝之地是北京

根据谈迁《北游录》第79页载："……大真觉寺，永乐甲子，遣太监侯显迎西域梵僧班迪达大国师。诏对武英殿称旨，贡佛像及金刚宝座之式，于是立寺。"在《明实录》中对于太监侯显到西藏所迎的高僧有明确的记载，《明实录藏族史料》载："永乐元年（1403年）二月乙丑，遣司礼监少监侯显赍书、币往乌思藏，征尚

---

①② 黄春和《五塔寺金刚宝座塔始建时间新探》，《中国文物报》1993年6月6日第三版。

师哈里麻。盖上在藩邸时，素闻其道行卓异，至是遣人征之。"所以谈迁所写侯显迎西域梵僧班迪达大国师与智光出使是同一件事。但是谈迁的这段记载在事件和时间上出现了严重的错误，永乐朝的二十二年中没有甲子这个年号，只有甲申（永乐二年）、甲午（永乐十二年）、甲辰（永乐二十二年）三个以甲字开头的年号。那么这段信息是否可信和可用，可信的依据又是什么？

谈迁（1594—1657），明末清初史学家，浙江海宁（今浙江海宁西南）人，终生不仕，以佣书、作幕僚为生，喜好博综，对明代史事尤所注心。《北游录》是作者以自己在顺治十年（1653年）到顺治十三年这近五年间，在北京居住期间的经历和见闻所写。以谈迁对史实记述的严谨态度，所记录内容的可依据性很强，很多研究这段历史的专家在探究真觉寺建造年代问题时，对于这段记述多十分重视。尤其是谈迁的记录中有"西域梵僧班迪达大国师。诏对武英殿称旨，贡佛像及金刚宝座之式，于是立寺"与《明宪宗御制金刚宝座碑》碑文所载"有西域梵僧曰班迪达大国师，贡金身诸佛之像，金刚宝座之式，由是择地西关外，建立真觉寺，创治金身宝座……"文意几乎吻合。由此，笔者认为在清朝顺治时谈迁居留北京期间，他一定是亲身游历了真觉寺并亲眼见到了《明宪宗御制金刚宝座碑》，不然不会有这样几乎一样的记载。那么我们就要与其他的史籍比对，推断一下真相。根据谈迁先生记载，这个"甲子"之误，有以下两种可能。

①若以"遣司礼监少监侯显赍书、币往乌思藏，征尚师哈里麻"这个事件来推断永乐初年，那么"甲子"或为"甲申"之误，因为永乐甲申年是永乐二年，在永乐元年二月，太监侯显奉永乐皇帝之命出发去乌斯藏征召哈里麻，"永乐四年十二月乙酉　上师哈里麻至京，入见上御【于】奉天殿"，[①] 这与《明宪宗御制真觉寺金刚宝座记略》中所提到的永乐初有西域番僧进献五佛和金刚宝座规式的记载完全相符，仅仅是笔者以为这个推断中寺院创建人的主角变成了尚师哈里麻，这尚需商榷。

②若还是以"遣司礼监少监侯显赍书、币往乌思藏，征尚师……"这个事件来推断"甲子"也或为"甲午"之误。因为永乐皇帝遣太

① 参见《明实录藏族史料》第1集，西藏研究编辑部编辑，1982年12月第1版第1次印刷，第130页。

监侯显往乌斯藏诏请高僧不止这一次，所诏请的第三位藏传佛教高僧是代师傅应诏入京的宗喀巴大弟子释迦也失，他进京的那一年就是永乐甲午即永乐十二年，同时这也是室利沙来中土的那一年。这个推断若支持"室利沙为创建人"在入京的时间上一致，如支持"释迦也失来京"这在时间和事件上都一致，只是高僧由哈里麻变为了释迦也失。在通读了《新续高僧传》卷第19《明五台山显通寺沙门释迦也失传》和《补续高僧传》卷25《大善国师传》后发现，两位传主的经历有些吻合。

综上所述，我们已经可以将那个班迪达抵达中国的时间确定在永乐二年或永乐十二年这两个时间点上。以《明宪宗御制真觉寺金刚宝座记略》中的记载"……择地西关外，建立真觉寺，创治金身宝座"，来判断这位班迪达抵达中国觐见皇帝的地点应该是明朝的行在之地——北京，而不是南京。首先，若在南京觐见永乐皇帝，却赐地于北京城的"西关外建寺居之"，于理不合。要从文献记载中确认永乐皇帝在这两个时间点的位置，就可推断班迪达来京觐见永乐帝的时间。

B. 在前文所列举的多种文献中都有班迪达觐见永乐皇帝的记载，那么觐见永乐皇帝的殿宇之所在就可以印证皇帝的所在地。前面所引文献中所指的"奉天殿"、"大善殿"均在北京，前者是前燕王府内由元大内的大明殿改建而来的奉天殿、① 后者是永乐中期建于紫禁城内的专门供奉藏传佛教诸神明的重要殿宇。

据《明史》记载，"靖难之役"后登基的永乐皇帝一直居住在当时明王朝的政治中心——南京，直至永乐七年（1409年）第一次离开南京巡狩北京。可见，在此之前所有赴中土的高僧们都是在南京接受永乐皇帝的接见的。那么永乐二年进京的班迪达就不是我们真觉寺的创建人。

永乐皇帝第二次巡狩北京，恰好是永乐十一年（1413年）二月乙丑从南京出发，四月己酉朔到达北京"于奉天殿丹陛设坛告天地，遣官祭北京山川、城隍诸神，遂御奉天殿受朝贺"② 直至永乐十四年（1416年）九月结束第二次巡狩，我们注意到永乐皇帝到北京后所御的殿宇名为"奉天殿"，这座殿宇并非是建成于永乐

①　参见李燮平《明代北京都城营建丛考》，紫禁城出版社2006年9月版。
②　参见李燮平：《明代北京都城营建丛考》，第176—177页。附注：《明太宗实录》，台湾校勘本卷139，南京江苏国学图书馆藏传抄本卷88。

十五年十一月的紫禁城内奉天殿，① 而是在皇帝北巡期间使用的，前燕王府内由元大内的大明殿改建而来的奉天殿，② 这又与《补续高僧传》卷25"大善国师传"所载：实哩沙哩卜得啰（即室利沙）……永乐甲午（永乐十二年，1414年）入中国，谒文皇帝于奉天殿……"吻合。据此我们就可以知道，被赐地于北京西直门外建寺居住修持的那位班迪达，应该就是是在永乐十二年来到中国的室利沙。

C. 室利沙就是创建真觉寺的班迪达

《补续高僧传》卷25"大善国师传"载："实哩沙哩卜得啰（即室利沙），东印土捹葛麻国王第二子也……年十六，请命出家……资受学业，习通五明，阇国臣庶以师戒行精严，智慧明了，尊称为五明板的达。永乐甲午（永乐十二年，1414年）入中国，谒文皇帝于奉天殿，应对称旨，命居海印寺。"室利沙是一位通五明的班迪达，出生于东印度，在北京海印寺住持修行。海印寺位于北京什刹海西北，毗邻永乐皇帝的行在所——原燕王府。宣德四年（1429年），重修后改称大慈恩寺，是在明朝历史中最重要的一处藏传佛教寺院，还是西藏来京僧侣重要修持之地，被称为"第一丛林"。他于永乐十二年（1414年）到中国，《明实录·仁宗实录》载："永乐二十二年九月丁亥，命西天喇嘛扳的达为圆觉妙善（普）济辅国光范洪［弘］教灌顶大善大国师……各赐金印。"此年的七月永乐帝已崩于榆木川，八月洪熙帝登基，大赦天下，九月丁亥赐室利沙封号的应该是明仁宗洪熙帝，据此可推断室利沙是真觉寺创建人班迪达。

D. 班迪达不是释迦也失

永乐十二年来京的另一位高僧是被永乐皇帝诏请的宗喀巴之大弟子——释迦也失。据《清凉山志》载："明释迦也失，天竺迦毗罗国，释尊之裔也。……永乐十二年春，始达此土，栖止台山显通寺。冬十一月闻于上，遣太监侯显诏至京……"同样的记载还见于《新续高僧传》"明五台山显通寺沙门释迦也失传"："释迦也失者，天竺迦维卫国人，释尊之族也。……明永乐十二年至显通寺，冬十一月明帝遣太监侯显诏至京师，入大内，免拜赐座于大善殿，奏对

———————————

① 参见《日下旧闻考》，清于敏中等编纂，北京古籍出版社1981年10月1版，卷34。

② 参见李燮平《明代北京都城营建丛考》，紫禁城出版社2006年9月版。

称旨，敕主能仁方丈……"前文所书，永乐皇帝此时驻跸北京，此大善殿绝非是指位于南京宫殿中的那个大善殿，而是永乐中期建于北京紫禁城中的同名宫殿，殿内装饰着诸多金银佛像及佛骨。据清人汪师韩《谈书录·释道方术》记载："明永乐中，建大善殿，以金银塑佛像百六十九座于梁上，备诸淫亵状。"[1] 此殿于"嘉靖十五年，以仁寿宫故址，并撤大善殿，建慈宁宫"。[2] 能仁寺，始建于元朝，洪熙元年，仁宗重修，赐额"大能仁寺"。同样是北京一座著名的藏传佛教寺院，[3] 明初时一直是著名的藏传佛教高僧灌顶大国师智光的住持寺院。据中央民族大学陈楠教授所著《明代大慈法王研究》中有关释迦也失生平事迹的记载，得知，大慈法王释迦也失生于藏历第六饶迥阳木马年（1354 年）位于拉萨河流域距拉萨约 15 里的蔡贡塘，他的家族是前藏最有实力的菜巴万户家族。后师从宗喀巴大师修习密教，成为大师最为信任的近侍弟子。明朝多次诏请宗喀巴入朝，坚辞不允后，由释迦也失代替师父入京。自永乐十二年觐见后，行踪遍布北京、南京、五台山、西藏等地。通过书中对于浩繁的汉、藏两地相关文献的研究，可以了解到，释迦也失虽然在北京居留多年，也进行了大量的传教和修持活动，其中与本文所研究之真觉寺的创建者还是有若干的距离。首先，他并非是西域人士；其次，关于他参与的法海寺的修建史实，文献记载翔实，无一疏漏，说明他在北京享有极高的关注度，对于他参与并倡导修建的另一座寺院——真觉寺，文献的记载缺失是不可能出现的。

（2）寺院创建时间并非是明宣德初年

参照《明代建筑大事年表》可以发现，永乐四年开始营建北京的宫殿，永乐十八年北京宫殿建成，永乐七年五月长陵的修建工程启动。这些都是在北京实施的巨大工程项目，人力物力均耗费极大。仅营建长陵一项，据《明太宗实录》载永乐八年二月己酉，工部尚书吴中言："营建山陵合用工匠、民夫，请于山东、山西、河南、北

---

① 参见《明代北京佛教寺院修建研究》（上），何孝荣著，南开大学出版社 2007 年 12 月第 1 版第 1 次印刷第 146 页。
② 参见《日下旧闻考》，清于敏中等编纂，北京古籍出版社 1981 年 10 月北京第一版第一次印刷，卷 33《宫室一·明》。
③ 参见《明代北京佛教寺院修建研究》（上）何孝荣著，南开大学出版社 2007 年 12 月第 1 版第 1 次印刷第 167 页。

京及浙江等布政司，直隶府、州、县征用，北京旁近卫所亦宜量拨军士。"① 民间同样的建设事项，寻找建设人员和建设材料的准备时间加长、费用增多。《明宪宗御制真觉寺金刚宝座记略》是这样记载："永乐初年……建立真觉寺，创治金身宝座，弗克易就，于兹有年。朕念善果未完，必欲新之。命工督修殿宇，创金刚宝座……"可见，永乐初就已经"建立真觉寺，创治金身宝座"，只是因为不易成就，已经拖了许多年了，正如罗哲文先生在《五塔寺》② 一书中所写真觉寺"是在永乐初年开始兴建而至成化九年建成的。"

（3）金刚宝座不是为室利沙所建灵塔

室利沙圆寂后，据《补续高僧传》载："收舍利于香山乡，塔而藏之，遗命分藏清凉山圆照寺亦建塔焉。"只是建塔并未提到建寺的问题，此塔是否就是金刚宝座呢？关于这一点，恰好在我馆有一方出土的残塔铭印证了《补续高僧传》所记，并证实所建灵塔并非是金刚宝座。

在 1993 年我馆进行二期工程建设时，于塔西南侧原真觉寺塔院处发现《明僧录司右阐教班丹领占之塔铭》。此塔铭为藏汉文合璧，年代为明宣德元年（1426 年），其碑文形制为：横书汉文一行："（大）明敕建"，右侧竖书汉文一行："领占之塔"，中间残存藏文 7 行。左侧竖书汉文一行："宣德元年庚子月己亥日"（藏文译文为："大明宣德年秋月吉日，敕建此塔，僧录司右阐教班丹（巴伦）领占（仁钦）灵塔…宣德元年……"；标准藏文的拉丁文转写为：

①Twavi-ming zon-devi；

②（l）ovi sdon-zla（dka）r-phyogs；

③kyi-nying// lu（ng）-g（i）s；

④mchod-rtenbzhengs-pa-vdi；

⑤zing-lu-siv（i）g·yuvu-chen-gyavo；

⑥dpal-lda（/lhu）n-rin-chen gyi gdung；（rt）e（n）…zon-devi-l（o）-dang-po））。

确认此塔铭就是室利沙灵塔塔铭的依据就是：

① 参见李燮平《明代北京都城营建丛考》紫禁城出版社 2006 年 9 月版，第 176—177 页。附注：《明太宗实录》，台湾校勘本卷 139，南京江苏国学图书馆藏传抄本卷 11。
② 参见罗哲文《五塔寺》，文物出版社 1957 年 12 月版。

A. 此塔铭的建造年代与文献所记载的室利沙的圆寂时间吻合；

B. 室利沙曾经担任僧录司右阐教，在《补续高僧传》大善国师传载：室利沙"丁酉（永乐十五年）……授僧禄阐教……"与塔铭上官职是相符的；

C. 藏文巴丹或班丹的梵文发音为"室利"，而领占是藏文"宝"的意思，多用于人名。

D. 民国时期北京古物陈列所所长周肇祥（1880—1954）所著《琉璃厂杂记》卷2载："明真觉寺……寺西僧塔三，大者无碣，制特宏丽，疑即班迪达藏骨处。次者碑题《大隆善护国寺大国师张公塔记》……小塔坚牢，修净若拭，提督五台山番汉僧象罗藏丹巴塔也。"可见当时寺院中的殿宇基本无存，西侧塔院的三座僧塔依然完好，而且周肇祥先生推测其中最"宏丽"者是寺院的创建人班迪达的藏骨处。实际上，那座最"宏丽"者是明宪宗皇帝的衣冠冢而非是寺院的创建人班迪达的藏骨处。最小的一座"提督五台山番汉僧象罗藏丹巴塔"，我推断就是今天所发现仅存残塔铭的"领占之塔"，也就是高僧室利沙的灵塔，只是当时塔还未被毁坏。

金刚宝座是一座仿照佛成道坐处"佛陀伽耶大菩提大塔"所建，是为了纪念佛的觉悟和成道，是梵语"支提"式塔。对于"窣堵坡"和"支提"的区别在《佛光大词典》"塔"条中有这样的记载：塔"音译'窣堵坡'，为'顶'、'堆土'之意。原指为安置佛陀舍利等物，而以砖等构造成之建筑，然至后世，多与'支提'混同，而泛指于佛陀生处、成道处、转法轮处、般涅槃处、过去佛之经行处、有关佛陀本生潭之圣地、辟支佛窟，乃至安置诸佛菩萨像、佛陀足迹、祖师高僧遗骨等，而以堆土、石、砖、木等筑成，作为供养礼拜之建筑物。然据《摩诃僧祇律》卷33、《法华义疏》卷11等之记载，则应以佛陀舍利之有无为塔和支提之区别，凡有佛陀舍利者，称为塔；无佛陀舍利者，称为支提。凭此，则安置佛陀舍利之拘尸那、摩揭陀等八塔为窣堵坡，另如迦毗罗城佛生处塔、佛陀伽耶菩提树下之成道处塔、……等八大灵塔则皆属支提（或'制多'）"。由此可见，为室利沙所建的塔是窣堵坡，而非支提，也就绝不会是真觉寺金刚宝座了。

2. 第二种线索①的印证

观点持有者所依据的文献是《敕赐崇恩寺西天大剌麻桑渴巴剌实行碑》②及《补续高僧传》卷第一，译经篇《西天国师传》（附桑渴巴剌）。

（1）《敕赐崇恩寺西天大剌麻桑渴巴剌实行碑》考据

① 参见温玉成《中国佛教史上十二问题补正》，《佛学研究》1997 年第 6 期。

② "敕赐崇恩寺西天大剌麻桑渴巴剌实行碑　　承旨讲经兼赐宝藏口融显密宗师播阳道深撰　　征仕郎中书舍人广平程洛书　　赐进士出身奉政大夫工部郎中孝感张瓒篆　　西天大剌麻梵名桑渴巴剌，尔中天竺国之人，则尝言其自幼出家，游五天竺，参习秘密最上一乘，以抵西番乌思藏国，遇我］皇明册封圆融妙慧净觉弘济辅国光范衍教灌项广善西天佛子大国师光无隐上师。宣传］圣化，在彼藏中，迎葛哩麻大宝法王，则于彼时礼无隐上师为师，倾心归服，执事左右。已而，同葛哩麻统诸番邦，进贡方物，来我中原，不］啻数万千里，梯山航海，远到南京，朝觐太宗皇帝，获蒙见喜，赏赐劳来之甚，命居西天寺，恒给光禄饮馔，及任随方演教，自在修行。即永乐三年也。其后，］驾幸北京，越十一年，被　召而来，居崇恩寺。寻奉］圣旨：内府番经厂教授内臣千余员，习学梵语真实名经诸品梵音赞叹，以及内外坛场，而仍日每三食优给。光禄凡遇］朝廷修设秘密斋筵，其偕无隐上师预会，或得掌坛，或辅弘宣善满主紧四灌顶戒，以广发扬秘乘，饶益上根利器，傍及法界有情。则］其累受赏赐金帛尤多，而其通晓梵语音声、诸家字意亦多，其又正是西天之人，貌俨罗汉，则我中国大夫士庶、若僧若俗。有见之］者，莫不皆敬重焉。伏惟］列圣亦皆奖慰隆厚，而有参授秘密，则礼之为金刚上师者，多有内外大臣投其座下、削发为徒者，是亦不能尽举。而其生性刚直，独惟］敬让无隐上师道学兼明，而诸教中泛泛者，一无逊让之。盖彼所得秘密高广，而尝所谓密中之密，则诸人亦不能与之议论。洪惟］当今皇上圣文神武嗣大应接之。正统元年，伏蒙　御用监太监阮文等同其仍将崇恩后殿兴修庄严，救度佛母色相，与盖山门、廊房，］方丈皆备。至四年间，钦蒙敕赐还做崇恩之额，礼部札付其徒乌答麻住持其就。是年，往五台山，所将法藏古刹重修，亦犹殿宇］　廊堂皆具，复为兴盛道场，于中砌立无隐上师舍利灵塔，用酬法乳。至予九年寻，蒙　敕赐为普恩寺，其徒答而麻罗乞塔，领礼部］札付住持，于十一年工毕回京，到于定州之上生寺，寿年七十而逝。其大徒弟］敕赐西域寺住持勃答室哩等前往，迎其全身，归来阜城关西域丛林之所。荼毗，收取舍利遗骨，一起灵塔于京西房山小西天之东］峪，一起灰塔于西域之西北隅，皆　内臣檀越辈助成。吁！自教东流，而彼西天之上师远来震旦，则甚稀有，譬如云华，难遭值耳。桑］渴巴剌则从竺国远来，以秘密大乘摄授中土，而又广度诸徒，以续慈命，岂让摩腾、达磨据专美于前哉？今其徒儿住持巴剌些纳］请述其实行以示后昆，则亦可谓克当者也。予亦与其昔同参于无隐上师之门，则虽颇知其详，然其频入寄照圆明之说，则我岂］能拟议之哉？粗且叙述前之见闻，庶几勒碑于贞石，光辉千载，永著传灯。其诸遗行，岂能尽述。

天顺二年岁次戊寅九月九日崇恩当代住持巴剌些纳立石"

《敕赐崇恩寺西天大辣麻桑渴巴辣实行碑》，是我馆征集于阜成门外的三塔寺，现北京市委党校院内的一通明碑，那个寺院原称为"西域寺"俗称"三塔寺"与真觉寺之俗称"五塔寺"有一字之异。

据《敕赐崇恩寺西天大辣麻桑渴巴辣实行碑》所载：印度人桑渴巴辣是西天佛子大通法王智光的弟子，是在智光协同太监侯显赴乌斯藏往征尚师哈里麻期间，相遇相识并结为师徒的。智光大师与太监侯显从永乐元年出发，直到永乐四年历时三年零十个月才偕同哈里麻一行一同到南京，觐见太宗皇帝的时间是永乐四年十二月。智光圆寂后，（明正统）十一年（1446年），桑渴巴辣自五台山修建普恩寺"工毕回京"途中，卒于定州上升寺。圆寂之后，"其大徒弟敕赐西域寺住持勃答室哩等前往，迎其全身，归来阜城关西域丛林之所。荼毗，收取舍利遗骨，一起灵塔于京西房山小西天之东峪，一起灰塔于西域之西北隅。"所以"灰塔于西域之西北隅"之意就是将大师的灵塔建造于西域寺（三塔寺）的西北角，而非五塔寺（真觉寺），以此就可知桑渴巴辣并非是那个真觉寺的创始人。

3. 第三种线索①的印证

观点持有者依据《明宪宗御制真觉寺金刚宝座记略》和谈迁《北游录》有关大真觉寺的记载提出"板的达（班迪达）为喇嘛教僧侣"。

（1）金刚宝座规式来源是西域

如果单凭文献中所记载"班迪达所贡金刚宝座之式'与中印土之宝座无以异'"就断定班迪达是印度人，这样的结论过于粗疏。论者认为"古代由于交通不便，很多东西都是几经周折才流传到某地。金刚宝座之式亦是如此，它很可能先由印度传至西藏地区，然后才由班迪达带到北京"。而班迪达的"入京时间应是永乐四年（1406年）"。"班迪达进京后，贡献金佛五躯和金刚宝座式样……于是，真觉寺开始修建。"②按照此种观点，西域梵僧班迪达不是印度僧人，真觉寺建寺的时间是永乐四年（1406年）。

宿白先生《藏传佛教寺院考古》中《西藏日喀则那塘寺调查记》③一文中我看到了这样一则记载，在那塘寺的措钦大殿三层后侧的度

———————————

①② 参见马建农《真觉寺〈明宪宗御制金刚宝座碑〉碑文考》，《北京史苑》第三辑，北京出版社1985年版。

③ 参见宿白《藏传佛教寺院考古》，文物出版社1996年10月版，第119—133页。

母堂左的高座上有"大明永乐年施"刻铭的木、石雕印度菩提迦耶寺院模型一组，刻文是镌刻在用菩提伽耶地方所产的黑石制成的模型上。这组模型被印度学者罗睺罗先生认为是由一位亲眼目睹了大菩提寺被摧毁过程的译经师由印度带来的，而据宿先生推测此"模型应是15世纪初由明廷赍施此寺者"，同时还指出："盖此组模型来自天竺，永乐施款当是模型抵中国后补雕。按明菩提迦耶在榜葛剌（印度）境内，《明实录》记自永乐六年（1408年）起，榜葛剌即不断遣使进方物；《明实录》和《星槎胜览》等书又记永乐十年、十三年、十八年遣杨敕、侯显等出使榜葛剌，此组模型约即随此交往流入中土。"从这篇文章的记述可以发现，在西藏的寺院中还存有由明朝永乐皇帝赍施的印度菩提迦耶寺院模型，可以推测在明永乐朝之前，西藏地区是没有这个东西的。如果有，就没有必要由中原的皇帝再千里迢迢地送去作为礼物的道理了。

（2）班迪达不是西藏的喇嘛教僧人

在13世纪初的印度已经完全伊斯兰教化，传承了1700多年的佛教在印度境内彻底灭绝，佛教徒被驱逐，佛教建筑、历史遗迹遭到损毁。到了15世纪的中国明朝，怎么会迎来印度僧人哪？而在很多文献、碑刻中关于一些高僧的记载中，又多记载有此僧为"天竺国人"，这就为我们今天的研究带来了许多的困惑。历史上所谓的"印度"是一个包括今天的印度、巴基斯坦、尼泊尔、孟加拉国、阿富汗一部分的广大地区，我们完全可以将视野再扩展一些。在印度完全伊斯兰教化以后的13世纪初，许多印度高僧逃到尼泊尔，那里还是信奉佛教的。在元朝许多尼泊尔的僧人来到大都，受到朝廷的礼遇，如兴建白塔寺塔的阿尼哥，他是帝师八思巴的弟子，那个地区的高僧入境是有历史渊源的。在真觉寺金刚宝座上随处可见的梵文经咒，据梵文专家考证都是蓝查体梵文，这种梵文"作为一种语言在古代曾流行于今天的尼泊尔，大约兴起于11世纪，在尼泊尔的'马拉'（Malla）王朝（13—18世纪）时期，蓝扎作为国语达到鼎盛期，之后又流行了几个世纪"。[①] 由此可知，在真觉寺兴建金刚宝座之时，正是蓝查体梵文在尼泊尔作为国语兴盛之时，据此认为，班迪达室利沙是一位来自于尼泊尔地区的密教高僧。

三个线索分析完毕，得出结论如下：室利沙是真觉寺的创建人；

① 参见张保胜《北京五塔寺金刚宝座梵字陀罗尼》（内部资料）。

寺院初建于明永乐中晚期续建于成化初年金刚宝座是一座纪念释迦牟尼佛成道的支提式塔。

三、真觉寺是一座藏传佛教塔寺

宿白先生在《藏传佛教寺院考古》[①] 的《西藏日喀则那塘寺调查记》一文中，关于他们所发现的"大明永乐年施"刻铭的木、石雕印度菩提迦耶寺院模型一组，曾经被印度考古学者罗睺罗在《再到西藏寻访梵文贝叶写经》一文著录过，并摘录了其中的部分章节，提到："1934 年 9 月 13 日到奈塘寺……（寺）有一套 12 世纪的佛陀伽耶大菩提寺的石制模型，那是用佛陀伽耶地方的黑色史料雕制的。在模型中，除了主殿以外，还有许多小型佛殿，很多塔，一部分雄迦王朝式的栏杆，全寺围墙和三座大门；……另有一套木制的模型，那是仿照石制模型而制成的。……我们由这套模型可以看到，大菩提寺有三座大门，正门是在东面，北面有一座门，南面有一座门，主殿的东面也有三个门，两边的两个门常关着不走，只有中间的一个门出入通行。在主殿的西面也有一个门，却也是关着，不能由这个门进到殿里去。上一次（1929 年）我来西藏的时候，我曾经发现就由这个奈塘寺到印度去的一位卓工译经师（1153 年生）写的一本旅途日记，当伊斯兰军队冒犯并摧毁大菩提寺的佛教和殿堂的时候，这位大译师正在佛陀伽耶，他是一个亲眼看到这种摧毁行动的人。在他的笔记里，他叙述过大菩提寺围墙内外的许多建筑物的位置。我想这套石刻的模型，就是写这本日记的那位译经师带到西藏去的。"宿白先生在文中接着详细的描述了模型中建筑的情况，此组"模型存寺门、塔、殿等个体共二十一件和附有角楼的方形围墙一匝，其中最大佛殿和寺门的顶部皆具五塔（中间大塔四隅各一小塔）"。

这些记述为我们提供了两个重要的信息，①我们今天所认识的所谓大菩提大塔实际上是一座寺院，称为大菩提寺。②根据模型描述了寺院的建制和规模，为我们研究真觉寺提供了依据。据此推测，室利沙在明朝永乐初年献给皇帝的也就是同样的一组模型，建成的是一座同样规模样式的寺院。

---

① 参见宿白《藏传佛教寺院考古》，文物出版社 1996 年 10 月版，第 119—133 页。

1. 印度佛陀迦耶大菩提寺塔是一座塔寺

在印度，早期佛教徒的修行地并非具体的地点，佛教徒按照佛陀制定的"外乞食以养色身，内乞法以养慧命"的制度，白天到村镇说法，晚上回到山林，坐在树下，专修禅定。后来摩揭陀国的频毗沙罗王，布施迦蓝陀竹园，印度佛僧才有了第一个寺院。印度人称佛寺为"僧伽蓝摩"，简称"僧伽"。僧伽主要有两种形式：一是精舍式，一是支提式。精舍式的僧伽，设有殿堂、佛塔，以佛塔为建筑群落的中心，殿堂内供奉佛像，周围建有僧房。支提式僧伽，是依山开凿的石窟，也就是我们今天所见到的石窟寺，内有佛塔和僧侣居住处。佛寺，梵文作 vihara，音译为毗诃罗，意译作住处、游行处，泛指安置佛像并供僧侣居住和修行的处所。在《释氏要览》卷上载："寺，华题也。释名曰寺，嗣也。谓治事者，相嗣续于其内也。"

塔，这种佛教建筑形式的由来，在《大唐西域记》卷第一有如下的记载："……如来以僧伽衹方叠布下，次郁多罗僧，次僧却崎，又覆钵树锡杖，如是次第为窣堵波。"这段文字记述了释迦牟尼佛用衣服、钵、锡杖演示给人们造塔的形式。在释迦牟尼佛涅槃后，他的舍利被八个国王分去建塔供养，这就是佛教史上所谓的"八王分舍利"。阿育王时期将佛教定为国教，在他统治的八万四千个城邦中，每个城邦都建有佛塔和佛寺，所以历史上就有"阿育王八万四千宝塔"的说法，这个时期也是佛教在印度最为兴盛的时期。在印度，塔被分为两种，埋藏有舍利的塔被称为"窣堵坡"，而没有舍利，单为纪念释迦牟尼佛一生重要转折的八个地点所建寺塔，被称为"支提"。在佛成道处古印度比哈省佛陀迦耶寺院所建的大菩提大塔，就是一座为了纪念释迦牟尼得道正觉所建的纪念塔。

大菩提大塔的建筑形式是在一方型的高基座上，按照中、东、南、西、北五个方位建五座小塔，中塔高于其他四塔。基座即喻示释迦牟尼佛觉悟时的坐处——金刚座。按照《大唐西域记》卷第八所记："昔贤劫初成，与大地俱起，据三千大千世界中，下极金轮，上侵地际，金刚所成，周百余步，贤劫千佛坐之而入金刚定，故曰金刚座焉。""金刚"在佛教典籍中常作为比喻，《金刚仙论》卷1："言金刚者，从比喻为名，取其坚实之意，如世间金刚。有二意，一其体坚实能破万物，二则万物不能坏于金刚。"五座小塔即代表五方佛，中央是如来佛，东部是阿閦佛，南部是宝生佛，西部是阿弥陀佛，北部是释迦佛，因此就将这种形式的塔称作"金刚宝座"或者"金刚宝座式塔"，真觉寺金刚宝座也同样是这种类型的塔。这种造型的建筑亦被称为"坛城"，即曼荼罗。曼荼罗，《辞源》注释为："念诵佛经的坛场。梵语音译，也作曼吒罗、曼拿罗等。"《佛光大辞典》中的解释为："印度修密法时，为防止魔众侵入，而画圆形、方形区域或建立土坛，有时其上画佛、菩萨像，事毕像废，故一般以区划圆形或方形之地域，称为曼荼罗，认为区域内充满诸佛与菩萨，故亦称为聚集、轮圆具足。在律中亦有为避不净，而在种种场合制作曼荼罗的情形。"而在梵文经典中，"曼荼罗"还有指佛的自证境界的含义，这与金刚宝座兴建的纪念意义极为相关。

大菩提寺塔已经在 12 世纪末被伊斯兰教徒毁尽，14 世纪时，缅甸的国王出资重建。重建后不久，此地遭遇了大洪水，寺院被洪水裹携而来的泥沙掩埋。1861 年英国的考古学家亚历山大·康宁汉对大菩提寺院遗址进行发掘后，开始修复大菩提大塔。1870 年末，缅甸的佛教徒在孟加拉国政府的协助下重新将大塔修建完工，重新矗立在尼连禅河畔，也就是现在我们所见的大菩提大塔。[①] 在整个大塔的修复过程中不仅参照了玄奘《大唐西域记》里的记载，还参考了当时的真觉寺金刚宝座的建筑模式。民国时期的《晨报》在 1940 年 10 月 19 日《五塔寺特辑》中有一段这样的记载："五塔寺之五塔名金刚宝座，其建筑虽仿自印度，然印度原塔久圮，后经英人又仿此塔式样而重建之……"无独有偶，在同样成书于民国时期的《旧都文物略》名迹略·下"（十八）五塔寺"条也有如下描述："按，五塔金刚座为印度高僧板的达所监造，一仿印土规式。印土原塔曾摧毁，英人改造，失其真相。现全世界惟此为二千前旧型，故弥足珍贵也。"

虽然有这样证据确凿的文献记载佐证，在我们见到印度大菩提大塔形象的时候，还是经常产生疑问，在外观上它们很不一样，仅仅是在五塔造型上是一致的，但许多的文献记载还是在不断地重申，"真觉寺金刚宝座仿印度大菩提大塔所建"，当今的大菩提大塔又是"经英人又仿此塔式样而重建之"，原因为何呢？这就要回到前文所叙述的有关班迪达所献的"金刚宝座规制"与宿白先生在那塘寺所见到的佛陀迦耶大菩提寺的模型是否为同一物的问题上来。如果金刚宝

---

① 参见《佛陀的故乡》，林许文二、陈师兰著，海南出版社 2002 年 4 月版，第 72 页。

座规制也同样是大菩提寺的模型，那么塔在外观上存在些许差异的问题就迎刃而解。外观不同，独特的造型是一致的，那都是在一个高高的基座上面营建五座小塔，中心大塔，四隅设四座小塔，这种造型模式的塔被称为"金刚宝座式塔"。这种造型在佛教意义上是非凡的，首先是为了纪念释迦牟尼佛的成道；其次，这是一座曼荼罗——坛城，金刚界曼荼罗。所要营建的是要以一座金刚宝座式塔（金刚界曼荼罗）为中心建筑的寺院，在这样的寺院里修习佛法，会像释迦牟尼佛一样得到"真觉"，这也同样解释了永乐皇帝为班迪达室利沙赐地建寺的原因。所以说，仿建的是寺院，而并非一座塔。

2. 初建的真觉寺是一座藏传佛教的塔寺

佛教传入中国后，兴建浮屠、佛寺也成为崇信佛教人士的风尚。在早期中国的佛寺建筑多是依据印度的塔寺蓝本结合当地的建筑形式兴建的，如《魏书·释考志》载："自洛中构白马寺，盛饰佛图，画迹甚妙，为四方式。凡宫塔制度，犹依天竺旧状而重构之，从一级至三、五、七、九。世信相承，谓之浮图，或云佛图。"这是最早的建寺塔记录。最早的汉化佛寺受到当时印度佛寺样式的影响，与中国传统宫署建筑相结合，以塔为中心，四周以堂、阁、廊等围绕，成为方形庭院，内供佛像或舍利，为拜佛诵经之所。塔，其形制来源于印度的"窣堵坡"，汉语译为"浮图"、"浮屠"等名称。释迦牟尼佛涅槃后，在佛教初传的早期，是没有偶像作为崇拜物的，便以佛塔代表佛法身的显现，是佛教徒尊崇的对象，所以将塔立于佛寺的中央，成为寺内的主体。此后，出于直观的方便，偶像崇拜兴起，人们开始修建佛殿供奉佛像，以便信徒们礼拜，于是塔与殿并重。这种寺院的格局，遂成为一种制度，被称为"浮图寺"或"塔庙"，意即庙中必有塔，塔处即是庙。早期的佛寺，就是完全按照这种塔庙制度来布局的。如元魏杨衒之所著的《洛阳伽蓝记》中记述了当时洛阳的四十多所重要佛寺，其中以永宁寺最大。此寺平面采取在廊院内布置主要建筑的方式：前有寺门，门内建塔，塔后建佛殿，这种在中国发展起来的佛寺布局形式还被称为是廊院式的寺院。

真觉寺是一座藏传佛教寺院，在明初兴建必然受到藏地寺院建筑的影响。据宿白先生《西藏寺院建筑分期试论》[①] 一文：自7世纪的吐蕃王朝时期起，迄于10世纪西藏佛教进入后弘期之前，寺院

① 参见《国学研究》第1卷，北京大学出版社1993年版，第491—521页。

布局主要有两种：第一种以僧房为主，第二种以佛堂为主。此一时期也是西藏寺院建设的最早期，这两种主要的寺院布局都源出印度，最具印度寺院布局传统的遗存。在以佛堂为主的寺院布局中，最著名的就是桑耶寺的乌策大殿。在宿白先生的另一篇文章《阿里地区札达县境的寺院遗迹——〈古格王国建筑遗址〉和〈古格故城〉中部分寺院的有关资料读后》[①] 有关于托林寺（建于996年）殿堂遗迹的记录，其中建造年代最早的迦莎殿（朗巴朗则拉康，亦称遍智如来殿）就是将桑耶寺的乌策大殿组织在一栋建筑之中。迦莎殿坐西朝东，分内外两圈，内圈布置五座殿堂，呈十字形布局。中心主殿供奉大日如来四方小殿按方位供奉东方金刚部主阿閦佛、南方宝部主宝生佛、西方莲花部主弥陀佛、北方摩羯部主不空成就佛。

真觉寺是仿照室利沙所进献的佛陀迦耶大菩提寺规制所建立的寺院，金刚宝座是五塔形式，那么岂不是将乌策大殿、迦莎殿所表现的设计思想和内容，浓缩组织到了一座塔中？这就反证了真觉寺确是印度早期塔寺这种寺院布局的翻版。这种以塔为主要中心建筑的寺院建筑格局完全是复古的，继承了印度佛教早期寺院的布局传统，是为了更本真地复原释迦牟尼佛得道处的风貌，建成的是一座塔寺。这种寺院布局形式绝非明初的风尚，确实有建筑者之良苦用心蕴含其中。

当时的中国佛寺建筑格局已经有"伽蓝七堂"说，意指具备七种主要殿堂的寺院。七堂，与人头部七窍或人体头、心、阴、四肢相对应，表完整一体之义，后来讲寺亦采此说。其名称与配置，因时代、宗派之异而有不同。如禅宗的一种说法是：佛殿、法堂、僧堂、库房、山门、东司、西浴。讲寺的一种说法是：塔、佛殿、讲堂、钟楼、藏经楼、僧房、斋堂等七组主要的僧院设施作为寺院建筑群的主要组成部分。明清时期，在中原地区兴建的藏传佛教寺院，它们的总体布局与汉传佛教寺庙基本相同，也是采用"伽蓝七堂"之式，而真觉寺的这种特例独行，充分展示了建造此寺院及金刚宝座者的真意。

滕艳玲（北京石刻艺术博物馆，副研究员）

---

① 参见《国学研究》第3卷，北京大学出版社1995年版，第567—615页。

"大总统告令"匾与袁世凯祭孔

◎ 王琳琳

一、"大总统告令"匾

北京孔庙是元、明、清三代皇帝祭祀儒家创始人、至圣先师孔子的场所。北京孔庙虽然在规模上略逊山东曲阜孔庙，但却是等级最高的。大成殿是孔庙的主体建筑，是祭祀孔子的正殿，殿内外悬挂着清代康熙至宣统九位皇帝御书匾以及袁世凯、黎元洪书写的匾额。九位皇帝的御书匾联在清代时颁行全国各地孔庙悬挂，而民国时期悬挂的袁世凯的"告大总统令"匾和黎元洪题写的"道洽大同"匾，全国各地孔庙仅北京孔庙大成殿有此一方。袁世凯的"告大总统令"匾又因与袁世凯复辟相关，因此更具文化和历史价值。

"大总统告令"匾悬挂在大成殿内正门上方，与北面黎元洪的"道洽大同"匾相对。因"大总统告令匾"面向北，悬挂得高，匾上字多且密，所以不易被游客发现。木制横匾，四边框雕刻描金花草纹，匾黑漆底，金字楷书袁世凯的《举行祀孔典礼令》，俗称"大总统告令"，钤章"中华民国之玺"，整方匾保存完好。1914年9月25日，袁世凯发布《举行祀孔典礼令》，文中表达了袁世凯对孔子和儒家思想的崇敬，并定于9月28日亲自率领百官来北京孔庙祭祀孔子。

"大总统告令"匾

二、匾文内容

匾文内容如下：

中国数千年来，立国根本在于道德。凡国家政治、家庭伦纪、社会风俗，无一非先圣学说，发皇流衍。① 是以国有治乱，运有隆污，② 惟此孔子之道，亘古常新，与天无极。③。经明于汉，④ 祀定于唐，⑤ 俎豆馨香，⑥ 为万世师表。⑦ 国纪民彝，⑧ 赖以不坠。隋唐以后，科举取士，人习空言，不求实践，濡染⑨酝酿，道德浸⑩衰。近自国体变更，无识之徒，误解平等自由，逾越范围，荡然无守，纲常沦弃，人欲横流，几成为土匪禽兽之国。幸天心厌乱，大难削平。而黉舍鞠为荆榛，⑪ 鼓钟委于草莽，⑫ 使数千年崇拜孔子之心理，缺而弗修，其何以固道德之藩篱，而维持不敝。⑬ 本大总统躬膺⑭重任，早作夜思，以为政体虽取革新，而礼俗要当保守。环球各国，各有所以立国之精神，秉诸先民，蒸为特性。⑮ 中国服循圣道，自齐

① 发皇，宣扬。流衍，广发流布。
② 喻盛衰兴替。
③ 与天一样长久，没有终极
④ 儒家经典"五经"在汉代被确立和继承发扬，汉代出现很多经学家"传经"、"注经"。
⑤ 贞观四年（630年），唐太宗下诏州县皆立孔庙，形成"庙学制度"，孔庙自此遍及全国，祭祀孔子也随之遍及各地，并一直延续下来。
⑥ 俎和豆，古代祭祀、宴飨时盛食物用的两种礼器，泛指祭祀、奉祀。馨香，指用作祭品的黍稷。
⑦ 康熙二十三年（1684年），康熙到山东曲阜祭孔，书"万世师表"匾，颁行全国孔庙，以此赞颂孔子千秋万世永远都是人们的老师和表率。
⑧ 国纪，国家的礼制法纪。民彝，人伦，人与人之间相处的伦理道德准则。
⑨ 沾染受熏陶。
⑩ 渐渐。
⑪ 黉舍，校舍，亦借指学校，这里指国子监。鞠，困窘。荆榛，泛指丛生灌木，多用以形容荒芜情景。这里指国子监衰败，杂草丛生。
⑫ 鼓钟，古代礼乐器。草莽，草木丛生。礼乐之器，淹没于杂草之中。这两句意思是国子监孔庙衰败，祭孔礼乐废弛，尊孔之心淡漠。
⑬ 敝，衰败。不敝，不衰败。
⑭ 躬，亲自；膺，承当、担当。
⑮ "天生蒸民，有物有则。民之秉彝，好是懿德。"出自《诗经·大雅·丞民》。蒸，众。秉，执。天生众民，民所执持常道，莫不好有美德之人。"秉诸先民，蒸为特性"这里指各国人民执持常道，形成各自特性。

家、治国、平天下，无不本于修身。① 语其小者，不过庸德之行，庸言之谨，皆日用伦常所莫能外，如布帛菽粟之不可离；② 语其大者，则可以位天地，育万物，为往圣继绝学，为万世开太平。③ 苟有心知血气之伦，胥在范围曲成之内，④ 故尊崇至圣，出于亿兆景仰之诚，绝非提倡宗教可比。前经政治会议议决，祀孔典礼，业已公布施行。九月二十八日为旧历秋仲上丁，本大总统谨率百官，举行祀孔典礼。各地方孔庙，由各该长官主祭，用以表示人民俾⑤知国家，以道德为重。群相兴感，⑥ 潜移默化，治进大同。⑦

本大总统有厚望焉。此令。

中华民国三年九月二十五日

在袁世凯看来，伦理道德才是中国的立国之本。中国贫败落后的原因并不是封建专制制度的腐朽，而是"无识之徒，误解平等自由，踰越范围，荡然无守，纲常沦弃，人欲横流，几成为土匪禽兽之国。"他认为"政体虽取革新，而礼俗要当保守"。在《举行祀孔典礼令》中，袁世凯赤裸裸地表明，反对追求自由、平等，而中华民国这个新政体仍要推行封建保守的旧礼俗。

三、袁世凯祭孔

1911 年辛亥革命胜利，中国千年的封建帝制土崩瓦解，而人们

① "修身、齐家、治国、平天下"，出自于《大学》，这是儒家由完善自我德行"内圣"而至建功立业"外王"的最高理想。

② 儒家之道，从小的方面看可以为日常言行提供准则，就像布匹粮食一样是必需之物。

③ "致中和，天地位焉，万物育焉。"出自《中庸》。北宋大儒张载："为天地立心，为生民立命，为往圣继绝学，为万世开太平。"后世称为"横渠四句教"。儒家之道，从大的方面看可以使万物各安其位，各遂其性，继承先圣之学说，开创万世之太平。

④ 胥，都；皆。范围，效法。曲成，多方设法使有成就；委曲成全。

⑤ 俾，使。

⑥ 群，百姓。相，互相。兴，提倡。感，感应；影响。

⑦ 治，统治；治理。大同，我国古代一些思想家提出的一种天下为公、人人平等的社会政治理想。《礼记·礼运》："大道之行也，天下为公，选贤与能，讲信修睦，故人不独亲其亲，不独子其子，使老有所终，壮有所用，幼有所长，矜寡孤独废疾者皆有所养，男有分，女有归，货恶其弃于地也，不必藏于己，力恶其不出于身也，不必为己，是故谋闭而不兴，盗窃乱贼而不作，故外户而不闭，是谓大同。"

头脑中固有的思想却很难撼动。西方各种政治、经济思潮在古老的中国大地上激荡着，封建世家出身的袁世凯窃取了胜利果实，成立了以袁世凯为临时总统的北洋军阀政府。

1912年9月，袁世凯发布《崇孔伦常文》，宣称"中华立国，以孝、悌、忠、信、礼、义、廉、耻为人道之大经，政体虽更，民彝无改"。[①] 在袁世凯看来，儒家伦理道德不因政体改变而丧失价值，同样适用于新成立的中华民国，他想用传统的伦理道德凝聚天下人心。虽然，袁世凯公开尊孔，而关于祭孔还是非常谨慎小心的。1912年10月，教育部发布了通令："近来各处关于祀孔一事，纷纷致电本部，各持一说，窃以崇祀孔子问题，及祀孔如何订定，事关民国前途至巨，非候将来正式国会议决后，不能草率从事。"[②] 祭孔此时已成为关乎民国前途的大事，成为民国成立以来文化方面的焦点问题。

1913年6月22日，北京政府发布《饬照古义祀孔令》："经国务院通电各省，征集多数国民祀孔意见，现在尚未复齐。兹据尹昌衡电称：请令全国学校仍行释奠之礼等语。所见极为正大，应俟各省一律议复到京，即查照民国体制，根据古义祀孔典礼，折衷至当，详细规定，以表尊崇而垂久远。"[③] 在民众的要求下，政府顺应"民意"，"根据古义祀孔典礼"。尊孔祭孔不仅仅是袁世凯网罗人心的工具，还是他复辟帝制的前奏。

1913年9月，孔教会经教育部批准，在北京国子监举行"仲秋丁祭祀孔"，到会者数千人。大总统袁世凯的代表梁士诒，众议院议长汤化龙，广东省民政长陈昭常参加献礼。此祭祀仪式规模宏大，庄严肃穆。行完跪拜礼后，由陈焕章主持讲经，梁士诒讲《道之以德，齐之以礼》，严复讲《民可使由之，不可使知之》，梁启超讲《君子之德风》。民间祭孔多少带上了官方色彩，开始与政治权力结合。

1913年12月颁布的《祀孔案审查报告书》称："政治以革新为主，而礼俗以保守为宜。……执此二义以为标准，窃谓春秋两祭仍宜适用。……政令用阳历，所以取世界之大同，祭祀用阴历，所以从先圣之遗志。……其礼节服制自应与祭天一律，以示尊崇。京师

① 参见韩达编《评孔纪年》，山东教育出版社1985年版，第5页。

② 同上，第9页。

③ 参见章伯锋、李宗一主编《北洋军阀》（1912—1928）第一卷，武汉出版社1990年版，第1377—1378页。

文庙应由大总统主祭，各地方文庙应由该长官主祭。"① 报告认为，在世界进化的大趋势下，政治应当革新而礼俗应当保守，在此标准下，祭孔仍适用于新的中华民国。报告中规定了祭孔的规格与祭天一样，这是对清末将祭孔升为大祀的一种延续，报告还详细规定了祭祀的时间和主祭人。

袁世凯亲临北京孔庙祭孔呼之欲出。1914 年 2 月 7 日，发布《祭孔定为大祀令》。1914 年 3 月 12 日，袁世凯派总统府秘书长梁士诒到北京文庙代行春丁祀孔礼。1914 年 9 月，颁行由政事堂礼制馆拟定的《祀孔典礼》。《典礼》规定"以夏时春秋两丁为祀孔之日，仍从大祀，其礼节、服制、祭品当与祭天一律"。② 祭祀孔子的规制要求几乎与清代旧制无异。

1914 年 9 月 25 日，袁世凯发布《举行祀孔典礼令》，则明确于 9 月 28 日亲自到孔庙行礼祭孔，北京孔庙大成殿悬挂的"大总统告令"匾就记载了的《举行祀孔典礼令》内容。

1914 年 9 月 28 日，即仲秋上丁，清晨六点半，袁世凯率领各部总长及文武官员在侍从的护卫下抵达孔庙，内政总长朱启钤和外交总长孙宝琦任正献官。袁大总统身着绣有四团花的十二章大礼服，下围有褶紫缎裙，头戴平天冠，三跪九叩，祭拜孔子。整个祀孔大典礼仪繁琐而气氛庄严，七点半礼毕回府。与此同时，各省将军、巡按使也都在省会文庙祭孔，这是民国以来第一次祭孔。祀孔大典举行后，袁世凯下令整修北京孔庙，这是清末将祭孔升为大祀后扩建孔庙的延续。在此次修缮中制作了"大总统告令"匾，最初悬挂于大成殿门外（今"万世师表"匾悬挂的位置），"恭查上年举行秋丁祭孔典礼，只奉告令一通，煌煌涣号，海内同钦，本部现特恭录原文制成匾额，于大成殿门首，敬谨悬挂，用垂久远。"③ 这方匾后来何时移至大成殿内，目前无相关材料，有待进一步查找。

---

① 参见《祀孔案审查报告书》，《孔教会杂志》第 1 卷第 11 号，1913 年 12 月。

② 参见政事堂礼制馆刊行《祀孔典礼·呈文》，第 1 页，民国三中华民国三年九月。

③ 参见教育纪事《三月二十六日内务部呈报京师孔子庙工程告竣及刊刻告令敬谨悬挂情形》，《中华教育界》1915 年第 4 卷第 4 期，中华教育界杂志社编辑，中华书局。

"大总统告令"匾悬挂于大成殿门外旧照

在恢复祀孔典礼的同时，袁世凯也不忘恢复祭天的旧俗，在礼制馆制定了《祀孔典礼》同时，也颁布了《祭天仪礼》。1914年12月20日，袁世凯正式下令恢复祭天制度。23日，他亲自祭天，一切仪礼完全模仿专制帝王。

袁世凯按照皇帝的规格祭孔、祭天之后，便是复辟帝制了。1915年12月11日，参政院以"国民代表大会总代表"名义上书袁世凯"劝进"。12日，袁世凯发布命令，承受帝位。13日，接受百官朝贺，大加封赏。31日，下令翌年（1916年）改为"中华帝国洪宪元年"，准备于1月1日即皇帝位。由于云南、贵州等省发动护国战争，纷纷讨袁，1916年3月22日，袁世凯被迫宣布取消帝制，废除"洪宪"年号，仍称大总统。1916年6月6日，袁世凯在全国人民声讨中忧惧而死。

1914 年 9 月袁世凯祭孔照

封建帝制时代，国家级祭天祭孔是天子的特权，袁世凯在企图复辟帝制的过程中提倡祭天祭孔，改皇帝、大臣主持为大总统与行政长官主持，表面上是为了维护传统的祀典礼仪，实质则以国家级祭祀主祭者的身份，来抬高自己的掌权地位，成为事实上的皇帝。袁世凯以清代皇帝祭天祭孔的规模来祭拜，这完全就是帝制时代改朝换代的再现。

祭天祭孔不仅是皇帝的特权，发展到清代，皇帝登基之始御书匾颁行天下孔庙甚至是君临天下必不可少的一个环节。皇帝御书匾赐给孔庙的意义远远超越了最初的含义——敬孔尊儒，它已经与皇权紧紧捆绑在一起，成为继承皇权自我肯定的一种形式，上升到政治层面。民国初年袁世凯来北京孔庙祭孔，将《举行祀孔典礼令》刻匾悬挂于大成殿，这与清代皇帝登基之初即祭孔题匾如出一辙，复辟之心，昭然若揭！

四、结束语

自汉武帝"罢黜百家，表彰六经"之后，儒家思想就从百家争鸣中的一个思想流派发展到"独尊"的地位，成为统治者的思想工具，被深深地打上了政治的烙印。统治者以手中的权势绑架了圣人之道，经过统治者的包装，孔子从一位和蔼可亲的学者摇身变为高高在上的圣人。历史上，尊孔祭孔也好，升为大祀也罢，抑或打压孔子，孔圣人不过都是统治者的工具，根据需要为其所用。作为一个思想流派的儒家思想，自从与政治联姻后，就成了统治者的儒家思想，这与儒家思想的本源已有相当的距离。儒家思想中的尊君思想被无限放大，以致"君为臣纲"，一切以臣子无条件服从君主为前提，而儒家思想中的民本观念，推翻暴政思想则被掩盖起来。"民为邦本，本固邦宁。"（《尚书·五子之歌》）"君有大过则谏，反复之而不听，则易位。"（《孟子·万章下》）"闻诛一夫纣矣，未闻弑君也。"（《孟子·梁惠王下》）朱元璋看到《孟子·离娄下》中的"君之视臣如手足，则臣视君如腹心；君之视臣如犬马，则臣视君如国人；君之视臣如土芥，则臣视君如寇仇"后暴怒，取消孟子在孔庙大成殿的配享资格，"帝尝览《孟子》，至'草芥''寇仇'语，谓：'非臣子所宜言'，议罢其配享。诏：'有谏者以大不敬论。'唐抗疏入谏曰：'臣为孟轲死，死有余荣。'时廷臣无不为唐危。帝鉴其诚恳，不之罪。孟子配享亦旋复。然卒命儒臣修《孟子节文》云"（《明史·卷一百三十九·列传第二十七》）。孟子的配享地位后来虽保住，但《孟子》却没有逃脱被朱元璋删节的命运。

到了袁世凯这里，孔圣人这一工具也被他拿起来用。很可惜，袁世凯使用这一工具非但没有帮助他收拾住人心，反倒招致更强的社会离心力。儒家思想作为中国封建时代的统治思想和传统文化的主体，自身具有合理内核，这是 2000 多年来它能够延续下来的原因，同样，这也是推翻清王朝后，袁世凯还能拿起来用它的原因。儒家思想在道德伦理层面，仍然具有维系人心的作用。然而，与君主专制捆绑在一起的孔子和儒家思想也因为"独裁"、"专制"、"复古"而招致知识精英们的无情批判。陈独秀指出："孔教与帝制有不可离散之因缘，若并此二者而主张之，无论为祸中国与否，其一贯之精神，故足自成一说。不图以曾经通电赞成共和之康先生，一面又推尊孔教；既推尊孔教矣，而原书中又期以'不与民国相抵触者，皆照旧奉行'。主张民国祀孔，不啻主张专制国之祀华盛顿与卢梭，推尊孔教者而计及抵触民国与否？是乃自取说而根本毁之耳，此矛盾之最大者也！"[1] 彻底摧毁君主专制，打破迷信，宣扬民主共和精神，就要从打破对孔子的崇拜开始，这成为当时进步知识分子的共识。从这个角度上说，反对袁世凯读经尊孔，是"五四"新文化运动"打到孔家店"的先声。

王琳琳（孔庙和国子监博物馆，副研究员）

① 参见陈独秀《驳康有为致总统总理书》，《独秀文存》卷1，安徽人民出版社 1987 年版，第 71—72 页。

大高玄殿建筑述略

◎ 刘文丰

一、引言

大高玄殿位于今西城区景山西街 21、23 号，南临景山前街，北至陟山门街，东西两侧分别与景山、北海公园毗邻，东南与故宫博物院相望。大高玄殿建筑群坐北朝南，南北长 231m，东西宽 57m，占地约 13000 平方米，古建筑面积 5300 平方米，是皇城以内最大的道教宫观，整个建筑布局严谨，气势雄伟，精巧细致。

在明朝前期，这一带分布着专为皇家服务的各种匠作机构，其周边至今还保留着明代的地名如油漆作、石作、花炮局等，统由宫廷二十四衙门之一的内官监管辖。至明代中叶，因明世宗朱厚熜崇信道教，遂于嘉靖二十一年（1542 年）兴建大高玄殿，供其修炼道术，此后凡是宫中信奉道教的太监、宫女等人，也都在大高玄殿修习道教仪式。延至清代，雍正和乾隆帝都曾重修这座道观，乾隆皇帝还曾多次驾临行礼致意，并御书匾额。而今这里为部队占用，大致保存了旧貌。

二、建筑沿革

大高玄殿始建于明嘉靖二十一年（1542 年），是明清两代尊奉"三清"的皇家道观。道教是中国本土产生的古老宗教，以天人合一、阴阳五行理论，追求长生不老修道成仙。嘉靖皇帝朱厚熜是明代最崇信道教的君主，他以藩王身份入继大统，其父兴献王朱祐杬笃信道教。受乃父影响，嘉靖皇帝一生以修习道术为务。即位初期，嘉靖帝还做了一些革除弊政、整顿吏治的改革，并取得了一定的成效。这时期嘉靖奉道只是消灾祛病，对朝政影响不大。到了执政中后期特别是"壬寅宫变"之后，嘉靖帝逐渐迷信方士，长期移居西苑，修祈长生，大搞斋醮活动，以致 20 多年不理朝政。

他又听从宠信的道士陶仲文的意见，在西苑修建大高玄殿，作为

在宫中演习科仪、祷祭的道场。据《明实录》记载嘉靖二十一年四月初十日"于西苑建大高玄殿，奉事上玄，至是工完，将举安神大典。谕礼部曰'朕恭建大高玄殿，本朕祇天礼神，为民求福，一念之诚也。今当阙功初成，仰戴洪造，下鉴连沐元恩，矧值民艰财乏，灾变虏侵之日，匪资洪眷，罔尽消弭。听宜敬以承之，岂可轻乎！尔百司有位，务正心修身，赞治保民。自今十日始停刑止屠，百官吉服，办事大臣各斋戒至二十日止'。仍命官行香于宫观庙共敬之。或日，遣英国公张溶等，分诣朝天等宫及合祠庙行礼"。① 然而仅仅过了 5 年，大高玄殿便罹于火患，后为工部修复。万历二十八年（1600 年）又经重修。

大高玄殿建成后，成为皇室、内官、宫女演习道教科仪的场所。《万历野获编》卷 2 载："今西苑斋宫，独大高玄殿以有三清像设，至今崇奉尊严，内官宫婢习道者，但于其中演唱科仪。"② 明末的《酌中志》一书亦记其制度："北上西门之西，大高玄殿也。其前门曰始青道境。左右有牌坊二：曰先天明境，太极仙林；曰孔绥皇祚，弘佑天民。又有二阁，左曰昃（音阳）真阁，右曰朒（音阴）灵轩。内曰福静门，曰康生门，曰高元（本作玄）门，苍精门，黄华门。殿之东北曰无上阁，其下曰龙章凤篆，曰始阳斋，曰象一宫，所供象一帝君，范金为之，高尺许，乃世庙玄修之御容也。"③ 嘉靖帝依照自己的道装形象，竟然仿铸象一帝君金像一尊，因此在嘉靖朝以后，大高玄殿得以延续，进而成为明代后期宫廷内最重要的道教殿堂。

大高玄殿东习礼亭（昃真阁）与先天明境牌坊

① 参见《明实录北京史料》，赵其昌主编，第 329 页，北京古籍出版社 1995 年版。

② 参见《万历野获编》卷二，沈德符撰，第 48 页，中华书局 1959 年版。

③ 参见《酌中志》，刘若愚著，第 139 页，北京古籍出版社 1994 年版。

到了清代，满族统治者信仰萨满和喇嘛教，而道教的地位有所下降，但为了笼络广大汉人，依然要在大高玄殿举办道场。到康熙朝，因避圣祖玄烨的名讳，将大高玄殿改称大高殿或大高元殿，由内务府直接管理，仍做皇家道观使用，但已不似明朝那般尊崇，只是照例在每月初一、十五日，拈香行礼，祭天祈雨。随后，雍正、乾隆、嘉庆、道光、光绪年间都曾进行过不同程度的修缮。

据《日下旧闻考》卷41记载："大高玄殿在神武门西北，明嘉靖中建，本朝雍正八年修，乾隆十一年复修。第一重门外南面牌坊外曰乾元资始，内曰大德曰生。第二重门额曰大高玄门，正殿额曰大高玄殿，又额曰元宰无为。联曰：烟霭碧城，金鼎香浓通御气；霞明紫极，璇枢瑞启灿仙都。后殿额曰九天应元雷坛。再后层高阁，上圆下方，上额曰乾元阁，下额曰坤贞宇。皆皇上（即乾隆帝）御书。"①

依乾隆十五年（1750年）《京城全图》所绘，大高玄殿建筑与明代略有变化。乾隆八年在习礼亭南侧添建了一座三间四柱九楼的牌坊，②匾额为乾隆帝御书的"乾元资始"、"大德曰生"。大高玄殿前东西配殿，为阐玄殿、演奥殿。北侧建造了一座九天应元雷坛，雷坛的东西配殿，为天乙之殿、涌明之殿，最后一进正殿改建为上圆下方的乾元阁、坤贞宇，两侧各有五间朵殿，名伏魔殿、北极殿。

到光绪二十六年（1900年），八国联军进北京后，法国军队进驻大高玄殿，殿内大量的造像、法器、经卷被盗，大高玄殿的建筑及陈设装饰等文物也遭受了严重破坏。故宫档案馆藏有《内务府档案》，大高玄殿档案房文瑞于光绪二十七年（1901年）五月呈报："大高殿档案房为报堂事，于光绪二十六年七月洋兵入城，二十日洋队（法国士兵）在本殿扎营，今于二十七年五月十三日接受看守。查得山门外三面牌楼夹杆石铁箍并三面栅栏均行拆毁无存，音乐亭两座四面槅扇拆毁不齐，石栏杆均行损坏。头道山门门扇六面拆毁不全，石栏杆拆毁损坏。二道山门门扇六面拆毁不全，石栏杆均行损坏。东西院值房十四间门窗户壁并两角门均行拆毁无存，屋内册档稿案及一切家具均失落无存。高玄门铜胎八帅神尊失落，玄门大

① 参铜陵《日下旧闻考》，于敏中等编纂，第639页，北京古籍出版社1983年版。

② 参见《内务府奏案》卷44载："大高殿前添建四柱九楼牌楼一座，拆去栅栏门一座，看墙二堵。"

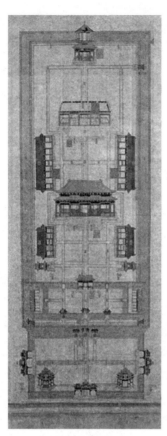 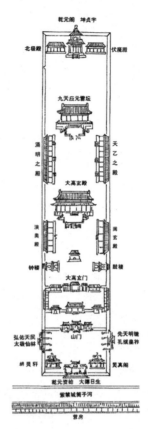

样式雷大高玄殿立样　　　　乾隆京城全图中的大高玄殿

脊拆毁，前后门窗失落，四围石栏杆损坏不齐。东西角门并旗杆二座伤毁无存，钟鼓二楼钟鼓失落无存，正殿并东西配殿前檐装修均行拆毁无存，石栏杆拆毁损坏，各殿内佛像、神位、陈设、铺垫、软片、祭器、法器等件并大殿前古铜天炉二座、古铜走兽四位均行失落无存。大殿内天井拆毁无存，外檐铜幪匾额上铜字亦均失落。雷祖二殿头停大木落架、前檐装修无存，东西配殿门窗拆毁无存，各殿内佛像、神位、陈设、铺垫等件全行失落无存，殿外古铜走兽失落无存。乾元阁所有门窗均行失落，丹墀下古铜走兽二位无存，楼上楼下佛像神位无存，上下金瓮不全，四围栏杆损坏不齐，上下匾额铜字无存。再前后角门拆毁失去，各院落地面甬路不齐，院内渣土甚厚，查本殿佛像、神位、铺垫等项款目甚繁，因档案文册稿件全行失落，无从考查，谨将大概情形呈报。"① 当年内大高玄殿即得以重修，但其保存的大量珍贵文物却惨遭劫掠，造成了永久损失。

_____

① 参见《宫中朱批奏折》第 4 辑。

1900 年，被法军毁坏汉白玉栏杆的大高玄殿习礼亭

　　1911 年辛亥革命后，按照民国政府优待逊清皇室的条件，末代皇帝溥仪退居紫禁城的后寝部分，大高玄殿仍归逊清皇室所有，由小朝廷的内务府派人管理，并仍按旧制派官员到大高玄殿拜祭。民国初年，在大高玄殿南牌坊与筒子河之间开辟了马路。

民国初年大高玄殿前新辟的马路

　　《燕都丛考》记载："民国六年，以南向一坊，倾斜特甚，拆去之。今惟余东西两面。其题额，相传为严嵩所书。"① 1924 年冯玉祥发动"北京政变"，将末代皇帝溥仪逐出紫禁城后，大高玄殿与太庙、景山一起统由清室善后委员会接管。1925 年 10 月，大高玄殿交由故宫博物院管理，作为贮藏清代军机处档案的文献馆。② 1929 年

　　① 参见《燕都丛考》，陈宗蕃编著，第 447 页，北京古籍出版社 1991 年版。
　　② 参见《读书》1996 年 5 月，第 37 页，谢兴尧《记大高殿和御史衙门》。

因山门前拓宽马路，将东西牌坊之木栅拆除，坊下之礓磜垫平，通行车马，形成最早的景山前街。新路通过大高玄殿前的东西二坊，习礼亭被隔于路南。1930年10月25日，国民政府批准了由易培基院长拟定，以理事蒋介石领衔呈送的《完整故宫保管计划》的提案。该计划将乾清门以外的古物陈列所和乾清门以内的故宫博物院合并，将中华门（大清门）以北各宫殿，直至景山，以及大高殿、太庙、皇史宬、堂子一并划归故宫博物院。在这个规划中，进一步明确了故宫博物院对大高玄殿的管理。故宫博物院在接收大高玄殿后，尽管时局动荡，但仍然在20世纪三四十年代对大高玄殿进行了瓦顶除草、查漏补渗、殿门油饰以及围墙维修等工作。

民国初年大高玄殿前东牌坊原状

1929年东西牌坊改造后的街景

1937 年 6 月—12 月，市政恢复重建山门前南侧的牌坊，由恒茂木厂承建，坊柱用钢筋水泥浇筑。1937 年北平沦陷后，大高玄殿被日军强占。1945 年抗日战争胜利后，大高玄殿被国民党军队接管。[①]

1937 年复建中的南牌坊

1949 年北京和平解放后，大高玄殿由故宫博物院收回管理，不久又为中央军委借用。1955 年 1 月，为了改善景山前街的交通，东西两座牌楼被拆除。拆除工程从 1 月 8 日开始，1 月 14 日完工。1956 年 5 月 28 日至 6 月 10 日，在景山前街道路加宽工程中，南侧牌楼及习礼亭被拆除，同期被拆除的还有景山北上门和两侧连房等古建筑。60 年代初，东西两个牌楼在中央党校复建，因原木材破损严重，因此改为一座牌楼，四柱七楼式，顶为庑殿顶，覆盖黄色琉璃瓦。面阔三间，宽 16m，高约 10m，底为石质莲花座，并用"太极仙林"、"弘佑天民"匾组成新牌楼的题额，现矗立于中央党校掠燕湖畔。大高玄殿南牌楼"乾元资始"、"大德曰生"石匾则流落至月坛公园，成为树林中一个石桌面。2004 年，南牌楼原址重建，这块石匾也从月坛公园被请了回来。重建后的牌坊规制与构造，与原有建筑保持一致；地基和坊柱则采用民国复建时用水泥浇筑的办法，施工中还挖出了民国年间的条形地基。1957 年，大高玄殿被公布为北京市文物保护单位，1996 年又被提升为全国重点文物保护单位。

三、建筑形制

大高玄殿最前方原有牌坊三座、习礼亭两座。东西牌坊建于明

---

① 　参见《京都胜迹》，胡玉远主编，第 241 页，北京燕山出版社 1996 年版。

嘉靖年间，东坊前额曰"孔绥皇祚"，后额曰"先天明境"；西坊前额曰"弘佑天民"，后额曰"太极仙林"，传为严嵩所书。其南向临河之牌坊，建于乾隆八年，为乾隆帝御书匾额，前额曰"乾元资始"，后额曰"大德曰生"。其东西牌坊稍南有两座习礼亭构造独特，十分精妙。据《北京宫阙图说》记载这两座习礼亭"仿紫禁城角楼之制，重檐三层，第一层四角，第二层十二角，第三层十二角，合为二十八角，左曰炅真阁，右曰胡灵轩，中官以其纤巧，呼为九梁十八柱者是也"。①

大高玄殿南牌坊位于景山前街南侧，故宫筒子河之北，正对大高玄殿南中轴线位置。牌坊为三间四柱九楼形式，现为钢筋混凝土结构。黄琉璃筒瓦屋面，明楼、次楼为七踩斗拱，边楼、夹楼为五踩斗拱。汉白玉夹杆石，青白石基础。梁架绘大点金龙锦枋心旋子彩画，雕龙贴金花板，柱间带雀替。该牌坊为 2004 年原址复建，中间的匾额为乾隆朝原物，20 世纪 50 年代拆除后，匾额被保存在月坛公园。旧京有歇后语云"大高玄殿的牌坊——无依无靠"，乃言大高玄殿外这三座牌坊，坊柱埋入地下很深，不似他处木牌坊使用戗柱辅助支撑，故有此一说。

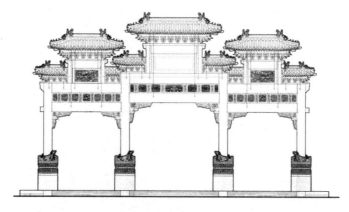

大高玄殿南牌坊立面图

大高玄殿有山门（景山西街 23 号）三座，为砖石仿木结构券洞形式，正门原有题额为"始青道境"。单檐绿琉璃筒瓦庑殿顶，檐下为黄绿琉璃砖五踩斗拱、旋子彩画，青白石须弥座基础。明间大门前出御路踏跺，四周围以荷叶净瓶汉白玉石栏杆。两侧连接黄瓦高墙。第一进院内有二道门三座，亦为砖石仿木结构券洞形式，绿筒

---

① 参见《北京宫阙图说》，朱偰著，第108页，北京古籍出版社。

瓦歇山顶，形制与山门相似。

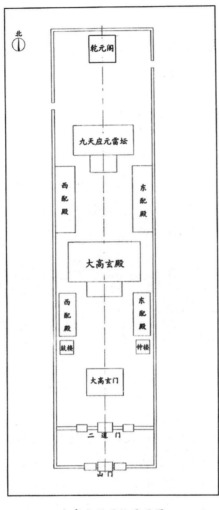

大高玄殿现状平面图

　　二道门后为过厅式的大高玄门三间，面阔18m，进深15m，单檐歇山调大脊，黄琉璃筒瓦屋面，檐下施以单翘单昂五踩斗拱，旋子彩画，明间带雀替。大高玄门坐落于清白石须弥座之上，前后出栏板踏跺，四周环以荷叶净瓶石栏杆，雕二十四气云纹柱头。

　　大高玄门后东西两侧有钟鼓楼各一座，形制相同，平面呈方形，边长7.7m。为黄琉璃瓦重檐歇山顶，檐下置一斗三升拱，饰以旋子彩画。上层置障日板，四面开壸门，下层为砖石拱券门。

　　北侧正殿即为大高玄殿，是院内的主体建筑，规格最高。面阔七间41.5m，进深22.1m，重檐庑殿顶，黄琉璃筒瓦屋面，上檐施以单翘重昂七踩斗拱，下檐施以重昂五踩斗拱，梁枋彩绘等级最高的金龙和玺彩画。前檐装修明间、次间为四抹槅扇门四扇，梢间、尽间为槛窗，均为三交六椀菱花棂心。大高玄殿基座为青白石须弥座台基，四周围以荷叶净瓶石栏杆，龙凤望柱头。殿前有月台，正面三出陛，中间为御路踏跺，雕刻龙、凤、仙鹤图案，十分精美，为其他道观少有。殿内团龙井口天花，盘龙藻井，原供奉的三清造像已无。东西配殿各五间，前出廊。单檐歇山调大脊，绿琉璃筒瓦屋面，廊檐下施以一斗二升交麻叶斗拱，梁架为一斗三升斗拱，绘旋子彩画。

大高玄殿现状

精美的御路踏跺雕刻龙、凤、仙鹤图案

再往后（景山西街21号）为九天应元雷坛五间，面阔34m，进深16.5m，原为供奉雷部最高天神九天应元雷声普化天尊之所。单檐庑殿顶调大脊，绿筒瓦黄剪边，檐下施以重昂五踩斗拱，旋子彩

画。明间、次间装修为四抹槅扇门四扇，梢间为槛窗，均为三交六椀菱花格棂心。殿座为青白石须弥座台基，四周围以荷叶净瓶石栏杆，云鹤柱头。殿前有月台，明间前出御路踏跺六级，中间丹陛雕有祥云仙鹤图案。殿内团凤天花，盘龙藻井。两旁配殿各九间，面阔37m，进深9.6m，歇山顶调大脊，绿琉璃筒瓦屋面。廊檐下施以一斗二升交麻叶斗拱，梁架为一斗三升斗拱，绘旋子彩画。

　　雷坛北侧最后一进的主要建筑为乾元阁，是象征天圆地方的两层楼阁，原供奉玉皇大帝，是清帝祈雨之所。乾元阁上檐为圆形攒尖顶，覆以蓝琉璃瓦，象征天。下为方形的"坤贞宇"，边长15m，覆以黄琉璃瓦，象征地。乾元阁一层平面呈方形，面阔三间，檐下施以单翘单昂五踩斗拱，绘金龙和玺彩画。明间上部悬挂满、汉两种文字书写的云龙斗匾"坤贞宇"，为乾隆御笔。下为四抹槅扇门四扇，次间为槛窗，装修已毁。基础为青白石须弥座，四周围以荷叶宝瓶栏杆，龙凤望柱头，明间前出御路踏跺，中间丹陛雕刻龙凤、仙鹤图案。二层平面呈圆形，设平座及周围廊，有八根圆柱，环护以荷叶宝瓶枵杖栏杆。檐下施以双昂五踩斗拱，绘金龙和玺彩画。南面正中悬挂用满、汉两种文字书写的云龙斗匾"乾元阁"，为乾隆御笔。每间以槅扇门窗装修，三交六椀菱花格棂心。乾元阁内部为团龙井口天花，顶部有蟠龙藻井，阁内设有木质神龛、楼梯等。

乾隆御题乾元阁匾

四、保护与利用

大高玄殿保存至今，对我们研究明清两代皇家文化、宗教信仰及建筑艺术起着非常重要的作用。它作为典型的皇家御用道观，是封建君主利用道教笼络人心、稳固政权的统治工具。同时，大高玄殿也是近代帝国主义侵华的历史见证。1900年，法国军队在此扎营达10个月之久，大高玄殿的建筑遭受严重破坏，殿内的神像、供祭器、装修陈设等，亦多遗失。这座劫后余生的精美古建筑，也是进行爱国主义教育的典型教材。

大高玄殿作为皇城历史文化保护区的重要景观，同故宫、景山、北海等周边的文保单位形成共为一体的皇家建筑体系。七开间的大殿，覆以黄筒瓦重檐庑殿顶，梁枋遍施金龙和玺彩画，建筑规格极高。其蟠龙藻井、云鹤丹陛、木雕神龛等细部装修装饰，工艺精巧美观，令人叹为观止。北端的乾元阁，上圆下方，象天法地，外形酷似天坛祈年殿，高阁上层覆盖蓝琉璃瓦，下层覆以黄色琉璃瓦，有"小天坛"之称，四周环护石栏，前出御路踏跺，建筑级别之高，造型之精美，在全国的道教建筑中是独一无二的，具有很高的文物价值。

然而这座精美的殿宇却没有得到妥善的保护与利用。"文革"期间，大高玄殿曾是放映厅、会议室，两侧配殿成为军队家属宿舍，直至20世纪80年代，住户才陆续迁出，而今大高玄殿为总参管理保障部服务局使用。院内多有私搭乱建现象，严重影响了古建筑的和谐环境，与整体文物景观极不协调。木建筑年久失修，部分糟朽脱榫，彩画退色蒙尘，栏板、望柱等石构件缺失伤损。电路未按古建筑消防要求布线，一些古建筑被用作修理车间，内部堆放大量杂物、易燃品，烟感、避雷等消防设施又不完备，已极大威胁到文物建筑的本体安全。

1998年和2000年有几位政协委员分别向全国政协提案，敦请将大高玄殿归还故宫博物院。2000年11月，古建专家郑孝燮、罗哲文等发出了《关于收回大高玄殿作为文化设施的倡议书》。但由于腾退文物建筑缺少相关法律依据，占用文物古建的单位又提出包括获得北京二至三环内40亩熟地在内的价值数亿元的"天价"补偿，使得腾退工作陷入僵局，难以进行。2005年11月，北京市文物局针对大高玄殿等7处文保单位和17家使用单位发出《责令限期整改通知》后，大高玄殿院内拆除了500余平方米的临建，更新了部分消防设施，使得破坏现象有所缓解。

经过多年的奔走呼吁，至2010年原使用单位与故宫博物院签订了移交协议书，将部分房屋移交故宫博物院。为改善大高玄殿保护状况，现已先期完成乾元阁文物修缮工程，修缮面积约334平方米，修缮投资约468万元。2015年4月2日，故宫博物院举办大高玄殿修缮工程开工仪式。此次修缮工程是新中国建国以来，大高玄殿回归故宫博物院管理后的首次整体大修。大修将分阶段进行，首先对各建筑本体进行现状整修及重点修缮，建筑工程包括屋面揭瓦、苫抹泥灰背、墙体剔凿挖补及局部拆砌、修补台基、整修加固大木结构以及檐部木装修等，预计于2016年底竣工；之后对油漆彩画、院落地面环境及基础设施等进行修缮，计划于2017年完成。故宫博物院方面称：将按照文物保护修缮原则，通过科学严谨的修缮，排除各类安全隐患，还原建筑及环境的真实性和完整性，最终恢复大高玄殿原有的历史风貌。

然而像大高玄殿这种文物古建被单位、民宅不合理占用的问题，至今仍没有得到根本解决。文物古建是中华民族祖先的文化和艺术杰作，传递着丰富的历史信息。对文化遗产的重视程度已成为一个国家文明程度的重要标志，目前大高玄殿的不合理占用，不仅造成文物破损，也阻断了社会与文物之间的应有联系，其文物价值根本无从体现。

目前北京市文物古建的不合理占用率达60%，大高玄殿的现象只是其中较为典型的一个实例。如何解决这一难题，不仅需要文物工作者的努力奋斗，科学论证，更需要政府职能部门的大力扶持和社会各界的广泛援助，建立从中央到地方解决腾退文物古建的有效机制，完善相关法律法规，吸引社会各种资源，加大文保投入，使得文物古建走上合理保护、永续利用的可持续发展之路，充分发挥首都文化"金名片"的优势，加快北京的历史名城建设步伐。

实践证明，"如果不重视城市的历史和文化的延续性，必将导致丧失文化个性的'无国籍'城市的出现，即所有城市呈现相似的建筑模式和街道景观，使人们难以寻找区域的特性和固有魅力。如果城市丧失个性，就难以形成居民的共同体意识，同时也失去作为旅游资源的价值"。① 北京有着悠久的历史文物，丰厚的文化遗产资源，应当充分认识并利用这个优势，增强北京历史文化旅游特色和城市魅力，占据全球文化高点，对人类生活产生更大的影响。

北京的城市历史赋予了大高玄殿的建筑形式、社会功能和文化内涵，大高玄殿凝聚着古老时代的政治理念和哲学思想，是北京快速现代化、国际化过程中的特色资源。以此类传统建筑为代表的文化遗产，必将成为建设"人文北京"的精神原动力。将这些丰富的传统资源和优势，转化为国际认可的技术条件和符合现代人需要的生活形态中，解决根据中国人自己的方式和传统而产生的新的需要。形成城市的身份认同，有效防止建筑的"世界大同"。② 在坚持传统的保留和维护基础之上，引入新技术、新元素，创造新的传统，从而造福子孙后代。

参考文献

1. （明）沈德符《万历野获编》，中华书局 1959 年版。
2. （明）刘若愚《酌中志》，北京古籍出版社 1994 年版。
3. （清）于敏中《钦定日下旧闻考》，北京古籍出版社 2001 年版。
4. （民国）朱偰《北京宫阙图说》，北京古籍出版社 1990 年版。
5. （民国）陈宗蕃《燕都丛考》，北京古籍出版社 1990 年版。
6. （民国）汤用彬、陈声聪、彭一卣《旧都文物略》，中国建筑工业出版社 2005 年版。
7. 赵其昌主编《明实录北京史料》，北京古籍出版社 1995 年版。
8. 北京市古代建筑研究所、北京市文物局资料信息中心《加摹乾隆京城全图》，北京燕山出版社 1996 年版。
9. 胡玉远主编：《京都胜迹》，北京燕山出版社，1996。
10. 高换婷《清代大高玄殿维修与使用的文献记载》，《故宫博物院院刊》2003 年 4 月。

刘文丰（北京古代建筑研究所，馆员）

---

① 参见苏雪串《北京离"世界城市"有多远》，《前线》2006 年 5 月，第 42 页。

② 参见沈金箴《北京建筑设计的国际化及对建设世界城市的启示》，《北京规划建设》2007 年 4 月，第 104 页。

中国传统脊饰与脊兽

◎ 陈晓艺

作为初来博物馆的 90 后，虽然我的认识不够深刻、见解不够独到，但是我想把我对古代建筑的感受分享给大家。最让我感兴趣的就是中国古代建筑上的装饰物，在没有接触博物馆工作之前并没有注意到建筑上这些装饰的物件，在拜殿的展厅里是我第一次注意到鸱吻，才发现原来古代建筑的屋脊上都会用脊兽来作为装饰。

一、总述

在我国古代建筑中，屋顶是整座建筑中很重要的组成部分，屋顶上的脊饰则大大的丰富了紧挨着农户的外观形象，因此屋脊的装饰形成了独特的艺术美丽，屋脊吻兽则为其中主要的部件。尤其在一些黄建建筑和大型寺庙中，屋脊上都会有一些兽性的装饰物，经过成诗京的历史渲染，使得它们具有独特的象征含义。脊兽是中国古代建筑屋顶的屋脊上所安放的兽件，它们按类别分为跑兽、垂兽、"仙人"及鸱吻，合称"脊兽"。其中正脊上安放吻兽或望兽，垂脊上安放垂兽，戗脊上安放戗兽，另在屋脊边缘处安放仙人走兽。脊兽由瓦制成，高级建筑多用琉璃瓦，其功能最初是为了保护木栓和铁钉，防止漏水和生锈，对脊的连接部起固定和支撑作用。后来脊兽发展出了装饰功能，并有严格的等级意义，不同等级的建筑所安放的脊兽数量和形式都有严格限制。

吻兽排列有着严格的规定，按照建筑等级的高低而有数量的不同，最多的是故宫太和殿上的装饰。这在中国宫殿建筑史上是独一无二的，显示了至高无上的重要地位。在其他古建筑上一般最多使用九个走兽，这里有严格的等级界限，只有金銮宝殿（太和殿）才能十样齐全。中和殿、保和殿都是九个，其他殿上的小兽按级递减。天安门上也是九个小兽。北京故宫的金銮宝殿（太和殿），是封建帝王的朝廷，故小兽最多。金銮殿是"庑殿"式建筑，有 1 条正脊，8

条垂脊，4 条围脊，总共有 13 条殿脊。吻兽坐落在殿脊之上，在正脊两端有正吻 2 只，因它口衔正脊，又俗称吞脊兽。在大殿的每条垂脊上，各施垂兽 1 只，8 条脊就有 8 只。在垂兽前面是 1 行跑兽，从前到后，最前面的领队是一个骑凤仙人，然后依次为：龙、凤、狮子、天马、海马、狻猊、押鱼、獬豸、斗牛、行什，共计 10 只，8 条垂脊就有 80 只。此外，在每条围脊的两端还各有合角吻兽 2 只，4 条围脊共 8 只，这样加起来，就有大小吻兽 106 只了。如果再把每个殿角角梁上面的套兽算进去，那就共有 114 只吻兽了。而皇帝居住和处理日常政务的乾清宫，地位仅次于太和殿，檐角的小兽为 9 个。坤宁宫原是皇后的寝宫，小兽为 7 个。妃嫔居住的东西六宫，小兽又减为 5 个。有些配殿，仅有 1 个。古代的宫殿多为木质结构，易燃，传说这些小兽能避火。由于神化动物的装饰，使帝王的宫殿成为一座仙阁神宫。

二、吻兽

（一）何为鸱吻

鸱，初作鸱尾之形，一说为虬（一种海兽）尾之形，象征辟除火灾。相传鸱吻是龙的儿子，所谓龙生九子（蚣蝮、嘲风、睚眦、赑屃、椒图、螭吻、蒲牢、狻猊、囚牛），螭吻是龙生九子之一，龙首鱼身，传说其好居高望远，常被放置在古建筑屋顶正脊两端，张着大口吞食正脊，其背部插有剑把，尾部上翘弯向天穹，远远望去，像给建筑物顶部立了一对犄角。《说文解字》中，对螭的解释为："螭，若龙而黄，北方谓之地蝼，从虫离声，或云无角曰螭。"由此可见，螭是龙的一种，其和龙的主要区别则在于有没有角。螭吻亦作鸱尾、鸱吻、蚩吻、龙吻，其形状像四脚蛇剪去了尾巴，这位龙子喜好在险要处东张西望，也喜欢吞火。相传汉武帝建柏梁殿时，有人上书说大海中有一种鱼，虬尾似鸱鸟，也就是鹞鹰，说虬尾是水精，喷浪降雨，可以防火，建议置于房顶上以避火灾，于是便塑其形象在殿角、殿脊、屋顶之上。据北宋吴楚原的《青箱杂记》记载："海为鱼，虬尾似鸱，用以喷浪则降雨。"在房脊上安两个相对的鸱吻，能避火灾。

（二）历史记载中的鸱吻

根据历史记载，唐代刘悚在《隋唐嘉话》中写道："（王右军《告誓文》）开元初年，润州江宁县瓦官寺修讲堂，匠人于鸱吻内竹筒中得之。"同样也是在唐代苏鹗在《苏氏演义》上也提到："蚩者，海兽也。"明末清初文学家张岱（1597—1679）在《夜航船·鳞介·龙有九子》中也有"二曰螭吻，好远望，故立于屋脊"，记载了螭吻因为其喜好远望而常立于屋脊。据北宋吴楚原《青箱杂记》记载："海为鱼，虬尾似鸱，用以喷浪则降雨。"在房脊上安两个相对的鸱吻，能避火灾。像这种吻兽在大雄宝殿房顶上共有十个，其中正脊两端各有一个，垂脊四个，岔脊四个。所以有"九脊十龙"之说，意为每天有十条龙守宫殿。记载清代行政法规和各种事例的《大清会典》中也称脊兽为螭吻："亲王府……正殿上安螭吻、压脊仙人，以次，凡七种。"如北京天安门正脊上所立的螭吻所示，一只龙头正张开大口吞噬着大脊，其正面还有一只浮雕游龙，与吞口相对的还有背面的小兽头—背兽，上文提到的宋代"抢铁"在这里成为了剑把。

（三）螭吻和鸱吻一样吗

螭吻的早期名称为"鸱尾"，到了唐代才开始使用"鸱吻"这种叫法，宋元两代沿袭"鸱吻"称谓，明代才开始出现"螭吻"一说。螭被认为是龙的一种，故也称为龙吻。据刘致平先生考证，鸱尾是在晋代以后出现的。南北朝时期，随着佛教的盛行，佛经所称的两神的座物摩羯鱼（也就是鲸鱼）传到了中国，便叫作鸱鱼。南北朝时的鸱尾形象在云冈龙门石刻中多见，许多文献资料上也有关于鸱尾的记载。晚唐以后，鸱尾由原来的鱼尾演变成了兽头形，气尾巴比较短，张大口，正吞着屋脊，尾部卷起上翘，因此这时的名称也由鸱尾改变为鸱吻或叫吻兽。脊兽鸱吻起初并不是龙形的，有鸟形的，更多的是鱼龙形的。到清朝以后龙形的鸱吻增多，表面龙纹四爪腾空，龙首怒目做张口吞脊状，背上插着一柄宝剑，立于建筑物的尾脊上，被称作"好望者"。所以鸱吻和螭吻只是不同朝代对于屋脊上的小兽的称谓，因为形状的改变而被又称为璃吻。

（四）为何鸱吻上面会插一把宝剑

在中唐时期，鸱吻下不出席张口的兽头，之后尾部逐渐转变为鱼尾。有的鸱吻的鳍上有很多刺，这就是拒鹊。在昭陵长乐公主墓门阙图壁画及大雁塔门楣线刻佛堂建筑上均有反映，可见拒鹊在盛唐及盛唐之前均有出现，到了明清，吻上的抢铁，还有上面的拒鹊，慢慢演化成了一把宝剑。相传，这把宝剑是许逊（239—374年，晋道士，字敬之，汝南人，家住南昌，学道于吴猛，后举孝廉，曾为旌阳县令，感晋室梦乱，弃官东归，周游江湖，传说东晋宁康二年在南昌西山举家四十二口拔宅飞升。宋代封为"神功妙济真君"，世称许真君或旌阳）的剑。鸱吻背上插许逊的剑有两个目的：一个是防鸱吻逃跑，取其永远喷水镇火的意思；另一传说是那些妖魔鬼怪最怕许逊这把扇形剑，这里取辟邪的用意。关于宝剑的外形不同朝代也不尽相同，明清两代龙吻上的剑靶杂外形上就有区别，明代剑靶外形为宝剑剑柄，剑柄的上部微微向龙头方向弯曲，顶部做出五朵祥云装饰；清代剑靶外形也是剑柄，但上部是直的，没有向龙头方向弯曲，顶端雕饰的图案是鱼鳞装饰。大家可以注意到天安门龙吻上的剑靶是直的，所以是清代建造的。

（五）鸱吻真的防火吗

在各种文献中都提到鸱吻的寓意就是防火，由于古代的建筑都是木质的，最大的隐患就是火灾。古人们在屋脊上建造鸱吻这样的起到装饰和维持结构稳定性的构件，就是为了能够祈福不发生火灾。建筑物发生火灾，除了人为引起的因素外，由雷击而引发大火的例子也是数不胜数的，在封建正统观念里，天子所居的大殿鸱吻被雷击是非常不吉利的征兆，所以通过反复实践结合神话故事创造了尾部起翘的螭吻这种独特的造型。但是当我们以现代的科学知识来解释的话，古建筑正脊螭吻的尖端部分会形成放电现象，其尖端与雷雨云所携带的电荷发生缓慢的中和效应，能起到一定程度的消雷作用。鸱吻发展到了后来，已经出现了金属丝做成的龙头吐丝（吐舌）的结构，并且在一定程度上有了避雷防火的功能。

（六）鸱吻的等级

汉朝时建造宫殿，为防止起火就在屋顶正脊两端安装形状类似鸱的尾的吞脊兽构件，唐代以后这种构件因为其形状逐渐称为鸱吻。到了明清时期，大型的鸱吻多用于宫殿建设，又称为"正吻"、"龙吻"。清式殿堂建筑，不论是庑殿顶还是歇山式建筑的房脊之上，都把建筑的功能与艺术造型美巧妙地结合在一起，起到建筑艺术中的

完美和谐的统一，庑殿建筑是中国古建筑的最高型制。在等级森严的帝王时期，这种建筑形式常用于宫殿、寺庙一类的皇家建筑，而只有在这样的建筑中我们才可以看到鸱吻，而且在清代还出现了"迎吻"这样庄严的封建皇家礼仪活动。每当大殿的螭吻烧制完成，皇帝都会派专门的大臣前往迎请，并要举行庄严的"迎吻"仪式。在《大清会典》中，明确记载了清代的"迎吻"活动，如在《清史稿》中所录："若大工迎吻，祭琉璃窑神暨各门神，如祭司工礼"、"凡三大节进表……又亲耕、亲蚕、授时、颁诏、殿试、送榜、迎吻，凡前导以御仗出入者，皆奏导迎乐……若大工迎吻，祭琉璃窑神暨各门神，如祭司工礼……"由此可见，在清代，"迎吻"活动和诸如"亲耕、授时"属于同一个级别，也是一项十分隆重的皇家礼仪活动。到了这一阶段，鸱吻已经被彻底礼制符号化了，成为封建皇权的象征，是一种皇权至上的精神载体，现在我们在午门和太和殿也可以看到鸱吻。

三、望兽

望兽是传统建筑的一种屋脊饰件，位于房屋正脊的顶端，望兽的等级不如吻兽。和吻兽朝内吞脊不同，望兽的兽头向外望去，故称望兽。望兽常用于城墙上的城楼、铺房，例如北京鼓楼、正阳门城楼和箭楼、德胜门箭楼、北京国子监正脊上均用望兽。

四、仙人骑凤

垂脊最前面的叫仙人骑凤，骑着凤凰的仙人，又称真人或冥王。一种传说他是姜子牙的小舅子，想利用姜子牙的关系往上爬，姜子牙看出小舅子的居心，但深知道他才能有限，因此对他说：你的官已升到顶了，如果再往上爬就会摔下来。古代的建筑师们根据这个传说，把他放在了檐角的最前端，如果再往上爬一步就会掉下去摔得粉身碎骨。古建行内部也称其为小跑或"走投无路"，它们已经走到了檐角的最前端，再向前一步就会掉下去，由此而得名。另一种传说这位仙人是齐闵王的化身，民间有"日晒闵王，走投无路"的说法，说东周列国时的齐闵王，被燕将乐毅所败，仓皇出逃四处碰壁，走投无路，危急之中一只凤凰飞到眼前，齐闵王骑上凤凰渡过大河，逢凶化吉。在屋檐的顶端安置这个"仙人骑凤"大概还有绝处逢生，逢凶化吉的意思。后人便将齐闵王骑凤当作逢凶化吉、遇难成祥的镇宅吉物，放到镇宅灵兽们的前面，立于檐首。

五、垂兽

（一）龙和凤

龙与凤代表至高无上的尊贵，龙的角似鹿、鳞似鱼、爪似鹰，唐宋两朝视为祥瑞的象征。明清将之象征帝王，皇帝称自己为真龙天子，由此这龙是皇权的象征。凤是传说中的百鸟之王，雄为凤，雌称凰，通称为凤凰，是祥瑞的象征，在旧时还比喻有圣德的人。凤，比喻有圣德之人。据《史记·日者列传》："凤凰不与燕雀为群。"这里充分反映了封建帝王至高无上的尊贵地位，也是古代传说中的鸟王，雄的叫凤，雌的叫凰，通称凤，是封建时代吉瑞的象征，亦是皇后的代称。

（二）狮子

狮子作吼，群兽慑服，乃镇山之王，寓意勇猛威严，在寺院中又有护法意，寓示佛法威力无穷。唐虞世南《狮子赋》描绘其："筋骨纤维，殊姿异制，阔臆修尾，劲豪柔毛。钗爪锯牙，藏锋蓄锐，弥耳宛足，伺间借势……遂感德以仁。"在这里，狮子是"猛"、"仁"兼具的瑞兽。

（三）天马

天马意为神马，与海马均为古代神话中吉祥的化身，汉朝时，对西域的良马称为天马，天马又是尊贵的象征。"天马行空，独往独来"，将其形象用于殿脊之上，有种傲视群雄、开拓疆土的气势。

（四）海马

海马亦称落龙子，象征忠勇吉祥，智慧与威德通天入海，畅达四方。

（五）狻猊

狻猊在古籍记载中是接近狮子的猛兽，能食虎豹，亦是威武百

兽的率从。一说它日行五百里，性好焰火，故香炉上面的龙首形装饰为狻猊，有护佑平安意。

（六）押鱼

押鱼是海中的异兽，说它能喷出水柱，寓其兴风作雨，灭火防火。

（七）獬豸

獬豸有神羊之称，为独角，又称一角羊。《神异经》云："东北荒中有兽如羊，一角，毛青，四足，性忠直。见人斗则触不直，闻人论则咋不正。"因善于辨别是非曲直，力大无比，古时的法官曾戴獬豸冠，以示善断邪正。将它用在殿脊上装饰，象征公正无私，又有压邪之意。

（八）斗牛

斗牛为传说中的虬龙，无角，与押鱼作用相同，一说其为镇水兽，古时曾在发生水患之地。多以牛镇之。《宸垣识略》中说："西内海子中有斗牛，即虬螭之类，遇阴雨作云雾，常蜿蜒道旁及金鳌玉蝀坊之上。"故它是祥瑞的动物，立于殿脊之上意有镇邪、护宅之功用。

（九）行什

行什因排行第十，故得此名，是一种带翅膀猴面孔的压尾兽。

小兽的递减是从后面的行什开始的，后来我发现在古建中多有不涂釉面的瓦件，称"黑活"。黑活不用仙人，领头的为狮，后面均为马。雍和宫的配殿即是，无论琉璃还是"黑活"做法，小兽设置一般多为单数，其大小、数目是根据柱高、等级、角脊长短诸多因素而定的。这些小兽具有极强的装饰作用，使古建筑更加宏伟庄重。同时，在结构上稳固了屋脊和瓦垄，吻是固定正脊、岔脊的构件，其他小兽均具有防止屋脊滑动的作用，是我国古代建筑不可缺少的一部分。经风吹日晒数百年，一直牢牢地屹立在殿脊上。

六、结语

当人们来到古建筑景点参观，往往被屋顶形态各异、样式众多

的吻兽所吸引，这些出自明初宫廷匠师和地方工匠之手，经历了几百年风雨的瓦顶龙形饰件，以它独有的魅力让人惊叹不已。这些龙的同族子孙们，个个生气勃勃，姿态万千，愚顽中透出一股难以言喻的灵气，似乎它们不是人工意造，原本就是大自然中某种动物脱模而出。这些吻兽如同守护神一样，忠实地挺立在各自的岗位上，沉默而威严。几百年的风吹雨打没有改变它们的神韵，只有地上厚厚的苔藓诉说着岁月漫漫，这些精美的建筑装饰以它高超的艺术魅力和独有的文物价值留芳于世，供后人学习、研究、欣赏。通过脊兽我们看到了文化对建筑的影响，仅仅是屋脊上的小兽就能体现如此多的内涵，可见古代建筑的博大精深，古代匠人的精湛技术也是值得我们细细研究多多学习，不仅仅是留存下来的文物建筑，这种美好寓意的精神也需要我们来延续。

陈晓艺（北京古代建筑博物馆保管部）

北京古代建筑博物馆文丛 第二辑 2015年

［博物馆学研究］

新媒体：博物馆的隐形翅膀

◎ 白 岩

新媒体给我们的生活带来了什么样的变化？对博物馆而言，新媒体是危机还是机遇？新媒体对传统媒体产生了颠覆性影响，我们进入了一个数字化的多屏时代，融合和转型成为新旧媒体之间对话的桥梁。随着新媒体的渗透，公众的文化自觉和参与体验不断提升，公众进入博物馆有更多体验和参与的需求。

一、新媒体及其特性

新媒体是指随时随地用数字设备实现对内容的按需访问，以及交互式的用户反馈，创新性参与。新媒体的另一个特征是内容实时生成，不受监管。①

维基百科②中关于新媒体（New media）的解释是：绝大多数被描述为"新媒体"的技术是数字的，通常具有可操控、联网、紧凑、可压缩和互动的特性。举例的话，可能是互联网、网站、电脑多媒体、视频游戏、CD-ROM、DVD 光碟。新媒体不包括电视节目、电影、杂志、书籍，或基于纸张的出版物——除非它们含有数字交互技术。③脸

---

① Schivinski，Bruno；Dąbrowski，D.（2013）．"The Effect of Social-Media Communication on Consumer Perceptions of Brands"．*Working Paper Series A*，Gdansk University of Technology，Faculty of Management and Economics 12（12）：2—19.

② Wiki 一词来源于夏威夷语的"wee kee wee kee"，原本是"快点快点"的意思。在这里"WikiWiki"指一种超文本系统。这种超文本系统支持面向社群的协作式写作，同时也包括一组支持这种写作的辅助工具。

③ Most technologies described as "new media" are digital，often having characteristics of being manipulated，networkable，dense，compressible，and interactive．［2］Some examples may be the Internet，websites，computer multimedia，video games，CD-ROMS，and DVDs. New media does not include television programs，feature films，magazines，books，or paper-based publications – unless they contain technologies that enable digital interactivity．［3］Wikipedia，an online encyclopedia，is an example，combining Internet accessible digital text，images and video with web-links，creative participation of contributors，interactive feedback of users and formation of a participant community of editors and donors for the benefit of non-community readers. Facebook is an example of the social media model，in which most users are also participants. 来源：http：//en. wikipedia. org/wiki/New_ media#cite_ note-1，2014 年 6 月 2 日。

书（Facebook）就是典型的社交媒体，其大部分使用者也是参与者。

有的学者总结新媒体的特征为：数字化（Digital）、互动性（Interactive）、超文本（Hypertexual）、虚拟性（Virtual）、网络化（Networked）、模拟性（Simulated）。①

新媒体超越传统意义上的传媒之处在于：

1. "自媒体"的应运而生。新媒体无须经过传统媒体那样的逐级严格审查就可以轻松发布，极大地挑战着传统媒体。低门槛的"自媒体"意味着每一个都可以拥有一个提供信息生产、积累、共享、传播的媒体，包括个人微博、个人日志、个人主页等。最有代表性的托管平台是美国的Facebook和Twitter，中国的新浪微博。②

2. 新媒体传播方式的交互性与即时性。传统媒体是点对点、点对面、一对多的，而第四类传媒是交互式的。与传统媒体的传播速度比较，新媒体的传播速度应该用"爆炸式"来形容。

3. 新媒体具有海量性与共享性。传统的传媒在使用中具有一定的时间约束性和空间限制性，而网络传媒既不受地域和时间的限制，又可以第一时间在任何地点使用，其便捷性、灵活性和共享性是其他媒介所不及的。

二、新媒体带给我们什么？危机还是机会

打开电脑，进入网络世界，新媒体带来的革命似乎刚刚开始。主编死了、真相已死体验为王、无名网站死去、风入松等实体书店倒闭、亚马逊创始人杰夫·贝佐斯（Jeff Bezos）收购华盛顿邮报——当这一系列事件纷至沓来时，我们不仅要问：丧钟为谁而鸣？继钛媒体2012年刊发了陈序的《主编死了》一文之后，虎嗅网2013年刊发了关于"主编"的系列话题。"主编死了"绝不是危言耸听的标题党，而是媒体界朋友在新媒体语境下的积极思考。

所有这些变化产生的原因是新媒体的发展变化带来的更深层面的革新，不仅旧媒体遭遇前所未有的危机，就连网络产品也不能幸免。如《台湾"无名小站"的慢性死亡》一文中所说："无名小站，这个台湾出品，曾经名列全球前二十大网站，拥有600万会员，比

① Martin Lister eds, *New Media：a critical introduction*, 2009, New York, pp. 13—44

② http：//baike. baidu. com/view/45353. htm

Facebook、Flickr 更早的社交网站的死去，再一次证明：网络产品不进则退。如果没有与时俱进，不断重新校正与使用者的密合度，终将会在一波波时代洪流的冲刷逝去。"①

一向寡受关注的博物馆，也受到了新媒体风暴的袭击。如 2011 年国家博物馆新馆一开便经历的"婚礼门"② 和故宫"三重门"③，2011 年故宫的"三重门"一个接着一个。先是"失窃门"，故宫展品被盗，破案的结果让人难以置信，一个小蟊贼临时起意，居然得手。再是"错字门"，窃案既破，故宫博物院向警方赠送"撼祖国强盛，卫京都泰安"的锦旗。网友质疑称，"撼"字应为"捍"。三是"会所门"，这几起事件经过网络的推波助澜，曝光速度和蝴蝶效应让人咋舌。仿佛多米诺骨牌，"碎瓷门"、"书札门"、"铠甲门"接踵而来。④ 一连串的事件经媒体炒作，新媒体爆炸性扩散和反复不断的发酵，街衢里巷无人不晓，故宫一时成了媒体的焦点，博物馆的管理者真正意识到了新媒体的力量。

国外的博物馆举办时尚展和音乐会是很常见的活动，帮助博物馆提升社会的持久关注度，也使博物馆能吸引更多的会员。而在国内博物馆举办类似活动却会受到质疑，甚至引发了公共危机。⑤ 无论是国博婚礼门、故宫"打人事件"还是北京孔庙时尚展引发的公众关注使我们不得不思考和警觉，新媒体给我们带来的变化和挑战。在这场变革中博物馆的角色是什么？博物馆的立场呢？是否要一味地迎合观众的口味和需求。

新媒体最具颠覆性的影响是自媒体的产生，也就是说，每一个对博物馆感兴趣的人，无论他是否参观过博物馆，都可以分享博物馆话题，褒贬博物馆的任何一项举措，这对博物馆的管理来说是前所未有的挑战。新媒体对社会文化的影响在于草根文化的崛起和屌丝文化的兴起，调侃和自我嘲讽的背后折射出更深层次的社会发展问题。

———————

① 参见林之晨《台湾"无名小站"的慢性死亡》，http://www.tmtpost.com/68126.html

② http://news.xinhuanet.com/society/2011-10/17/c_122166591.htm

③ http://finance.jrj.com.cn/opinion/focus/jjnjd25/index.shtml

④ http://bbs.chinanews.com/web/blog/2011/0815/19062.shtml

⑤ 参见《媒体质疑奢侈品牌 LV 是否适合在国家博物馆举办展览》，2011年6月2日，http://art.chinaluxus.com/Vis/20110602/31738.html，2014年6月17日。

美国新闻学会的媒体中心，在2003年7月出版的由谢因波曼与克里斯威理斯两位联合提出的"We Media（自媒体）"研究报告中指出，网络自媒体的数量庞大，其拥有者也大多为"草根"平民，网络的隐匿性给了网民"随心所欲"的空间。[1]

三、新媒体语境下的博物馆变革

1. 新媒体传播的即时性，迫使博物馆的管理水平迅速提升

新媒体没有传统媒体发布时的层层审批，新鲜，快速。一起很普通的事件，经过媒体传播和反复发酵，经常在短时间就蔓延开来，势头难以控制。以往博物馆的内部业务很少有人关注或者介入，而今，博物馆的藏品征集，展览服务到藏品的保护研究，甚至信息发布，都可能成为公众关注的焦点。如故宫博物院遭遇的"十重门"[2]就是典型的案例。对于"十重门"有的与事实有出入，有的尚待查实。过去几年甚至几十年无人问津的事一下子变得扑朔迷离，质疑的声音也一浪高过一浪，这一现象的背后是新媒体带来的冲击。

故宫的遭遇使人们意识到了新媒体快速传播对博物馆事件的影响力，也使博物馆从业者开始反思，郑欣淼院长在接受新华社采访时的一段话发人深思："长期以来，我们处于一种相对封闭的工作状态，对媒体主要是单向的发布工作消息，缺乏与社会及时、充分的互动与沟通，也缺乏向大众更清晰明了地介绍自身业务体系的观念和能力。"[3]

2. 新媒体促进博物馆与观众之间的互动

博物馆在与公众的互动中的主导地位发生了变化，博物馆不再是信息的占有者和发布者，也不再是板起面孔的教育者，而是要通过与使用者的良性互动实现共赢。美国现代艺术博物馆（MoMA）的语言导览开发时增加了拍照和互联网功能，观众可以用导览器与展品合影后上传至社交平台，通过数据统计，策展人可以了解到哪些展品是"最受欢迎"的，数据统计对策展和参观纪念品开发都具参考价值。

3. 从话语权威到平等对话

新媒体是一个人人发声、人人判断的社交平台，是一个人人分

---

① http://wenku.baidu.com/viw/86e1fd00bed5b9f3f90f1cfe.html
② 参见陈先红等主编《公共传播研究蓝皮书：中国危机公关案例研究报告》（2011卷），华中科技大学出版社2012年7月版，第15页。
③ 同上。

享的阅读圈。新媒体为每一个参与者提供了发表意见和看法的空间，提供了一个参与者互动讨论的空间，新媒体时代公众的文化自觉，博物馆权威受到挑战，博物馆的话语权威性是被不断消解的。博物馆不能再以冷艳的面孔示人，而是要以更加包容的姿态，实现与观众的平等对话。

四、新媒体带给博物馆的机遇

博物馆是选择逃避新媒体？还是利用新媒体来保持观众的关注度？抱怨博物馆被媒体"选择性关注"是于事无补的，博物馆人仍然按照传统思维固守原有阵地的防线或者"以守代攻"只会带来工作上的被动，产生负面影响。经历了 2011 年"三重门"的故宫已经大大提升了危机公关能力，之后在很多公共事件上的处理上要从容妥当，很快控制了事情的网络发酵和进一步蔓延，而国家博物馆通过新浪微博平台和微信平台时时推送新展览、参观体验和信息服务的做法也大大促进了与公众的互动。

1. 分享让参观体验更丰富

新媒体给观众分享参观体验提供了便捷的平台，特别是相对更开放的微博平台，例如中国国家博物馆新浪微博推出的"博物馆里学摄影"系列。一方面是文物摄影技巧的交流学习互动，另一方面是博物馆参观礼仪的宣传，既提高了博物馆的关注度，又与观众实现了良性互动。

2. 导览的 app 应用给博物馆带来的机会和创意的空间

著名时尚研究与分析师 Matthew Petrie 近日在英国《卫报》发表了致博物馆界的一封公开信，信中呼吁博物馆界在当今这个移动时代为观众提供丰富的移动设备的服务，"绝大多数博物馆参观者都会随身携带手机，利用这一现象恰逢时机。""2012 年，美国博物馆联盟与英国博物馆协会开展了一项研究表明，大约一半以上的美国博物馆和近一半（47%）的英国博物馆提供了某种形式的移动讲解服务，或是通过博物馆提供相关的设备，或是以移动终端形态，访问网页或下载数据。"[①]

---

① 原作者 Matthew Petrie，张遇编译《亲爱的博物馆，是时候拥抱拥抱手机了》，《中国文物报》2013 年 9 月 25 日。

随着新媒体应用的推广，在很多博物馆，观众可以利用手中的移动设备迅速获取展品信息。国家博物馆的观众只需下载微信软件，查找国博官方微信号"ichnmuseum"，并添加关注，即可享受国博推出的微信导览服务，获得展览信息。

3. 新媒体技术为展览的释读提供了更多手段

展览中的说明多少合适一直是一个有争议的话题，有的人认为展品的作用"不言自明"，也有人认为应该尽可能多的提供给观众相关信息。博物馆的展览策划设计人员经常在二者之间寻求平衡。如，詹姆斯库诺在《谁的缪斯：美术馆与公信力》一书的导言中提到："史密斯对此回应道：策展人没有说的是，展览把艺术品放入语境的这种方式，并为使它们的美'不言自明'，也剥夺了观众自己思考的权利，更有甚至，展览标签常显得不容置喙，带有很强的偏见性，往往是给作品强加一个解释，在对它们评头论足。"[①]（第18页、29页）新媒体应用到展览上，可以为这一矛盾提供解决途径。观众可以通过扫描二维码等方式，获得更多的展品信息，包括图片。

4. 与社交媒体合作的契机，扩大博物馆的影响力

如何利用新媒体呢？对于博物馆来说，微博、微信等平台进行展览推送已是非常普遍的做法，让我们看看电视媒体是怎样与社交网络合作的。

"2012年年底，尼尔森和推特（Twitter）达成战略合作，计划从2013年秋开始在美国电视市场推出基于推特聊天内容的收视率标准，叫作'尼尔森/推特收视率'，这个新标准也将作为尼尔森传统收视率标准的辅助。"[②]

据新浪网2013年10月7日消息，"Facebook将在海外提供与重要电视节目相关的用户评论数据，覆盖法国、英国、德国、巴西和印度等8个国家或地区的10家电视台。法国的TF1、英国的Channel 4、德国的ARD、巴西的Esporte Interativo和印度的STAR等多家电视台都计划使用这种数据向广告主展示他们的节目在网上产生的轰动效应，并有可能借此推升广告费"。"今年8月，Twitter宣布与广告研究和咨询公司Kantar Media合作为英国电视行业提供规划和分

---

① 参见（美）詹姆斯·库诺编，桑塔兰泰拉、张婷译《谁的缪斯：美术馆与公信力》，中国青年出版社2013年10月第1版，第16页。

② 参见《尼尔森全面出击 欲掀收视统计革命》，http：//ndent. oeeee. com/html/201308/09/97006. html

析服务"。①

我们看出，美国最权威的电视收视率调查公司尼尔森公司和诸多电视台都意识到了旧媒体只有和新媒体"融合"才是最佳的出路。

博物馆知识传播讲求系统性和完整性，要求通俗易懂，贴近大众。而新媒体时代的传播方式发生了变化，信息的碎片化影响了人们的学习方式和阅读习惯，这促使博物馆与新媒体的融合，从而使博物馆的传播更具有互动性、参与性、和鲜活性。

社会发展的需求决定了博物馆的任务和发展方向，而新媒体的基本精神是用户导向，围绕用户需求来构建内容和推送。也就是说，博物馆的发展方向与新媒体的基本精神是一致的，都是要深入思考公众还有那些需求没有被满足。博物馆的藏品通常是难以触摸的，而新媒体具有移动性和交互性特点，为博物馆的展示和公众的深度体验提供了更广阔的平台和空间，可以说，新媒体为博物馆插上了翅膀。

白岩（北京市文物研究所，所长、副研究员）

---

① 参见《Facebook 向电视合作伙伴提供用户评论数据》，http：//tech. sina. com. cn/i/2013 - 10 - 07/11578791824. shtml

对中小型博物馆巡展工作的思考

◎ 李永泉

　　陈列展览是博物馆实现其社会功能的主要方式，是博物馆特有的语言。巡展作为博物馆陈列展览的重要组成部分，突破了时间和空间等客观因素的限制，极大地丰富了博物馆日常的活动，增加了博物馆的活力。

　　以北京古代建筑博物馆为例，作为国家二级博物馆，自2011年基本陈列《中国古代建筑展》改陈完成后，围绕基本陈列陆续制作推出了《土木中华》、《中华牌楼》、《中华古桥》、《古都今与昔》、《园林北京》、《中华古建彩画展》等系列专题展览，并先后在广东虎门、韩国首尔、台湾台南、德国柏林、澳大利亚堪培拉、福建晋江、云南丽江、西班牙马德里、法国利摩日等地进行巡展，受到当地观众的广泛欢迎。针对中国古代建筑不同主题内容进行深入展示，形成系列展览，并让这些展览走出博物馆，为当地观众带去文化盛宴，不但可以加深两地之间的文化交流，同时在普及中国古代优秀的建筑文化、弘扬中国古代悠久的历史文明等方面也发挥了重要作用。

一、博物馆巡展的重要意义

　　博物馆巡展是基本陈列的延伸和补充，是博物馆实现社会教育功能的主要形式之一。在加强馆际之间的交流与合作，满足观众更广泛的需求，促进博物馆工作的良性循环，充分利用博物馆资源，有效发挥博物馆的各项职能等方面都具有重要意义。巡展制作周期短，所需经费少，具有很强的时效性、灵活性等特点，可以满足观众多层次的需求，制作不同侧重点的巡展是博物馆工作的重要内容之一。

　　1. 巡展是博物馆基本陈列的有效补充

　　巡展作为临时展览的一种，不同于博物馆的基本陈列。基本陈列是一个博物馆的灵魂，体现着该博物馆的性质及特点，其内容丰富、结构严密，但陈列时间相对稳定，展出周期长，不能实时反映最新研究成果，吸引观众再次参观的可能性不大。此外，因为地域的限制，博物馆的基本陈列更多是为本地观众服务，外地观众很难享受到本地博物馆的文化产品。

北京古代建筑博物馆作为研究、展示中国古代建筑技术与艺术的专题性博物馆，向广大观众宣传展示中国悠久的建筑历史、辉煌的建筑成就以及深厚的建筑文化，是古建馆业务工作的主要内容。《中国古代建筑展》是博物馆的基本陈列之一，自1991年面向公众开放至今，20多年间，展览共经历过两次改陈。展览内容不断增加，规模也随之扩大，展厅面积也从最初的1500平米发展到现在的2000多平米。但是由于展厅、展品等因素的限制，2000多平米的展览并不能将中国古代建筑的方方面面全部展示出来。自2011年开始，古建馆围绕《中国古代建筑展》先后设计、制作并推出了中华古建系列展览，如《土木中华》、《中华牌楼》、《中华古桥》、《古都今与昔》、《园林北京》、《中华古建彩画》展等，不同主题的中华古建系列展览多方面、多角度为观众诠释了中国古代建筑的发展历程、深厚的建筑文化内涵，丰富了博物馆的陈列内容，为《中国古代建筑展》注入了新鲜的血液，成为基本陈列的有力补充，在一定程度上可以弥补基本陈列不能全方位满足观众需求的遗憾。

2. 不同主题的巡展可以更好地满足观众的参观需求，发展更多的潜在观众

巡回展览是针对博物馆固定展览而言的。一般情况下，博物馆的陈列展出地点固定不变，展览内容在一段时期内也不会有变化。当今博物馆服务方向已经由以物为主向以人为主转变，随着观众需求的不断增加，更多博物馆为了更广泛地传播科学文化知识，扩大博物馆的社会作用，在固定陈列之外，还常常采取"走出去、送上门"的办法，举办流动展览，打破了博物馆的空间限制，为博物馆发展了许多潜在观众。

近三年来，北京古代建筑博物馆共推出八组巡展，展出场地甚至远至欧洲、大洋洲。巡展让不同地域的观众在自己家门口就能享受到古建馆的服务，体验生动的建筑文化之旅，使他们更真切地了解中国古代建筑独特的文化内涵。尤其是同中国文化有很大差异的西方国家，传统的东方木结构建筑融合在西方砖石建筑中，中西文化产生强烈的碰撞，在当地引起了很大反响。在古建馆每次域外展览中，都会吸引很多当地观众前来参观。2013年，《中华牌楼》在

韩国首尔中国文化中心展出期间，首尔中国文化中心网站点击率创同年最高。2014年，《土木中华》在德国柏林中国文化中心展出，展览不但吸引了当地观众，还有专业院校老师前去参观。

2013年《中华牌楼》在韩国首尔巡展

3. 让展览动起来，促进两地之间合作与文化交流

每个地区的文化都是在其特有的地域和历史条件下形成的，具有很强的地域性。建筑文化是承载当地哲学、宗教信仰、社会制度、社会生活和艺术美学等文化具体现象的文化载体，由于地域、民族、环境、信仰等原因，中国传统木结构建筑同欧洲古代砖石建筑有明显差异，即使在中国境内，不同地域、民族、功用的建筑其形制、规格、风貌、技术也会有所不同。通过各种主题的巡展，将中国北方的古代建筑带到南方去，将中国传统建筑理念带到欧洲去，让当地人在家门口就能感受中国传统的建筑文化，激发当地观众尤其是欧洲观众对中国传统文化的兴趣。2011年12月，我馆制作的《土木中华》首次在广东虎门销烟博物馆进行巡展，就受到南方观众的广泛欢迎，仅2012年春节期间，就吸引了20余万人次观众前去参观。2015年，《土木中华》在法国利摩日艺术博物馆展出，在当地引起强烈反响，法国建筑师行业协会积极参与展览的宣传推广之中。利摩日市政府官员也高度重视此项展览，全程参与展览相关工作，促进了中西建筑文化的交流。

4. 培养锻炼业务人员的有效途径，促进博物馆各项职能的发展

一般情况下，博物馆基本陈列的制作需要几年甚至十几年的时

间。相对基本陈列，巡展的制作并没有时间限制，机动性更加灵活。展览的制作是一项严谨的工作，包括展览立项、招投标、展览大纲编写、展览形式设计、专家评审、展览施工、展览宣传、开幕式等等，每一项工作并不会因为展览体量的大小而有所删减，每制作一组展览就是一次培养锻炼业务人员机会。近几年，北京古代建筑博物馆共推出了临展、巡展十余组，并到多地进行巡展，频繁的巡展工作为古建馆培养了一支有效的展览制作团队。

此外，设计、制作一组巡展，并将该展览顺利的在目的地展出，并不是业务人员单独能够完成的，需要博物馆内财务、保卫、办公室、行政等各职能部门共同努力，协作完成。巡展工作，可以将各部门力量调动起来，增强不同领域之间的交流与协作，锻炼博物馆团队工作能力，促进博物馆各项职能的发展。

二、如何制作具有特色的巡展

虽然博物馆巡展的设计制作是一个复杂的系统工程，其工作内容并不亚于一个基本陈列，但在某些方面也不同于基本陈列。

首先，针对巡展目的地观众的特点制定能够激发观众参观兴趣的巡展主题。巡展是在一段时期内，为博物馆以外的某一特定区域内观众而制作的展览，巡展的主题除了代表本馆特色之外，还应考虑巡展目的地观众的参观需求，明确巡展目的，以观众为核心。博物馆的观众由不同年龄、不同性别、不同文化程度、不同职业、不同兴趣爱好等各个层面的人员组成，观众的需求也是多种多样的。制作内容和形式丰富多彩的展览，开展不拘形式的活动，可以吸引更多观众，博物馆才能获得更广大的生存空间和发展空间。

比如，福建晋江多桥，自古便有"桥梁甲闽中"之誉。古建馆在将《中华古桥》展引入晋江博物馆的过程中，从当地观众熟悉的桥梁入手，特别增加了对福建古桥的介绍，如安平桥、洛阳桥等。近四年来，古建馆除了在国内不断推出巡展，还在亚洲、欧洲一些中国文化中心进行巡展。

当今社会，中外文化交流频繁发生，外国人对中国传统文化的各个方面越来越感兴趣，了解中国传统文化的欲望十分强烈。由于文化背景、宗教信仰等因素，中西方建筑存在很大差异，如何通过展览让西方人更好地理解中国传统建筑理念，了解中国古代建筑技艺，给观众留下深刻的印象，制定吸引观众的展览内容十分重要。针对欧洲观众，古建馆制作了《土木中华》巡展，将中国古代建筑的历史、技术、成就通过图片、模型、视频、互动等方式全面、系统地展示给欧洲观众，形成对中国古代建筑的整体认知。而韩国作为中国的友好邻邦，自古以来就同我国交往频繁，在文化、生活、建筑等方面都受到中国的影响，在制定首尔巡展时，在展览主题的选择上就经过反复研究，最终选定《中华牌楼》展赴首尔展出。牌楼，是中国特有的建筑形式，随着唐人街的兴盛而在海外闻名遐迩，它具备中国古代建筑的代表性元素——柱子、梁枋、斗拱、屋顶、彩画和瓦顶，蕴涵着深厚的历史文化积淀和丰富的人文内涵。通过以小见大的方式，利用中华牌楼讲述中国丰富的传统建筑文化，展示中国深厚的人文内涵，是首尔巡展的办展宗旨。

此外，在设计制作巡展的过程中，我们尽量将互动展品也设计在展览之中，拉近观众与展览之间的距离，增加观众的参观兴趣。北京古代建筑博物馆作为科技类博物馆，互动展品可以很有效地帮助观众理解复杂的建筑原理。根据不同巡展地点，我们也会增加不同类型的互动展品，辅导观众理解展览内容。在福建晋江古桥展中，我们特意选择了拱桥模型加入巡展内容，展览当天就吸引了许多不同年龄的观众上前操作。对于域外的展览，我们更倾向于让当地观众了解中国古代建筑最基本的知识，所以将一些不同形式的榫卯构件模型设计在展览中。观众可以通过操作，体会中国古代建筑不用一颗钉子的奥秘，加深对中国古代建筑技艺的理解。

《土木中华》展在德国柏林中国文化中心巡展

福建晋江《中华古桥》巡展中，学生们在拼装古桥模型

　　其次，巡展形式设计要与展出场地相结合。巡展的形式设计是针对展览内容，并结合展厅空间共同完成的，有些巡展因为展出场地各不相同，这就需要形式设计人员综合不同场地环境，设计具有较强普适性的展览形式。如《土木中华》在广东虎门销烟博物馆巡展之后，作为广东省文化厅开展珠三角地区文化共建共享活动具体实践之一，陆续在广东番禺博物馆、茂名市博物馆等地展出，不同的场地环境对展览形式要求不同。在设计《土木中华》国内巡展时，设计人员更注重展览形式的灵活性，在不影响展览效果的前提下，展览可以根据展示场地灵活布置。

　　第三，展览制作完成后，如何进行有效的布展、撤展等工作，也是不能忽略的重要内容。布展工作既繁重有琐碎，需要全体工作人员团结协作。作为领导，要具有了解人员特点、调动工作人员积极性，进行合理分工的能力。古建馆作为中小型博物馆，共有工作人员40人左右，其中业务人员只有11人。在不影响博物馆正常运作的情况下，巡展的布展工作需要博物馆上下全体人员的共同参与。以出国巡展为例，共分为三个工作团组，分别是布展团组、开幕式团组以及撤展团组。在这三个团组人员安排上，实行搭配原则，即业务与行政搭配、体力强弱搭配、经验丰富的同志与新同志搭配，打破了部门限制，起到取长补短的效果。实践证明，这种分配方式不但能够调动全馆人员的工作积极性，有效地完成巡展工作，同时也加强了各部门之间的团结协作，培养员工团队意识。巡展不仅是业务人员的工作内容，而是全馆每个人的工作，巡展的顺利进行需要每个人的努力。

在实际巡展工作中，会出现很多不确定因素，若在国外巡展中出现，会对布展工作造成更大的困难。面对这些未知情况，就需要我们在未出发之前，仔细考虑将要出现的情况，提前做好预案。比如由于运输等方面的原因，一些展板展架或者古建筑模型会出现损坏，尤其是模型细小构件。在展览制作过程中，应提前统计易损坏构件，并做出备份，以备不时之需。

撤展工作需要工作人员更加仔细检查展品完好程度、同展出单位进行站片交接、将展品完好无损的装箱、有效的联系运输等。展品运回馆内后，还要将展品进入分类入库，撤展工作要严格遵守相关工作规定确保展品完好无损坏。

最后，在策划巡展时，还要重视巡展的宣传，充分利用网站、电视、报纸等宣传媒体，制作出版宣传手册等相关书刊。在信息飞速发展的时代，博物馆离不开宣传，媒体是观众与博物馆沟通的桥梁，一个巡展的成功运作必然离不开媒体的宣传。古建馆在筹备巡展的过程中，也十分重视媒体宣传。为了更好地服务于观众，在制作每一个巡展的时候，古建馆配合展览制作展览图录，观众不但可以在博物馆欣赏展览，还可以将展览带回家中慢慢品味。

《土木中华》德国巡展折页、图录设计方案

三、在巡展策划制作过程中的一些建议

1. 根据工作规范合理安排巡展工作时间，细化巡展计划

北京古代建筑博物馆作为隶属于北京市文物局的事业单位，制

作巡展需要经过立项、审批、招投标、评审、设计施工、验收等多个环节。每一个环节都有严格规定，负责人要在遵守相关规定的前提下，合理安排巡展工作时间。一般情况下，巡展立项都在实施前一年提交上级部门，年底完成项目审批工作。利用财政资金落实的项目，考虑到评审、招投标、资金到位时间段等因素，应考虑相关工作的时间节点需要，建议将巡展的开展时间安排在每年6月之后。

2. 进一步推动巡展的数字化进程

数字化是博物馆发展的必然趋势，古建馆十分重视数字技术的应用。在巡展过程中，数字技术可以很好地将深奥的建筑原理、复杂的建筑技术进行形象化展示，节省了展览空间，增强了观众参观灵活性。目前，古建馆在巡展制作中使用最多的是多媒体视频展示，缺少与观众的数字互动，观众参观选择性相对较弱。将新的数字技术如二维码、虚拟展示等应用到巡展中，会增强观众的参观选择性，获得更加愉悦的参观感受。

3. 进一步加强馆际之间的交流，建立展览信息交流平台

当今，许多博物馆都很重视巡展工作，除了制作内容丰富能够体现本馆特色的巡展之外，还积极引进其他博物馆的展览，开拓展览交流的新渠道。由于交通、地域、信息不畅等原因，许多特色展览都不能为人熟知，各个博物馆之间开展更广泛的交流与合作十分必要，利用网络技术，在建设网络信息平台的基础上，可以整合各个博物馆展览资源，实现资源共享，构建一个内涵丰富、可持续发展的陈列展览体系。通过这个体系，博物馆可以为观众制作更加丰盛的文化大餐。

北京古代建筑博物馆近三年来，围绕我馆的基本陈列——《中国古代建筑展》共制作了中国古建系列巡展八组，展览不但在国内引起广泛好评，在国外也受到当地观众的欢迎。实践证明，举办各种类型的巡展可以充分发挥博物馆展览贴近实际、贴近生活、贴近群众的社会服务功能，同时也是博物馆增强自身建设、扩大社会影响、活跃馆际交流的重要途径和方式。

李永泉（北京古代建筑博物馆，书记）

关于博物馆发展规划编制的几点思考

◎ 李学军

历史文化是城市的灵魂，传承保护好城市历史文化遗产是首都的职责。北京是伟大祖国的首都，是世界闻名的历史古都、文化名城，是我国的政治中心、文化中心、国际交往中心和科技创新中心，这里荟萃了中华民族灿烂的文化艺术，留下了不可胜数的名胜古迹和人文景观。珍贵的文物资源不仅是历史文化名城的物质基础，也是实现首都经济和社会全面发展不可或缺的重要资源。随着社会经济的飞速发展，群众的文化生活也得到了极大丰富。其中，作为现代社会文明程度重要标志的博物馆，已从新中国成立时的两座发展到今天的百余座。北京城市的地位与作用，决定了精神文明建设及形成古城文化特色将是北京城市发展的重要方向，而博物馆事业将在其中占有重要的地位。

博物馆是人类永远的学校，是融传统文化和科技自然于一身的百科全书。博物馆作为社会公益事业，担负着为国家和社会保护人类历史文化遗产的重要使命，它利用自身藏品资源的优势，在开展社会教育、普及科学知识方面发挥了重要作用，对于提高全民族的科学文化水平、开展素质教育具有十分重要的意义。因此，博物馆在城市文化建设体系的形成和发展中占有重要的地位。

"十二五"即将结束，目前各系统、各行业的"十三五"规划正在编制之中。为科学指导、合理规划博物馆的未来发展方向，明晰发展思路，有机整合博物馆各项资源优势，为博物馆健康发展探索新途径，展现特有的文化魅力，我市各博物馆均应结合科学发展观学习和社会公众文化需求，结合本单位的办馆宗旨和工作职责，编制《博物馆发展规划》。"博物馆发展规划"的编制，对于明确博物馆的社会定位及发展方向，合理制定工作目标，科学安排工作任务，增强发展的后劲和活力，促进全市文博行业的健康、持续发展，都具有重要的现实意义。

现就我市博物馆单位制定发展规划的问题提出几点思考。

一、对发展规划相关概念的理解

规划是指预先决定要做何事，如何去做，为何这样做，何时去做，由何人来做，以及在何处做等一系列的统筹安排。它是经由合理的程序，对于各种行动方案作有意识的决定，并根据目标、事实和经过思考的估计，作为制定决策的基础。

发展规划是一种发展的工具和过程，是为达到某种发展目标而采取的行动过程，是对社会发展所作的全局性、长远性和纲领性的谋划，是指导今后本行业或本单位事业发展的纲领性文件。参与式发展规划是发展利益相关群体不断分析问题，利用当地资源确立发展目标和发展活动，并在实施发展活动过程中通过监测和评估界定新的问题、新的发展目标和新的发展活动等一系列持续不断的循环过程。该过程强调以解决问题为导向，强调发展主体的参与。

发展规划一般包括现状分析、指导思想、总体目标、主要任务、实施步骤、保障措施等几部分，制定规划的基本步骤包括"确认使命与机遇，设定目标，设定规划的前提，拟订各种可行方案，评估与选择最适合的行动方案，建立辅助方案，编制经费预算等"。

二、编制规划的原则与要求

博物馆发展规划的编制，应以巩固成绩、深化改革、创新机制、提升效能、实现飞跃为指导，以发挥优势、突出特色、办出水平、服务社会为目标，兼具前瞻性、科学性、可行性，确保统筹安排、促进协调发展。规划编制应按照专项规划和区域规划服从本级和上级总体规划，下级规划服从上级规划，专项规划之间不得相互矛盾的要求，进行规划的衔接工作。规划在实施之前，要核实规划有关内容是否与现行的政策法规相抵触，有关内容涉及其他部门相关职能的，一定要征求相关部门的意见，以确保规划的严谨性和严肃性。

发展规划应遵循下列编制原则。

（一）客观性原则

1. 博物馆发展规划必须建立在客观的基础上，实事求是，否则，

会产生不良后果

规划编制前，应客观公正地分析博物馆的发展历史，在继承中求发展。博物馆的发展历程有长有短，因此，编制发展规划必须用唯物主义的历史观，对博物馆的历史按其不同的阶段进行客观透彻地分析，了解历史、以史为鉴、继承传统、弘扬精神是事业发展的基础。只有持客观的态度，实事求是地分析博物馆不同时期的成功与失误，才能得到对博物馆未来发展有益的东西。

2. 客观准确地判断博物馆的发展优势与困难，给博物馆以准确定位

编制发展规划必须对博物馆的现状做出客观准确的判断，既要客观地看到自身发展的优势，又要充分估计到发展中可能遇到的困难，不能一味乐观，过高估计自己，粉饰太平，将优势放大，也不能一味地悲观，夸大困难，自暴自弃。正确的态度是对照优势找差距，迎着困难思对策，要对博物馆发展的优势和困难进行综合分析，明确哪些是绝对优势，哪些是相对优势，哪些是暂时优势，哪些是长期困难，哪些是暂时困难，哪些是可培育优势，哪些是可能再生的困难。只有对博物馆发展中的优势和困难做到客观地分析，才能给博物馆以准确的定位，找到自己现在的坐标，才能借势发力克服困难。

(二) 科学性原则

博物馆发展规划必须遵循自身规律，落实科学发展观。否则，会受到规律的惩罚。

1. 从国家的方针、政策中寻求推动事业发展的策略

编制发展规划必须遵照国家的方针政策，同时要研究政策，学会从政策中寻求策略。抓住政策所带来的机遇，借政策东风，培育自身的发展优势，用政策之力，克服博物馆发展中的困难。

2. 以科学发展观确立博物馆的发展目标

博物馆发展目标的确立，必须遵循文化事业发展的自身规律。博物馆是保护国家文化遗产和开展社会教育的公众场所，文化单位有其自身的独特性和复杂性。遵循事业的发展规律，就是要将发展规律与博物馆的实际紧密结合。不同的博物馆其地理位置、设备设施、展陈水平、人员素质、生存状况存在着较大差异，因此，在确立博物馆发展目标时，必须从博物馆发展的实际出发，既不能好高

鹜远，也不能畏首畏尾，切忌凭感觉办事。脱离实际的目标是空想，违背规律的做法也必然会受到规律的惩罚。

（三）可持续性原则

博物馆的发展规划必须循序渐进，既具有时代性，又具有前瞻性。否则，欲速则不达。

1. 分解长远目标，使博物馆在量变的积累中产生质的变化

博物馆发展规划中的长远目标与博物馆的观状相比差别越大，其实现目标需要的时间就越长，其历程就越艰辛，变革就越大。因此，对博物馆发展的长远目标，应该分解成阶段性的子目标，而且子目标之间的"高差"要适当。前一阶段的目标要为后一阶段的发展奠基，步步为营，稳扎稳打，确保博物馆在相对稳定中寻求一个个突破，在量变中产生一次次飞跃。如果急于求成，希望实现所谓的跨越式发展，殊不知规划方案的实施需要时间和过程，需要发展主体与目标相适应，结果，由于目标跨度大，加之对困难的估计不足，最终只能导致博物馆业务工作出现问题。

2. 优化资源配置，使博物馆的每一步发展都有足够的后劲和空间

博物馆的发展必须体现时代性，满足时代发展对博物馆的客观要求，既要立足现实，又要面向未来。因此，在编制发展规划时，要认真分析现实社会对博物馆的需求，以及未来文化事业发展的趋势。要将眼前发展与长远发展有机结合，统筹规划。在充分利用现有发展优势的基础上，注意资源的优化配量，为今后的发展奠定基础，并留有足够的发展空间和后劲。如果在编制规划时，只考虑眼前不考虑未来，只顾眼前利益不顾长远利益，将会造成不必要的资源浪费或闲置，甚至在不正确的政绩观的指导下，贪大求全，标新立异，造成大量人力和物力的浪费，给博物馆的后续发展造成新的困难。

（四）协调性原则

发展是一个系统工程，必须统筹兼顾，协调发展。否则，就会因为局部发展的滞后而影响整体目标的实现。

1. 明确轻重缓急，抓住主要矛盾，带动各方面工作的整体推进

发展是一个复杂的系统工程，涉及博物馆工作的各个方面。在

确定博物馆各项工作目标时，要理清头绪，弄清各项工作之间的有机联系和制约关系。要首先解决制约博物馆发展的主要问题、核心问题，为其他工作的顺利开展和整体目标的实现奠定基础，扫除障碍。如专业人员队伍建设，可以说是博物馆发展中的一个核心问题。因此，在博物馆发展规划中必须将其列入工作重点，花大力气去抓。解决好这个问题，对博物馆的其他工作必然会产生积极的推动作用。

2. 协调诸多文化要素，使博物馆达到和谐发展的境界

博物馆的发展涉及到设备设施、专业队伍、文化特色、展陈理念、学术研究等诸多要素，这些要素构成了一个有机的不可分割的整体，只有这些要素的和谐统一才能促进博物馆的发展，才能使博物馆工作迈上一个个新台阶。办馆要素的和谐统一，就是要讲究要素间的合理匹配。或者说，一定的办馆目标，必然对博物馆的展览设施、业务水平、管理机制等要素提出了相应的要求，而每一个要素都会对总目标的实现与否产生影响。因此，在博物馆发展规划中，要求各要素之间必须协调一致、和谐统一。只有各要素的和谐统一，才能减少冲突，博物馆才能实现既定的发展目标。

（五）特色性原则

作为文博单位在编制规划时，要注意坚持公益性发展方向，努力为最广大的人民群众提供优质文化服务；坚持保护优先原则，正确处理文物保护抢救与开发建设的关系；坚持政府保护为主，同时以改革的思路调动全社会保护文物的积极性；坚持依法管理，确保文物保护、利用行为规范有序。同时，在全面推进各项工作的基础上，博物馆的发展必须凸现其自身的办馆特色。

一座好的博物馆，必须有其自身的办馆特色。特色是品牌，特色是标志，特色是统领事业发展的灵魂。因此，在制定发展规划时，必须充分分析自己现有的优势，对博物馆办馆特色明确定位，并通过不懈的努力真正形成自己的特色。有的博物馆邯郸学步，照葫芦画瓢，跟着别人学，照着别人做，丢弃了自己多年形成的传统优势，实在令人惋惜。特色是学不来的，特色只能根据博物馆的自身实际，在传统优势中求创新、求突破，形成自己的独特之处。办馆特色可以表现在任何方面，展览陈列、硬件设施、文化内涵、文物精品等都可以发展成为博物馆特色，关键是要比别人高出一筹，做到"人无我有，人有我优"。

（六）民主性原则

编制发展规划必须全员参与，凝聚全馆人员的智慧和力量，否则，发展目标很难内化为全馆职工的工作动力。

编制发展规划，不仅是给博物馆的未来发展把脉，也是给全体工作人员的未来命运定位。全馆员工作为博物馆的主人，他们比博物馆领导更加关注博物馆的未来，因为他们深知自己的命运和事业的兴衰紧密联系在一起。因此，在编制规划时，不要几个领导闭门造车，要发扬民主，广开言路，调动员工的积极性，共同为博物馆的发展献计献策。不要怕员工有偏见，不要担心员工认识层次低，只要引导得法，不难从中获得真知酌见。

另外，对于已形成的发展规划，要广泛征询文博行业及社会各界人士的意见，必要时可以组织论证，并且根据单位发展中出现的新情况、新问题，对规划做必要的修正，使其在实践中更加完善、更加科学，真正成为博物馆发展的纲领性文件。

同时，博物馆规划的编制要注意避免如下几个问题：规划内容不全，不符合编写体例；定位不准确，无明确的发展方向；规划目标与工作任务相脱节，规划不切实际，不符合实际情况，现实状况与发展目标相脱节。

三、编制博物馆发展规划应明确认识的几方面问题

编制博物馆发展规划，首先要明确认识当前国家对文化发展的总体要求，既要与中共十八大提出的实现"国家富强、民族复兴的中国梦"的奋斗目标相衔接，保持前瞻性和预见性，又要全面分析当前文博事业的发展状况，准确把握目前所处发展阶段文化建设的现实基础、有利条件以及发展中的主要矛盾和难点问题，从而使规划符合实际，具有可行性。

（一）明确认识国家、北京市对文化、博物馆事业发展的总体要求

1. 明确城市战略定位

要明确城市战略定位，坚持和强化首都全国政治中心、文化中心、国际交往中心、科技创新中心的核心功能，深入实施人文北京、

科技北京、绿色北京战略，努力把北京建设成为国际一流的和谐宜居之都。《北京城市总体规划》（2004—2020）中明确提出，北京的城市性质"是中华人民共和国的首都，是全国的政治中心、文化中心，是世界著名古都和现代国际城市"。城市发展目标和主要职能中提出要"弘扬历史文化，保护历史文化名城风貌，形成传统文化与现代文明交相辉映、具有高度包容性、多元化的世界文化名城，提高国际影响力"。

2. 贴进实际、生活、群众

2009年11月，李长春同志在河南考察过程中，针对文化建设和博物馆事业的发展明确指出："公共博物馆实行免费开放后，要坚持贴近实际、贴近生活、贴近群众，进一步创新体制机制、创新内容形式、创新展陈手段，提高服务质量和水平，努力把博物馆建设成为爱国主义教育的重要阵地，人民群众文化鉴赏、愉悦身心的精神家园，青少年增长知识、陶冶情操的第二课堂，中外游客踊跃参观的重要景点，对外文化交流、推动中华文化走出去的重要窗口，学术研究和科普教育的重要平台。"

3. 扎实推进社会主义文化强国建设

2012年中共第十八大报告第六部分"扎实推进社会主义文化强国建设"中提出："文化是民族的血脉，是人民的精神家园。全面建成小康社会，实现中华民族伟大复兴，必须推动社会主义文化大发展大繁荣，兴起社会主义文化建设新高潮，提高国家文化软实力，发挥文化引领风尚、教育人民、服务社会、推动发展的作用。""建设社会主义文化强国，必须走中国特色社会主义文化发展道路，坚持为人民服务、为社会主义服务的方向，坚持百花齐放、百家争鸣的方针，坚持贴近实际、贴近生活、贴近群众的原则，推动社会主义精神文明和物质文明全面发展，建设面向现代化、面向世界、面向未来的，民族的科学的大众的社会主义文化。""建设社会主义文化强国，关键是增强全民族文化创造活力。要深化文化体制改革，解放和发展文化生产力，发扬学术民主、艺术民主，为人民提供广阔文化舞台，让一切文化创造源泉充分涌流，开创全民族文化创造活力持续迸发、社会文化生活更加丰富多彩、人民基本文化权益得到更好保障、人民思想道德素质和科学文化素质全面提高、中华文化国际影响力不断增强的新局面。"同时，明确提出了加强社会主义核心价值体系建设、全面提高公民道德素质、丰富人民精神文化生

活、增强文化整体实力和竞争力的工作目标。

4. 让文物、遗产、文字活起来

党的十八届三中全会强调，紧紧围绕建设社会主义核心价值体系、社会主义文化强国深化文化体制改革，加快完善文化管理体制和文化生产经营机制，建立健全现代公共文化服务体系、现代文化市场体系，推动社会主义文化大发展大繁荣。2014 年 2 月 25 日，习近平总书记在参观首都博物馆时强调指出，搞历史博物展览，为的是见证历史、以史鉴今、启迪后人，要在展览的同时高度重视修史修志、让文物说话、把历史智慧告诉人们，激发我们的民族自豪感和自信心，坚定全体人民振兴中华、实现中国梦的信心和决心。在其他场合，总书记反复强调，要让收藏在博物馆里的文物、陈列在广阔大地上的遗产、书写在古籍里的文字都活起来。

5. 明确认识我市博物馆事业发展的指导思想

一座城市的历史就是一个国家的历史，作为几代帝都和今日中国首都的北京是中国历史和现状的缩影，北京的博物馆事业是弘扬民族优秀传统文化、建设中华民族共有精神家园的重要载体，是展示首都形象、提升软实力和国际影响力的重要途径。坚持"以人为本"和"三贴近"原则，深入贯彻实践科学发展观，充分发挥博物馆宣传、教育的社会功能，发挥博物馆在精神文明建设、开展爱国主义和革命传统教育方面的重要作用，在弘扬中华民族传统文化的同时展示古都北京深厚的历史文化内涵。在坚持"整合资源、挖掘潜力、盘活存量、优化增量"的原则指导下，初步实现我市博物馆从数量扩张型向质量效益型的战略转变，实现思想性、科学性、艺术性、观赏性、趣味性、参与性的有机结合，满足广大群众对高品位精神文化的需求。

6. 《博物馆条例》的实施

我国博物馆行业第一个行政法规《博物馆条例》3 月 20 日正式施行，该条例的颁布实施是新时期博物馆事业发展的迫切需要，体现了博物馆事业深化改革的要求，加快了博物馆事业法治化进程，指明了博物馆完善建设、谋求发展的方向。国家文物局《关于贯彻执行〈博物馆条例〉的实施意见》指出，积极完善相关配套制度措施，积极推进博物馆理事会制；切实增强博物馆的教育功能；充分发挥行业组织的作用；完善博物馆社会服务，加强博物馆的文化产品开发以及加强博物馆自身的可持续发展能力。

（二）明确认识博物馆在社会文化建设中的定位与功能

1. 博物馆作为社会公益事业的地位与作用

现代城市中的博物馆具有鲜明的地方文化特色，塑造并代表着城市的文化形象，它通过展现北京文化的包容性、开放性、多元性与融合性，引导人们在行为意识、思想观念上发生潜移默化的改变与升华，逐步提高全市公民的综合素质和道德水平，在提升社会文明水平、树立社会道德标准和行为规范方面发挥着重要的作用。

2. 博物馆与旅游市场的进一步发展

北京是一座历史文化名城，众多的文物古迹、历史景点和博物馆是重要的旅游资源。北京对于外来者而言最大的吸引力莫过于其古老的文化传统，丰富的博物馆资源提升了城市的人文价值，是城市深厚文化内涵的缩影，必将对城市旅游经济的发展产生巨大的推动作用。

博物馆对于旅游业的拉动目前还难以用数据衡量，它更多的是一种循序渐进的影响和渗透，通过树立文化品牌、提炼精神内涵实现城市文化对旅游市场的深远影响，同时，旅游业的繁荣会为博物馆带来新的发展空间和市场契机。随着旅游市场的进一步扩展，博物馆、纪念馆等公共文化设施正在成为文化旅游市场的焦点和热点。博物馆行业应以此为契机，在保持自身特色的基础上，加强旅游服务设施建设、开发休闲娱乐项目，必将获得良好的社会效益。

3. 博物馆与文化创意产业的形成与发展

博物馆是文化创意产业形成、发展的重要基础和文化资源，作为公益事业的博物馆对文化创意产业的各个领域产生着巨大的影响。文化创意是通过创意的过程赋予文化产品和文化服务某种独特的"象征意义"，为产品和服务注入新的文化要素，为消费者提供与众不同的全新体验，从而提高产品与服务的社会价值。

文化创意产业的形成与发展是植根于深厚的文化积淀之上的，而博物馆正是传承历史文化、展示人类历史文明进程的最好载体，因此必将成为文化创意产业发展的重要基础，在文化创意产业的形成与发展中发挥重要的作用。文化创意产业的形成可充分利用、发掘博物馆丰富的文物资源及其文化内涵，创造出巨大的经济价值和社会效益。在"十一五"期间，北京市政府将大力推进我市文化创意产业的形成和发展，并将根据项目的实际情况给予相应的扶持，这将大大促进我市博物馆文化创意产业的形成与发展。

4. 博物馆在青少年教育中的重要作用

教育与服务，是博物馆的主要社会功能。由于博物馆在教育方面表现出巨大的灵活性，在很多国家人们都把它视为自己的"终身学校"、"生动的百科全书"。北京作为祖国的首都，不仅具有悠久的革命传统，更是一座闻名中外的历史文化古城，拥有十分丰富的文物古迹、历史名胜，这些都是对广大青少年进行爱国主义教育的丰富资源。博物馆通过丰富多彩的展览及活动，以生动、直观的形式对青少年进行思想品质及科学文化知识的教育，在为社会服务的同时，宣传博物馆的宗旨，传播科学文化知识，为首都的社会主义和爱国主义教育，为丰富人民群众的文化生活发挥了积极作用。在目前我市的近百家市级爱国主义教育基地中，70% 以上是我市的注册博物馆。

5. 注重博物馆的休闲娱乐功能

多年来，公众一直将博物馆作为社会教育场所，而忽视了其应有的休闲娱乐功能。伴随时代的发展，休闲娱乐已经成为当今重要的时代特征之一。在发达国家，包括旅游在内的休闲产业已在国民经济中占有十分重要的地位，随着公众观念的不断更新，观众群体已经不再把接受教育作为参观博物馆的主要目的，而更加注重博物馆在调节心情、放松精神、增添生活情趣等休闲娱乐方面的功能。公众通过参观博物馆等公共文化设施，可以亲身体验到文明、健康、科学而又丰富多彩的生活氛围，并在思想素质、文化素质、审美素质、身心素质等方面得以提高，对个人身心的全面发展及社会的文明进步都是有益的。因此，适当加强博物馆的休闲娱乐功能与设施已成为建立博物馆文化服务体系的重要内容之一。

（三）明确认识本单位的实际情况和发展定位

1. 博物馆的性质与宗旨

博物馆的性质及办馆宗旨决定了博物馆的工作任务、工作目标和发展方向，规划的主要内容即是制定博物馆今后发展的总目标、具体目标及实施步骤，因此，明确博物馆的性质和办馆宗旨是规划制定前非常重要的一个问题。

2. 博物馆的定位与发展方向

定位即是对自己的客观评价和准确认识，是对自身优势和劣势的充分认识，它决定了博物馆的发展潜力与发展方向。

3. 深入挖掘本单位的文化内涵

馆藏品是博物馆生存和发展的基础，是历史发展过程的实物见证，具有历史的、科学的、艺术及研究等价值。文物藏品背后往往缊藏着丰富的文化内涵，对馆藏文物及其背后深厚的文化内涵的发掘、整理、梳理，是重新认识博物馆文化价值、历史价值、艺术价值、科学价值的过程。博物馆则是通过对文物的系列研究与展示，清晰、形象地反映出人类进步、社会发展的历史轨迹，并在不同的层次和不同角度启迪人们吸收文物的精神和文化内涵。虽然文物是过去的、历史的东西，但文物也是一个积累的过程，人们通过了解文物得到的不仅仅是历史的真实，更重要的是启迪现代的文明，昭示未来的发展。

4. 本单位工作人员的素质与能力

素质，是指一个人在政治、思想、作风、道德品质和知识、技能等方面，经过长期锻炼、学习所达到的一定水平。它是人的一种较为稳定的属性，能对人的各种行为起到长期的、持续的影响甚至决定作用，既能深刻领会党的路线、方针、政策，又能熟悉和掌握本地、本部门的情况，创造性地开展工作，敬业的作风、实事求是的作风、艰苦奋斗的作风、清正廉洁的作风、严谨细致的作风、勇于创新的作风。从业人员的信念、习惯、文化传统、事业心和责任感有高有低，从业人员的素质决定了事业的发展。

5. 社会公众对博物馆的需求

有需求才有存在的必要，博物馆的存在，正是因为社会公众对于精神文化的需求。同时，正是由于博物馆的类型及其展示内容各不相同，从而适应了不同文化品位、不同知识层次观众的要求。因此，博物馆只有在明确观众对本单位需求点的基础上，才能真正找到自身发展的正确方向。

四、发展规划的内容和编写体例

从发展规划的编写体例角度，发展规划一般包括如下几个部分。

第一部分，总体概述。包括历史背景、规划依据、规划的指导思想与原则、规划的范围与期限，以及主要结论。

第二部分，本单位的现状与自身优势、劣势分析。要简述本单位的基本情况，如现有场馆、展览、藏品、人员、环境等方面。同时，根据现状，简述本单位的自身优势，以及目前在发展上存在的问题、困难并进行简要分析。

第三部分，市场需求预测及前景展望，对社会公众的文化需求进行预测与分析

第四部分，规划内容的主体，包括发展规划的总体目标，阶段目标，工作原则，工作思路、工作计划内容要点、实施步骤等。业务工作内容应当尽可能全面，除基础建设、展览、藏品、社教、科研等内容外，还应涉及队伍建设、安全保卫等，利用古建筑作为馆舍的还应注重建筑本身的保护与利用。

第五部分，规划实施的保障措施。包括组织保障、制度保障、经费保障、体制保障、机制保障等内容。

五、规划应当着重解决的问题

针对目前我市博物馆单位存在的突出问题，博物馆发展规划应当着重解决如下几方面的问题。

1. 对博物馆的展览陈列工作重视不够

展览陈列是发挥博物馆社会职能的最重要手段，收藏、研究工作均应以展览为中心，为展览工作服务，同时全面加强博物馆的科研工作，使每项展览都建立在科研成果的基础之上。

2. 藏品的利用和保护之间的关系不够协调

一些博物馆片面追求文物的经济利益，盲目开发或超负荷利用馆藏资源；一些博物馆文物利用率不高，过分注重文物的保护，造成"靓女""养在深闺人未识"。

3. 办展理念陈旧，服务水准欠佳

部分博物馆展览主题挖掘浮浅，文化内涵和科技含量不高，缺乏观众喜闻乐见的精品展览。同时由于缺少馆际交流，很多精品资源无法实现共享和有效利用。

4. 文化产业意识淡薄、漠视自身资源的延伸开发

博物馆普遍缺乏文化产业观念，没有主动把自己的文化产品推销出去的意识。很多博物馆工作经费基本由政府控制，博物馆没有积极性开发与藏品、展览等有关的衍生服务项目。

5. 博物馆管理人才缺乏

管理人员水平和素质有待提高，很多博物馆的从业人员缺乏博

物馆管理的专业知识。

6. 软硬件条件和文物保管水平有待加强

很多博物馆特别是县级博物馆没有规范的库房和展厅，存在着不同程度的硬件设施和软件配备的缺乏。部分博物馆文物保管技术水平不高，馆藏文物存在不同程度的损毁。

总之，发展规划的编制工作，对于一个单位今后的事业发展具有十分重要的意义。因此我们在编制工作规划时，一要用党的十八大关于文化建设和文化体制改革的思想指导规划编制工作，二要与国家关于国民经济和社会发展总体规划的要求相协调，三要认真总结前一时期本单位建设取得的成绩和经验，四要准确把握当前和今后一个阶段单位建设面临的形势，五要突出重点、提高针对性，六要符合国家对专项规划编制的要求。只有这样，我们才能制定出思路清晰、目标明确、内容全面、切合实际、措施得当的工作规划。

李学军（北京市文物局博物馆处，副处长、副研究员）

中小型博物馆发展战略
——以北京市古代钱币展览馆为例

◎ 顾 莹

　　随着近年来博物馆事业的蓬勃发展以及信息技术的不断进步，社会大众对博物馆的关注度也越来越高，人们可以不出家门就能通过互联网看到数字化博物馆，欣赏到精美的文物，学习很多藏品方面的知识，信息化技术对传统意义上的博物馆带来了一定的影响。尽管如此，很多综合性、大型的博物馆由于其丰富的藏品数量和种类、良好的展示空间、展示效果与展示手段仍然能不断地推出具有吸引力的展览和活动。

　　然而，对于一些规模不太大，藏品数量相对较少、种类相对单一、展览面积有限的中小型博物馆来说，由于受藏品、人员、展陈面积等因素的限制，每年推出的展览与活动极为有限，而且自身藏品的特点决定了展览的专业性强，能够吸引的只是小众群体，在社会上不能形成广泛的关注度和影响力，往往是展览开幕时热热闹闹，开幕过后就冷冷清清了。因此，中小型博物馆如何生存发展，最大程度地降低边缘化发展趋势是当今博物馆事业发展所面临的重要问题。

　　以北京地区为例，截止2014年底北京地区已有正式注册的博物馆171家，仅次于英国伦敦排名城市博物馆数量的第二位，在这样一个数量庞大的博物馆城市中，而真正意义上的大型和综合性博物馆数量，虽然没有官方的统计，我们可以借用国家一级博物馆作为参照标准，也仅有12家，仅占总数的7%，绝大部分为中小型博物馆，这类博物馆客观上都存在一些共性的难点和问题，但是如果我们针对不同个体进行深入研究和分析，从中找到适应这些中小馆生存和发展的规律，不断总结经验，使中小型博物馆都能够根据自身的特点和优势，逐步确立自身的定位和发展战略，从而达到社会和经济效益的双赢。

　　从博物馆"收藏、研究、展示和教育推广"的四大功能上看，前三项功能都是以博物馆内部人员为主导来完成的，而要实现教育推广的前提是要有观众，中小型博物馆如何吸引观众走进来是生存和发展的最核心的问题。因此，我们需要结合相关问题深入研究中小型博物馆的发展战略，通过研究，找到解决中小型博物馆发展的方向，也就是战略定位，以及长期可持续健康发展的关键。

北京市古代钱币展览馆作为北京市文物局下属小型专题类博物馆，从建馆至今已有21年的历史，随着社会的进步和事业的发展，同样面临着中小型博物馆生存与发展的问题，因此通过对这家博物馆的现状、存在问题进行深入的分析，找到一条适合它的发展道路，是本文研究的主要内容。

一、博物馆现状分析

北京市古代钱币展览馆位于北京市西城区北二环路德胜门立交桥北侧，其建筑及用地组成包括德胜门箭楼及其附属瓮城内真武庙建筑群，占地面积5326.4平方米。

德胜门箭楼建成于明正统四年（1439年），是明清北京内城九门之一。德胜门箭楼，是护卫城门的军事堡垒，是明清北京城的重要城防设施。德胜门箭楼是研究古代都城建设、古代城防设施、建筑营造技术以及北京城市发展史的重要实物资料，1979年8月德胜门箭楼被公布为北京市文物保护单位；2006年5月，被国务院批准为第六批全国重点文物保护单位。

从外部及周边环境看，德胜门箭楼地处北京北二环中路，南侧为北京著名的什刹海风景区，北侧有中关村科技园德胜园区，周边还有著名的孔子学院总部、中国工程院以及北京市文化创意出版园区等，地理位置十分优越，人文环境具有明显优势。由于箭楼所处位置以及它31.9m的高度，自然成为北二环路与德胜门内、外大街交汇处的一座标志性建筑。同时，这里还是通往京城北部的重要交通要塞，德胜门箭楼周边作为多条公交线路的始发站和途经站点，每天从这里乘车前往昌平、延庆的乘客络绎不绝，特别是黄金周、节假日期间，仅前往八达岭长城乘车的游客多达五六百人同时排队，交通的便利性以及良好的认知度使德胜门箭楼具有一定的优势。

从博物馆自身现状看，它是1993年10月建成并对外开放的小型专题类博物馆，目前常设展览有3个，分别是钱币类的《中华货

币四千年》和《流连方寸间——中国历代民俗钱币展》，与德胜门箭楼相关的《德胜门军事城防文化展》，固定陈列展览面积为600平米，占全部可对外展览总面积的35.3%，展览共展出馆藏文物1882件，占藏品总数的23.6%，藏品利用率相对较低，主要与馆藏品构成有密切关系。馆藏品构成99%以上为历代青铜钱币、金银铜类及纸币类钱币，仅有少量的德胜门相关文物，钱币类藏品中多数为重复品，钱币精品数量少。从展示形式上，展览多采用传统的展示手段，辅助多媒体及观众互动体验活动结合的方式进行展示。

作为博物馆的相关配套服务设施方面，博物馆周边没有专用配套的停车场所，博物馆内部设有纪念品商店、卫生间、导览指示牌，并配备有7种语言的语音导览设备供观众有偿使用。博物馆目前没有开设自己的对外服务网站，开放区域内没有对观众免费使用的公共网络系统和餐饮服务设施。

从历年入馆观众的统计分析看，去除原有合作承租单位接待的旅游团队人数，常年零散入馆观众年均约2万人次，每年的寒暑假、黄金周、小长假等节日观众量趋于集中，日常绝大多数以老年人为主，性别男性高于女性，中青年人群主要为寒暑假期间带孩子前来的家庭成员。近几年来，由于博物馆加入了北京地区博物馆通票和北京游览年票，对入馆观众量的提升有一定的帮助。

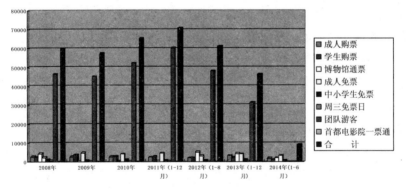

2008—2014年古代钱币展览馆观众分类统计表

目前博物馆下设有业务部、文化产业部、办公室、保卫科四个部室，人员年龄结构相对年轻，35岁以下年轻人10人，占全员人数的59%，具有专业技术职称资格的9人，其中文博专业中级及以上的4人。

博物馆从建馆之初就设立了自己的博物馆纪念品商店——北京德全斋钱币商店，在文创产品开发经营上具有良好的基础和优势，多年来，所开发经营的中国历代古钱币真品礼品系列受到新老客户的欢迎，随着销售时间的不断延长，客户的个性化需求的增加，原有的产品已不能适应客户的需求了，近两年来销售量直线下滑，目前属于略有盈余的状态。

二、制约博物馆发展的主要问题

1. 地理位置的优越性、交通的便利性与闹市中的孤岛形成强烈反差

由于历史原因，德胜门箭楼虽然被保护下来，但周边一直都是公交车场，是通往京北地区的交通要地，周边的公交车线路多达26条，其中以通达八达岭长城和昌平十三陵的公交线路最为著名，再加之环绕德胜门箭楼周边的全部为市政交通道路，使德胜门箭楼自然而然地孤立在交通道路之中。据不完全统计，来德胜门箭楼周边的98%以上是过路客，绝大部分是为乘坐公交车而来。根据我馆对入馆观众的调查问卷分析，几乎所有人都知道德胜门，但进入博物馆之前，就知道这里是对外开放的并且是一座钱币类专题博物馆的观众不足20%，这与长期对外宣传不足有很大关系。一方面，博物馆门前本来就不宽敞的车道长期被承租单位当作大型旅游巴士的免费停车场，使得博物馆狭小的入口完全被这些车辆挡住，观众即使想来参观都很难找到入口；另一方面，受土地所有权的限制，博物馆曾经设立在馆外的宣传栏被相关部门认定为非法，长期无法建立对外宣传栏，造成很多人完全不知道这里还是一家对外开放机构。在过去的若干年间，馆方通过参加展会、发放宣传品、举办展览和活动等形式扩大了知名度，但效果并不理想，缺乏运用新媒体进行广泛宣传的手段和措施。

2. 周边公交车场对箭楼风貌的影响长期未能解决

由于箭楼北侧和真武庙南侧一直以来都是公交车场，每天过往这里的人流量大，伴随着人流，报刊亭、临时食品摊等再加上公交车站的临时办公用房与临时卫生间等，距离箭楼及真武庙建筑群仅10—20m，周边的环境与箭楼的历史文化氛围完全不相称。同时，由于南北两侧公交车场的存在，加之真武庙院内面积的限制，博物馆没有专门针对入馆观众开设的临时停车位，在很大程度上影响了参观者前往的欲望。作为遗址类博物馆，面对残疾人的服务设施受古建筑本身条件的制约，无法实现无障碍通道的建设。

3. 博物馆的定位不明确

虽然博物馆是依托德胜门箭楼下的真武庙建立起来的，但很多人并不知道，德胜门箭楼的管理单位还有另外一个名称就是"北京市古代钱币展览馆"。从建馆至今，这个名称问题始终制约着博物馆对外宣传和形象的树立，与建筑本身脱节，造成博物馆自身的特色及优势无法彰显。建馆前期的10多年中，馆内整体工作侧重于对古代钱币及其相关内容的研究宣传，取得了突出成绩，但对德胜门箭楼的研究不多，也没有相关的常设展览，一直到2007年推出了德胜门箭楼相关展览才填补了空白。未来发展是侧重于钱币研究，还是城门城墙研究，进而深化到德胜门在古代北京发展史中的重要作用及地位等。亦或二者并重，一直没有被确定明确。

4. 博物馆内部展览面积小，常设展览数量少，展示内容相对单一

在上述的现状分析中，我们可以看到，博物馆日常对外的常设展览仅为3个，涉及古钱币内容展览2项，每项展览面积仅为100平米，是2012年改陈推出的新展览，展览主要为介绍中国货币发展史和中国民俗钱币的种类以及反映民俗文化方面的内容。整体展览内容中规中矩，展出了几乎所有的馆藏精品，展览中设定的一些观众体验式动手项目，如机器压币、钞版刷印等深受学生观众喜爱，但展览的科普性和特色性不足，使一般观众很难在没有讲解的情况下，深入了解当时的社会背景与货币的关系以及钱币文化的精髓。德胜门历史相关展览一项，也仅为400平米，是2007年推出的全面介绍明清北京城门城垣及其军事防御功能的展览，展览内容较为丰富、特色突出，但展出实物较少，图片多为老照片和古籍书中的线描图，展示方式相对简单，展览推出之际，的确吸引了不少老北京人和周边居民前来参观，但随着对外展出时间的延长，吸引力逐步减弱。同时由于博物馆业务人员少，社教活动开展得较少，主要以巡展为主，科普讲座也主要是钱币方面的，受众群体很小。此外，博物馆在过去若干年间一直有可开放的展厅对外承租，挤压了自身的展览面积，使博物馆多年来始终没有用于自身展览的临时展厅，这种现象一直持续到2013年年底才有所改观。

5. 博物馆内部部门与人员设置存在不合理现象

作为一家现有编制仅为20人的小型博物馆，目前下设了办公室、业务部、保卫科和文化产业部四个部室，而真正能够实现博物

馆四大功能的业务部一线人员常年仅为4人，占全体人员总数的五分之一，无论从绝对数上还是相对比上都算不上合理。这种现象在中小型博物馆中普遍存在，一方面由于历史原因，过去博物馆业务工作主要以收藏、展示为主，对中小型博物馆的工作要求以看摊守业为主，因此人员设置一直沿用下来；另一方面由于部门设置变化涉及部分人的个人利益，一些博物馆不愿意打破现有的体系，然而从博物馆业务发展的角度看，业务人员的素质和数量也是制约中小型博物馆生存发展的重要因素之一。

三、解决的办法

尽管中小型博物馆的发展面临很多问题，令人可喜的是近年来北京市财政对文化的投入，特别是对博物馆的投入逐年增加，一直以来中小型博物馆发展面临的资金不足的问题正在逐步得到解决。在财政资金充足的前提下，作为中小型博物馆更应该多从自身找原因和方法，充分发挥自身的优势和特色，创新管理理念，解决好博物馆自身的定位，逐步建立起中小型博物馆自身的品牌，通过"品牌效应"形成博物馆的特定粉丝群，带动更多的人加入其中，实现博物馆社会、经济效益的最大化。

因此，做好博物馆的战略定位对实现博物馆社会、经济效益具有重要的意义。所谓博物馆战略定位就是将博物馆推出的展览与活动、树立的形象和品牌等在预期的观众群（的头脑）中占居有利的位置，它是一种有利于中小型博物馆发展的选择，也就是说博物馆自身及其推出的展览与活动如何吸引人。对博物馆而言，战略是指导或决定博物馆发展全局的策略，战略定位的核心理念是遵循差异化，而差异化就是如何能够做到与众不同，并且以这种方式提供给观众独特的价值，为观众提供更多的选择机会，也为文化产品市场提供更多的创新。具体来说，就要回答好以下几个问题：一是中小型博物馆应该举办什么样的展览和活动吸引观众，二是博物馆如何通过这些展览和活动实现博物馆的社会价值，三是这家博物馆的竞争对手是谁？四是哪些观众对博物馆是至关重要的，哪些是必须放弃的。把上述问题回答好，也就明确了博物馆的战略定位。

（一）展览差异化战略

中小型博物馆举办的展览和活动在吸引观众方面与大型综合馆

要有所区别，才能从大馆观众群中分得一杯羹，这就是所谓的展览差异化战略，应该从以下几个方面入手。

1. 从展览类型上中小型博物馆应该走专而精的路线

利用自身的特色抓住一点或几点，把此类型展览做到极致，逐步使这类的展览形成系列，每年举办1—2个系列下的临时展览，同时配合教育活动，逐步形成一个固定的观众群体，如北京古代建筑博物馆的中华古建系列展览下的《中华古桥》、《中华古塔》，艺术博物馆的中华玉系列、瓷系列展等。同样，作为北京地区的钱币博物馆，由于钱币题材的广泛性，也可以设定如北京纸币、民国时期北京地区钱庄和银票、民俗钱币与北京民俗文化等具有地域特色又属于钱币题材的系列展览。

2. 从展览内容上要避免与大型馆雷同或类似

特别是在同一地域、同一展览期内，因为无论从藏品的实力还是展览本身，中小馆都无法达到大馆的影响力和关注度，而且观众很容易做比较，反而使中小馆丧失了竞争力。这个问题在2008年北京奥运会时就曾出现过几个馆同时围绕奥运主题举办了类似的临时图片展览，要避免这类问题的出现，就需要相关部门牵头建立起区域内的展览统筹、预告内部信息平台。

3. 把握好展览的主题和内容要吸引哪一类观众群体

当然还要综合考虑博物馆整体的定位。例如中国妇女儿童博物馆，从馆名上就已经决定了它的定位，举办的展览和活动绝大多数是与妇女儿童有关的或者针对这类群体的，并且要把握好针对的这类群体在哪个时间段有可能来参观。如面对中小学生的展览和活动尽可能安排在寒暑假中，就能吸引更多的学生观众群。

4. 展览与活动

适时推出社会上关注的热点新闻、热播影视作品等并且能与博物馆自身优势结合在一起的展览与活动，一定能吸引媒体和观众的眼球。香山热带植物园就抓住热播的央视纪录片《舌尖上的中国》这一契机，及时推出了"舌尖上的植物"展，介绍食用类植物的营养价值和健康烹调方法，吸引了大量观众前往参观，很多老年观众甚至多次前往自带纸笔抄写展览内容。结合传统文化节日和博物馆日、文化遗产日主题，举办针对普通观众的展览和活动，在展示传统文化的同时，推出观众参与性的互动活动或现场表演，丰富展览的表现形式，如遗产日配合展览开设非物质遗产传承人的现场表演活动等。

（二）社会关注度和影响力

衡量博物馆展览与活动社会价值实现的重要指标从广义上说就是博物馆的社会关注度和影响力，从狭义上讲就是观众的参观量、观众的参与度与观众对展览的满意度和满足感。博物馆举办的展览和活动要让观众感兴趣、有收获，精神上得到满足，就需要在展览策划、展览内容、陈列设计等方面站在观众的角度上思考，以满足观众的需求为最高目标。

1. 展览和活动定位与策划

不同观众群体对展览和活动的需求是不同的，因此在展览策划之初，博物馆就要做好展览的人群定位，针对不同的人群，即使相同内容的展览，陈列大纲和设计也会有不同的解读方式。例如可以根据观众群体的年龄把预期观众分为未成年人和成年人两大类，然后再细分，通过观众人群的细化，更贴切地了解这部分人群的文化水平、心理需求，使展览本身和宣传更具有针对性。

2. 展览和活动的设计细节

就展览而言，关注设计的细节，使展览更精致也是重要的一环，实际是要多从观众的角度出发考虑问题。如陈列语言上，应让观众看得懂。针对普通观众应该尽量避免使用大量的专业词汇，或通过简洁明了的展览说明、讲解等环节对专业词汇有一定的解读；从陈列布展的设计上，要让观众看得见、看得清。特别要适于不同观众，如对小学生群体要充分考虑其身高特点，注重展板及展品的摆放高度，针对老年人群体要考虑其视觉能力，展板上的字体不能太小，展品照明要适宜观看等细节。

就活动而言，既可以把活动融入展览之中，也可以是博物馆独立设计的其他文化活动，无论是哪一种形式，最重要的是观众是否愿意参与其中。

3. 展览和活动的宣传推广

一项创意好、定位准确、制作精良的展览和活动，经过博物馆人员的辛苦努力推出了，但如果宣传不到位，社会和公众根本无从知道，也就吸引不了观众来参观和参与，因此展览和活动的宣传推广是十分重要的，没有它就无法完成博物馆社会价值的实现。

特别是中小型博物馆，与大型综合馆相比，更应该把宣传推广放在重要的位置上，一方面中小馆通过展览和活动，既宣传了展览，也是展示自己博物馆的最好机会，可以使更多的公众完成从不知道到知道、不了解到了解，甚至关注、喜爱这个博物馆的过程。

（三）了解竞争对手和观众群体

中小型博物馆要做好战略定位还需要了解自己的竞争对手。随着工薪阶层的工作压力、学生的课业负担日趋繁重，假日对于他（她）们来说就显得很宝贵，博物馆如何吸引这部分群体，从广义上已不仅仅是博物馆同行间的竞争了，而是整个文化旅游消费市场的竞争。如影剧院、游乐场等，信息和网络技术的广泛应用，也使公众通过网络就能在线学习和观赏。因此，从狭义上讲，中小型博物馆最大的竞争对手，恰恰是自己，博物馆推出的展览和活动，博物馆的整体环境和服务水平，都成为公众是否选择的关键。"打铁还需自身硬"，中小馆需要从馆容馆貌、服务设施、服务水平、展览活动、宣传推广等多个环节上，从满足观众需求上切实采取有效措施加以改进和提高，才能在文化大市场中赢得主动。

哪些观众对博物馆是至关重要的、哪些是必须放弃的，是中小型博物馆在现阶段难以回答的问题，从目前的观众分类统计数据上，我们很难通过分析得出有效的结论，但我们可以区分的是博物馆观众与一般游客。游客也许仅仅是路过随意走进博物馆一次，而观众则是每当博物馆举办相应展览和活动，总是会来的，而这部分群体也恰恰是对博物馆至关重要的。因此，博物馆应该留住的是观众，放弃的是一般性的游客，所谓放弃并不是说游客来参观，博物馆就不欢迎、不接待，而是说游客来参观是偶然性的，一般常设的展览完全可以满足他们的需求，而观众则不同，博物馆举办的临时展览和活动就应该关注这一群体，更加明确的说，博物馆举办展览与活动的主要观众应该侧重于这一群体。

四、古钱币博物馆之发展

北京市古代钱币展览馆作为广大中小型博物馆中的一员，近年来在博物馆日常业务工作中，结合自身特点和优势做了一些尝试和努力，也取得了一定的社会宣传效果，但与社会发展变化速度和公众对博物馆的要求相比还有很多差距，需要博物馆深入思考，制定出与社会发展相协调的发展战略，最大限度地发挥出博物馆的教育、宣传作用，实现博物馆功能最大化。

具体来说，古钱币博物馆的发展战略，应从以下几个方面着手进行。

（一）突出德胜门箭楼优势，树立德胜门箭楼形象

作为古代钱币博物馆依托的德胜门箭楼是一座明清时期保存至今的古老建筑，也是北京城门城垣中仅存的两座箭楼之一，距今已有500多年的历史，与现存的正阳门箭楼相比，它是真正意义上的明代建筑，它见证了明代于谦率部成功保卫北京城、明末起义军李自成攻打北京城以及明清历朝皇帝出征、祭祀的历史，承载了很多老北京人对儿时北京城的回忆，这些都是德胜门箭楼独有的特色与优势，需要深入挖掘解读给观众的历史文化。同时作为钱币博物馆，收藏了从最早的商周时期天然海贝到解放战争时期的历代钱币7000多件，贯穿了中国从古代到近代的历史4000多年，从某种意义上说钱币史也就是中国历史的缩影。与同类的中国钱币博物馆相比，无论是钱币藏品的数量和质量，都远远不及，但馆藏的民俗钱币是博物馆特有的优势，也深受观众的喜爱。因此，从博物馆整体发展定位上，德胜门箭楼与古钱币相比较，箭楼的优势与特色更加突显，具有很多的唯一性和不可替代性，在博物馆今后展览与活动中应放在首要突出的位置上。

如何突出德胜门箭楼的优势，目前可先从周边环境做起，德胜门箭楼作为一座高大的地标性建筑，最好的展示方式就是通过改变周边混乱的环境，使民众不用走进博物馆就能欣赏到它的雄伟气势与古典美，推动前后公交车场的搬迁，恢复德胜祈雪碑亭和真武庙影壁，推进瓮城原址内的二环主路盖板，形成箭楼前后的文化广场，使德胜门箭楼整体亮出来，并且借助社会大众对德胜门箭楼的认知度，成为博物馆对外宣传最具独特的形象和整体品牌。

近年来，政府对文物保护工作的重视和社会对文物保护工作的关注不断加强，使很多文物保护工作中的老大难问题，逐步得到解决。博物馆曾借助九三学社、政协委员、市人大代表等多种渠道推动德胜门箭楼周边公交车场的迁移，在最新的德胜门箭楼文物保护规划中，就已将德胜门城楼、瓮城遗址及箭楼全部纳入了文物保护单位保护范围，保护规划的确定对推动车场搬迁具有重要的参考依据。同时对于制约博物馆发展的名称问题，建议增加"德胜门箭楼管理处"或"德胜门箭楼文保所"的牌子，使社会公众对博物馆有

一个更全面的认知和了解。

（二）推出和举办有特色的展览及活动，使展览系列化和活动品牌化

展览是博物馆的主要对外窗口，要扩大馆内展览面积，延伸馆外展览空间，整合博物馆及社会资源，增加博物馆举办展览和活动的数量，彻底改变现有常设展览长年不变的局面。

1. 在展览举办方式上采取"请进来、走出去"的策略

自身资源缺乏是中小型博物馆所面临的共性问题，但并不意味着没有解决的办法。中小型博物馆可以通过深入挖掘自身资源、借助其他博物馆和社会资源弥补自身的不足。

随着古钱币博物馆对外合作承租到期，正在逐步改善，目前已经能用于展览开放的面积达到 1200 平米，是 2013 年的两倍。新增设临时展厅两个，其中 1 个同时可兼做讲座场所。

同时，克服自身藏品品种单一的缺陷，博物馆借助社会力量开展与北京市钱币学会合作的形式，利用钱币藏家的个人藏品进行展示，2013 年底推出的《泉海撷珍——中国历代钱币精品展》吸引了很多观众前来参观，观众入馆人数有所增加，展览的反响很好。充分利用社会资源是中小型博物馆请进来办展的方式之一，但同时也要杜绝一些所谓的社会藏家利用博物馆办展借机炒作自己收藏品的现象发生。

其次，引进国内外博物馆的优秀展览项目，也是很多博物馆的"请进来"的常规做法，古钱币博物馆在几年前曾引进南京城垣博物馆有关明城墙方面的图片展览，并且结合北京城墙特点增加了比较的内容，受到观众的关注。今后，应加强与国内外博物馆同行的交流与联系，及时把握展览讯息，拓宽展览渠道，结合自身特色推出更多引进的展览。

此外，积极推进与非同类型博物馆的合作，举办跨界类型的展览，使双方甚至多方共赢。例如，由于钱币题材的广泛性，作为古钱币博物馆可以与奥运博物馆联合举办历届奥运会纪念币章展，把钱币和体育这两个完全不同类型的博物馆资源重新整合，形成全新的请进来合作展览形式。

走出去战略是中小型博物馆开拓馆外展览空间的有效方法，更是宣传自身的良好机会。过去中小型博物馆的"走出去"就是把展览送到社区、学校、农村等地，随着社会不断发展，对外交流的扩大，"走出去"的范围已经延伸到国内甚至海外，古钱币博物馆的

《中华货币博览》曾在20世纪90年代前往新加坡和匈牙利举办过，尽管有比较好的基础，但近年来走出去战略完全处于停滞状态。要改变这种被动局面，博物馆必须具备有地域特点或自身特色鲜明的展览，根据展览的内容、题材、场地要求等与相关博物馆联系确定展期等，同时充分利用走出去的契机，将博物馆的宣传品、文创产品等随展览一并推出，使举办地的观众观看展览的同时，也关注了博物馆及其文化的衍生品。

2. 通过推出系列化展览，建立起博物馆自身品牌展览及活动

生活中，某种商品的持续热销除了它具有优异的品质、良好的性价比以外，还与人们对这种商品品牌的认知度有极大的关系，品牌在人们的头脑中所形成的就是质量品质的保障，在某种意义上还是使用者身份的体现。同样，展览和活动作为博物馆推向社会大众的文化产品，如何能在观众中产生持续的影响力，也需要博物馆建立自身的品牌展览和活动，通过品牌效应，使博物馆展览与活动形成固定的观众群体。

古钱币博物馆在过去的四年中持续举办"古钱币鉴赏知识讲座"活动，每个月一期，聘请钱币界专家为钱币爱好者和收藏者提供免费讲座和鉴定服务，内容涉及了少数民族钱币、当代纪念币、红色政权货币等多个不同的类别，目前已形成了固定的品牌和听众群体，很可惜的是由于活动开办之初，博物馆没有比较大的场地，每次活动人数一般控制在30—50人之间，因此没有广泛地对外宣传。

随着博物馆展览场地的逐步扩大，摆在古钱币博物馆面前的是今后如何做好品牌展览和活动的规划，使其得以良性可持续性发展，根据博物馆整体发展战略要求和展览的差异化原则，结合古钱币博物馆自身的特点和优势，应从以下几个方向着手，使推出的展览系列化。

①老北京文化系列

作为明清时期保留下来的北京老城门之一，德胜门箭楼承载了老北京人对老北京文化的眷恋，因此作为老北京城的文化载体，博物馆应当推出反映其文化特点和风土人情展览。这一系列的展览主要针对老北京人和喜爱京味文化的人士，通过展示老北京的民俗风情，唤起老北京人儿时的记忆，让"新北京人"了解北京的历史和地域文化的由来，从而喜爱这座城市。目前，此类型的展览在北京地区曾经做过一些，如首都博物馆的《老北京民俗展》，它是一个综合性的展览，涉及的面较广泛，但不够深入。其他一些博物馆也有举办，如北京民

俗博物馆，但都没有形成系列化，按专题往下做。因此，古钱币博物馆可以从衣食住行、建筑民居、民俗活动等多个方面开设专题展。

②古代军事文化系列

城门城垣是明清时期北京重要的军事防御建筑，德胜门作为明清时期皇帝出征打仗的"军门"，其建筑特色鲜明，很多防御设施依然能看到。目前北京地区博物馆中，只有军事博物馆有此类内容的展示，并且也仅仅是其中的一个小部分，不会作为重点内容进行展示，因此，博物馆可以从古代军事题材入手，举办如军车、军服、军械、军阵、军制、军礼等专题系列展，对中国古代军事文化进行全方位的解读。

③钱币文化系列

由于博物馆自身馆藏品的特点，很多已经在固定陈列展厅中做了展示，因此，作为古钱币博物馆需要开拓社会资源举办这一系列的展览。如2013年博物馆与北京钱币学会合作，利用钱币藏家的个人藏品，推出的钱币精品展览。目前，北京地区与钱币相关的博物馆有三家：中国钱币博物馆、中国印钞造币博物馆和北京市古代钱币展览馆，此外相关的还有晋商博物馆，其中的印钞造币博物馆目前没有完全对公众开放，而北京的古钱币博物馆应该在钱币系列展览中更加突出北京的地域特色，像2014年举办的《北京纸币800年诞生记》，也是博物馆与钱币学会的再次合作，展示的全部为北京地区出现和发行的纸币，具有鲜明的地域特色。

3. 加强与属地街道的合作，使博物馆成为真正的社区博物馆

作为中小型博物馆，由于面对的观众群体主要为基层群众，因而，博物馆参与社区建设，就成为当前中小型博物馆发展的重要工作内容。首先，博物馆参与建设社区，是时代发展的要求和中小型博物馆的职责。目前，社区建设不仅受到各国政府的高度重视，而且已经形成不可逆转的强大的时代潮流。其次，博物馆参与建设社区，也是顺应博物馆学理论与实践发展趋势的需要。

古代钱币展览馆所处位置是德胜街道，德胜街道作为西城区的重要街道，管辖了23个社区的居民约15万人，驻区的单位有5800多家，其中像中国交通建设、国家核电、水利水电设计院等大型企事业单位就有100多家，每天来德胜街道辖区内上班的流动人员就有5万多人。面对这样一个相对庞大的服务群体，博物馆应进一步加强与属地街道的合作，并通过这种关系参与到社区建设，为社区居民提供更多的服务。在过去的几年中，古钱币博物馆与德胜街道

已经建立起了良好的合作关系，博物馆方面在街道设立了德胜文化讲坛，每个季度为社区居民举办文化讲座，已连续开展了两年，同时街道方面在北护城河整治绿化、创建国际安全社区等项目中也积极寻求博物馆的支持与帮助。此外，博物馆还协助街道举办了社区居民书画展览和各类文化活动，并且成为街道推荐的外事接待基地。

为使古钱币博物馆逐步发展成为德胜地区的一家社区博物馆，还需要积极征求属地街道的意见，需要社区居民积极参与博物馆的建设，博物馆和社区居民共同完成传承德胜门及周边历史文化的使命。从近期看，可以尝试以下的一些做法。

①继续加强德胜文化论坛建设，不断丰富论坛的讲座内容，选择一些更贴近生活、居民关注的话题作为切入点，上升到文化层面进行讲座。

②推动古钱币博物馆与德胜街道文化服务战略合作关系的建立，通过建立一种长期的合作关系，使双方在工作中逐步形成合作意识，博物馆能够在街道社区工作计划制定阶段就积极参与进来，切实可行地落实为社区服务的各项任务。

③开设"德胜之窗"，利用博物馆临时展厅不定期展示社区文化活动的各类成果，如摄影、书画、手工作品等。

④利用德胜街道的社区报《今日德胜》和社区杂志《德胜时间》开设博物馆专栏，介绍传统文化知识，推送古钱币博物馆和其他博物馆的展览信息，为社区居民提供文化服务。

⑤在寒暑假期间，开设专门针对社区所属学校学生群体的特色课堂，如《"明朝那些事"——于谦与北京保卫战》

⑥与德胜街道联合探寻在德胜门周边生活的老北京人，请他们口述德胜门的历史，对比今昔德胜门周边发生的变化，用视频记录下来，进行整理、分类、出版成册分发给社区居民，进一步增强对德胜门的认识，从而为自己生活在德胜地区感到荣幸和自豪。

通过双方的合作，逐步使古钱币博物馆对德胜街道提供的服务形成德胜特有的品牌，多个系列、多种形式的文化产品，使博物馆真正成为社区居民的文化之家，博物馆在社区的影响力有较大的提升。

4. 变竞争对手为合作伙伴，同类型博物馆间的合作与共赢

管理理念创新是博物馆发展的关键，每一家中小型博物馆单独与大型综合博物馆相比，综合实力都无法与之抗衡。如果把一些中小型博物馆的资源重新整合起来，例如一些展示内容相近或相似的

同类型博物馆，所形成的合力就不是简单的一加一等于二了，尽管它们具有各自的特色，但在普通观众眼中没有太大区别，也因此使这些博物馆不可避免地成为了天然的竞争对手，如前面提到的北京市古代钱币展览馆与中国钱币博物馆、德胜门箭楼和正阳门城楼与箭楼。这种竞争仅仅是针对观众而言，由于目前我国博物馆现有的管理体制，这些同类型博物馆还不是经济上的竞争对手。因此，我们应充分利用这种共通性，变不利为有利，加强同类型博物馆之间的合作，达到双方共赢的目的。

中国钱币博物馆从藏品质量和科研水平上都远远超过古钱币展览馆，但由于展览场地面积受限，一些好的创意展览无法展示，而古钱币博物馆近年来增加了临时展厅的面积，恰恰可以提供展览的场地，如中国对外友协推荐的《中日钱文书法艺术展》就是通过这样的方式在古钱币博物馆举办的。通过双方合作办展，中国钱币博物馆的专家直接指导工作，对提升古钱币博物馆人员的业务水平有很大帮助。双方还可以在联合申报科研课题、藏品研究、图书出版等方面开展合作，推动两家博物馆形成合力，产生综合互利效能。

同样正阳门和德胜门，这两座明清时期保留至今的北京仅有的两座门，一座是国门，一座是军门，各自的作用不同，但同为北京内城的城门，展示它们都离不开北京城垣，没有城垣，城门就是一座单体建筑，它的存在也没有任何意义，有了城垣，城门才能成为城垣上的一道亮丽的风景线，抛开城垣展示城门不能让观众形成整体对明清北京城的认识。因此北京也可以效仿南京的做法，成立城门城垣管理中心，把永定门城楼、东便门角楼等统一管理起来，共同推出北京城门城垣的整体展览，既兼顾整体，又有各自的功能定位，推出北京城门城垣精品旅游线路，门票实行联票或护照型，形成多方合作共赢的局面。

（三）实现管理创新与改革

现阶段正是博物馆事业蓬勃发展的时期，随着社会的进步，对博物馆各项工作提出了更高的要求，而现有的博物馆行业内部的体制机制已经不能适应实际工作的需要。对于很多中小型博物馆来说，虽然大的体制机制改革是无力触及的，但根据实际工作需求，通过单位内部的管理创新，摸索出能够适应现实工作需要的方法与手段，切实解决工作中体制机制滞后所带来的一些问题，能够为博物馆事业的发展提供保障。

1. 通过调整博物馆内部机构设置和行政人员转型解决业务人员数量不足的问题

中小型博物馆人员相对于大型综合性博物馆编制十分有限，而工作任务下达却不分大馆与小馆，因此中小型馆尽管编制有限，也必须保证必要的行政后勤人员岗位，所谓"麻雀虽小五脏俱全"，造成的后果是博物馆的行政后勤人员数量比例远远超过了业务人员，一些小型博物馆只能用一人多岗解决实际问题。

古钱币博物馆建馆已有 20 多年，人员数量与建馆之初相比变化不大，但业务工作量却增加了几倍，完成质量要求也越来越高，而人员编制并没有明显增加。在上述问题中，我们谈到博物馆内部机构设置的不合理，基本符合大行政小业务类型的博物馆，业务人员的数量已经严重影响了业务工作完成的质量。另一方面，由于过去引进人员方式造成人员结构虽然相对年轻，但大多数所学专业与博物馆业务工作无关，要扭转这样一个局面，需要博物馆对现有机构设置进行调整，人员合理布局和培养转型，具体探索方式如下：

①将古钱币博物馆现有的四个部室合并为三个，将文化产业部并入业务部，原有文化产业部工作纳入博物馆大业务工作范畴。

一方面从事业务人员的绝对数量上有较大幅度的增加，有利于业务工作的整体整合和细分，有效避免现有工作中部门条块分割严重的现象，减少部门之间的工作协调。从长期看，博物馆文创产品的开发一定是在对藏品和展览与活动深入研究的基础上进行的，否则所开发的文创产品也是照搬照抄，根本不具有自身特色和独创性，更不用谈什么吸引力了。

因此，把相关工作内容进行合并整合，从一定程度上缓解了中小型博物馆业务人员相对缺乏的问题，同时由于文化产业人员真正参与到博物馆业务工作中，能够促进其业务水平的提升，既解决了一边业务人员工作超负荷，一边文化产业人员工作不饱和的现状，又有利于博物馆自身文创产品的设计与开发，对调动人员积极性、提高工作效率起到推动作用。

②适当减少行政部门人员数量，合理调配，在不影响博物馆整体工作的前提下，根据个人发展意愿并结合单位工作实际，选择能够具有从事业务工作潜质的人员转型从事业务工作。

在现状分析中，我们看到了古钱币博物馆的人员年龄结构相对年轻，在 35 岁以下的年轻人 10 人中，有 8 人是正规高等院校毕业的硕士生和本科生，可塑性较强，目前在行政岗位的有 3 人，业务岗位 3 人，财务岗位 1 人，经营岗位 1 人，按现有工作任务情况可调配人员 1—2 人进行转型。下表是调整前后的业务人员工作分配对比情况：

现有业务人员	人数	岗位工作内容	调整后业务人员	人数	岗位工作内容调整情况
业务部主任	1	日常行政工作 藏品总账员（保管） 学术带头人、课题、论文、图书出版（科研） 科普讲座、团体观众讲解（社教） 展览大纲撰写（展陈）	业务部主任	1	日常行政工作 藏品总账员（保管） 重点工作：学术带头人、课题、论文、图书出版（科研） 展览大纲撰写（展陈）
藏品保管员	2	藏品征集、保管、数据采集、修复、复制、 借用，文物库房、藏品分类账管理、 常设、临时展览展品整理、分类、上展（保管） 藏品研究、课题、论文、图书出版（科研） 巡回展览及博物馆对外社教活动（社教） 团体观众讲解（社教其中 1 人）	藏品保管员	2	藏品征集、保管、数据采集、修复、复制、 借用，文物库房、藏品分类账管理、 常设、临时展览展品整理、分类、上展（保管） 重点工作：藏品研究、课题、论文、图书出版（科研）
社教人员	1	日常讲解、团体观众讲解 临时展览、巡回展览策划、制作与组织实施 馆内外社教宣传活动策划、设计与实施 爱国主义教育基地、科普基地建设与工作落实	社教人员	3	日常讲解、团体观众讲解（1—2 人） 重点工作：临时展览、巡回展览策划、制作与组织实施，馆内外社教宣传活动策划、设计与实施，对外联络工作，博物馆对外宣传工作（新媒体建设等） 爱国主义教育基地、科普基地建设与工作落实 博物馆宣传品及文创产品设计与开发

通过博物馆内部部门与岗位设置的调整，在不改变整体人员编制和数量的前提下，用调整内部人员结构的方式，使业务岗位人员重点工作明确，从一定程度上缓解了工作压力，有利于博物馆科研工作的开展和宣传教育功能的扩大。

2. 结合博物馆现有人员实际，制定人才可持续发展计划，在引进、培养和使用人才三个环节上探索新的机制

在引进人才方向上着重引进业务方面的人才，利用引进的契机，扩大业务人员队伍，逐步扭转行政人员多、业务人员少的不利影响；在引进人才的专业选择上，改变传统的一味只选择历史、考古、文博专业，大胆选择与博物馆实际工作更适合的专业，如计算机、设计、教育等，与原有的专业人员结合使用，开拓了业务工作的相对固化的思维模式，有利于工作更好地开展；在引进人才的个人能力和素质方面，作为中小型博物馆更应选择综合应变能力强的复合型人才，以适应一人多岗的实际工作需求。在引进人才方式上，除一直沿用的接收应届毕业生、社会招聘外，从同行业其他渠道引进优秀人才，能够快速地带动业务人员的整体素质和水平。

在培养人才方面，逐步形成三个层面的培养模式，博物馆内部针对各岗位工作能力的培养、博物馆行业的业务培训和利用社会资源的专业培训，古钱币博物馆近期应抓好第一、第二层面的培养。文博行业是一个政策性较强的行业，因此岗位技能培训着重从法律法规、行政审批权限、工作流程方面入手，同时在年轻人中加强良好工作习惯的养成。对行业内的培训，以实际工作需求为出发点，落实培训效果，对培训提出要求，有总结成果在全体会上做汇报。

在使用人才方面，探索新入职人员不固定岗位，在博物馆内部一年内轮岗实习的新模式，有利于新入职人员对博物馆工作的全面了解，更有利于人才与岗位的双向选择，在此基础上，逐步推动博物馆内部人员流动机制，除个别专业岗位以外，通过转岗和换岗交流，实现人尽其才，充分发挥每个人的特长与优势，工作效率大幅度的提高。

3. 积极探索中小型博物馆行政后勤工作资源整合，向社会购买服务的新机制

我们可以借鉴政府对公务车制度的改革方式，改变思维模式，用向社会购买服务的方式来解决养司机、配车的高昂代价。同样中小型博物馆在财政预算调整的前提下，应积极探索保洁、设备（电

气与电器）维护保养、采买、园林绿化、安保巡视和职工食堂等方面向社会购买服务。同时随着财政预算编制标准化，项目资金拨付方式的改变，博物馆财务人员工作共性化趋势日益扩大，中小型博物馆能否通过建立集中化财务中心和人事中心，减少财务和人事岗位人员的总体数量。探索这样的机制目的只有一个，就是在现阶段人员编制数量不增加的前提下，空出更多的编制引进从事实现博物馆功能的专业人才，彻底改变中小型博物馆业务人员少、工作压力大、日常工作挤占科研时间等老大难问题，使更多的人专注于从事真正能够实现博物馆社会价值的工作。

4. 积极推动博物馆财政预算制度的调整，为博物馆发展提供资金保障

博物馆事业发展至今，已经从传统意义上的"收藏、展示"，进入了一个全新的服务社会、休闲娱乐的文化场所时代，随着博物馆功能权重的逐步调整，原有的财政预算制度在一定程度上不能适应当今博物馆工作的需要。如在博物馆日常开放中常见的观众在参观过程中突发病症、意外伤害的问题，常常会引发博物馆方面与当事人之间的纠纷，后续的处理不当导致的后果更是牵扯很多的人力、物力，一方面从博物馆预算中无法支付这笔开支，另一方面是当事人的经济索赔和治疗费用的索要。国家博物馆在这方面已经开创了新的机制，通过向保险公司购买观众人身意外伤害险的方式，通过对几家保险公司报价的筛选，确定一家性价比最高的公司并与之签订合同，这笔资金合理地纳入第二年的博物馆财政预算中，有效地解决了这一问题。类似的问题还有不少，随着社会的发展进步，观众的维权意识逐步增强，博物馆所倡导的为观众服务的理念、为观众提供服务的项目越来越多，而一部分建馆时间较长的博物馆，财政预算方式一直沿用了若干年的按建筑面积核定公用经费的方式始终没有改变，因此，积极探索博物馆财政预算制度的改革，仍然是摆在博物馆面前的一道难题。

中小型博物馆发展战略是中小型博物馆生存发展的根本保证，通过对博物馆的现状分析、制约问题和解决办法的研究，有助于博物馆重大战略决策的制定，能够有效提高博物馆的生存能力，为博物馆战略目标、博物馆发展模式的定制以及核心能力的培养与实施提供有效的保证，可以加深博物馆管理者们对博物馆内部的组织结构及成员行为有一个清醒的实质性认识和理解，便于博物馆积极发

掘和调动人员的积极性，为博物馆战略计划的有效实施提供相应的人力、物力保障。

中小型博物馆的生存发展是博物馆事业发展面临的重要问题之一，只有把握好自身的战略定位，才能在未来发展中赢得机会。未来的德胜门箭楼应该成为北二环路上环境优美、建筑特色突出的标志性建筑，成为北京什刹海景区的重要衬景，古钱币展览馆成为德胜地区居民的首选博物馆，推出的展览特色鲜明、打造的品牌活动具有较高的知名度，吸引大批的观众走进博物馆，真正实现社会和经济效益的双丰收。

顾莹（北京市古代钱币展览馆，副馆长、副研究员）

试析博物馆展览解析体系

◎ 李 梅

作为展览策划及实施人员，在展览设计、策划、实施中，倍感困惑的一个问题是如何解析展览主题，以怎样的形式展示展品价值，阐释展品的艺术性以及对于当下的社会意义，实现展览向大众有效传播。

一、展览解析体系的概念与范围

首先，什么是展览解析体系？顾名思义，展览解析是围绕展览主题，向设计者以外的受众阐释展览的意义、主旨、展品的选择标准、展品的展示价值与目的，使观众了解设计者的初衷、思想，从展览中获得审美、历史、艺术、文化等方面的一些感受、认识、认知等。

明确了展览解析体系的概念，还有必要分析展览解析的范围。展览解析体系应当包括展览内与展厅外，即包括展览本身，也有展览配套措施。展厅中的文字、图片、颜色、声音等是展览解析的重要部分，不在展览中出现的方面，例如图录、导览、网络展示等，都应属于展览解析体系的范围。

目前我国博物馆界对展览解析体系的提法尚待明确，关于展览解析体系探讨的专题论文也并不多。[①] 在展览工作的实践中，关于如何解析展览主题、解读展览思想、解释展品价值等常常成为困扰的问题。国内业界缺乏成熟的实操办法的现状，引起笔者对展览解析体系的持续续关注持。

二、基于美学教育基础的艺术博物馆解析体系

在美国华盛顿乔治·梅森大学的视觉与表演艺术系的座谈中，高青副教授关于美育教育的一段话给人印象深刻。高教授是安徽人，

---

① 参见李梅《大英博物馆展览解析体系简论》，《中国文物文物报》2013 年。

在美国留学、工作多年，除了担任视觉与表演艺术系任课教师之外，还有一个身份是孔子学院的中方代表。在一个小时的会议中，高教授多次提及艺术学习，看重学生的艺术修养，并讲到即使学生将来选择的专业并非专业艺术表演，而作为艺术团体的管理者也一定要懂得艺术。因为高教授有孔子学院代表的身份，在任教过程中广泛接触美国学生的同时，也接触了许多来自国内的进修学生。对于选择相似或者相同专业的美国学生和中国学生，在艺术表达力方面存在很大差距，借用高教授的一句话概括这种情形：在美国学生中很难找到一名学生完全和艺术无关，相比之下，在中国学生中则很难找到一名学生和艺术有关。反差如此巨大局面其形成原因是多方面的，我们可以感受到在美国教育中美育教育是必修内容。

美国的博物馆艺术教育被纳入统一架构的教育体系中，成为教育的一部分。比如纽约银行街学校，是一座从幼儿园到中学、大学、研究生一贯制私立学校。我们此行到银行街学校首先参观了小学低年级的班级，在教室中见到一些小朋友绘制的中国瓷瓶、瓷盘等，咨询之后，了解到这些都来自于学生在博物馆中参观临摹，与老师就中国文化在学生中的介绍方式及内容等进行了简单交流。之后进入了研究生课堂，旁听一个艺术系研究生班级的课堂讨论，当时正在进行的是关于学生在参观博物馆之后进行的自主主题讨论，学生可以自由提出任何题目，大家发言，交换不同的意见。此次学校之行，深刻感受到博物馆在学校成为课程的重要部分，从一二年级到研究生的课程中，艺术、美学的教育重要途径之一就是博物馆。在这种教育背景之下，博物馆艺术类展览的解析有了坚实的教育基础。通过与多家博物馆的参观以及与专业人员的会议座谈，关注到到艺术博物馆解析体系注重审美培育、艺术史教育，注重艺术共性解读与艺术个性分析。

图1 随笔可画、随手可弹

以华盛顿国家美术馆（National Gallery of Art，Washington）绘画展厅的说明牌为例。

艺术品的解析区分不同的层次，其中大量的是对于基本信息的展示。以国家美术馆中的毕加索部分作品解析为例，解析文字基本信息包含作者名、国别、生卒年，作品名称、创作年代、画作分类、收藏者、收藏经历、收藏年份等。

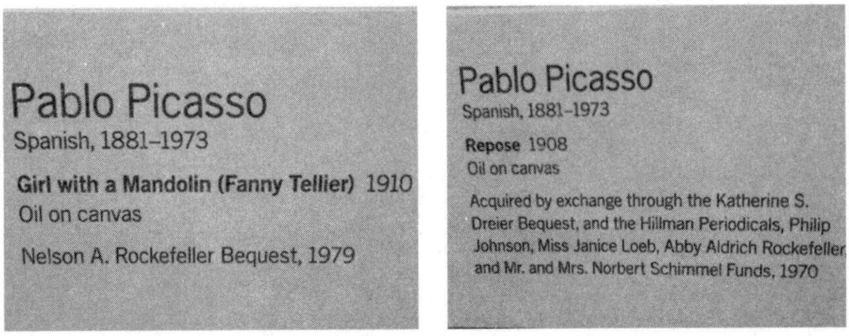

Pablo Picasso
Spanish, 1881–1973

Girl with a Mandolin (Fanny Tellier) 1910
Oil on canvas

Nelson A. Rockefeller Bequest, 1979

Pablo Picasso
Spanish, 1881–1973

Repose 1908
Oil on canvas

Acquired by exchange through the Katherine S. Dreier Bequest, and the Hillman Periodicals, Philip Johnson, Miss Janice Loeb, Abby Aldrich Rockefeller and Mr. and Mrs. Norbert Schimmel Funds, 1970

图 2　美国国家美术馆说明牌

解析艺术共性，重点阐释艺术的时代风格与特点。在展厅入口处的展墙上用精练的语言首先介绍一个时代的风格以及代表，为此解析系统中的第一层次（见图 3）。通过一段文字，让观众了解印象画派的主要特点，产生背景，代表人物以及主要风格等，浓缩精练的文字为观众提供了准确、精要的信息，展厅入口处的展板文字为参观者做好欣赏、理解展厅内艺术品的背景铺垫。

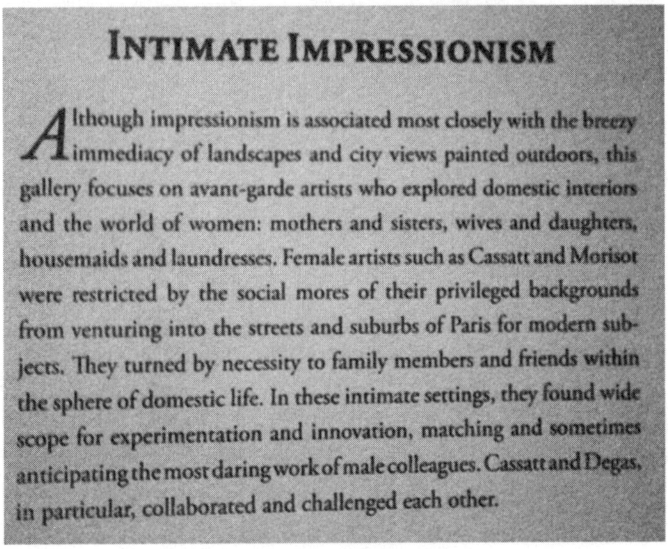

INTIMATE IMPRESSIONISM

Although impressionism is associated most closely with the breezy immediacy of landscapes and city views painted outdoors, this gallery focuses on avant-garde artists who explored domestic interiors and the world of women: mothers and sisters, wives and daughters, housemaids and laundresses. Female artists such as Cassatt and Morisot were restricted by the social mores of their privileged backgrounds from venturing into the streets and suburbs of Paris for modern subjects. They turned by necessity to family members and friends within the sphere of domestic life. In these intimate settings, they found wide scope for experimentation and innovation, matching and sometimes anticipating the most daring work of male colleagues. Cassatt and Degas, in particular, collaborated and challenged each other.

图 3　美国国家美术馆展板

展现艺术特性。仍以国家美术馆凡·高的作品解析为例，从展出的凡·高艺术精品中选取代表作品，为观众解读凡·高独具特色的艺术人生，解析凡·高绘画艺术中强烈的个人风格以及特色鲜明的个性。解析信息分为三个层次，第一层为基本信息，如作者名、国别、生卒年，作品名称、创作年代、画作分类、收藏者、收藏经历、收藏年份等。除了以上基本信息之外，还有语音导览的标志及数字编号。需要进行语音导览的展品为具有一定的代表性作品，观众看到某件展品的说明牌上有语音导览的标志时，无论此时是否使用导览器，也会特别关注。第三个层次的解析包含了基本信息与语音导览，以特殊形式的说明牌，通过文字、图片等详细展示某件作品，在展品的解析体系中对于重要代表之作多采用这类的形式而展开说明与解读。这样的解读突出了作者的艺术性，并分析了作品本身的独特之处、艺术特性等。

图4　美国国家美术馆说明牌

首都博物馆的陈列体系中，北京地区古代艺术精品展为艺术类展览。对如何处理艺术类展览的解析在新馆展陈筹备阶段经过一番论证，最终确定说明词的要素，第一层是名称、时代、作者（近现代书画作品），第二层是文物的功用，例如青铜器的用途等，第三层是简要阐述艺术风格，第四层是通过单元说明的形式解读大时段的艺术特点、内涵及时代特征，第五层是多媒体设备深入解读，包括文物来源等背景资料、艺术研究成果等。以上五个解析层次的确定最终依据于观众定位的科学分析。对各地游客、北京市民等普通观众而言，时间有限，多数走马观花，通过第一、二两个层次的说明以了解北京地区古代艺术整体面貌。第三、第四层的解读对想进一步了解艺术风格、整体面貌的中小学生观众提供帮助，传播文化艺术知识，第五层的解读内容为专业人士提供深入研究的线索以及资料。

三、科技博物馆的解析体系——将观众引入其中

科技类博物馆特点之一就是参与性、互动性。从传播学的规律出发，人们看到的东西不如接触到、体验过或者动手项目留下的印象深刻，注重观众参与在科技类的博物馆中被充分发掘利用。无论大人或者孩子，都喜欢动手摸摸看，拿起来玩一玩。比如，在克利夫兰湖区科学中心，由策展人带领，体验了各种科技展示项目。大家兴致很高，有些项目反复尝试，爱不释手。以下从体验者的角度，归纳科技类博物馆的几个特点。

注重互动、参与。以航空航天博物馆为例，发达的航天航空可以说是美国的骄傲，各地科技类博物馆中航空航天博物馆数量较多，这类博物馆绝大多数的展品，为退役的飞机等，成为展品之前原本就是实用品，可供登乘使用。在这些大型的展品前，几乎没有出现过隔离带、禁止触碰的警示牌等，观众可以排队，有秩序地登上去，在飞机的驾驶室中模拟驾驶员驾驶飞机，拍照留影，对于大众而言是一种难得体验。这样的体验形式没有过多的设计，而通过对展品还原式陈列的形式，既简单又实用，即满足了观众体验的参观心理，又使展览形式丰富多样。

图 5 塔尔萨航空航天博物馆

注重体验式解读。比如在旧金山科学探索中心，作为科技类博物馆的开山鼻祖，科学探索中心的很多做法受到行业内的追捧，一个成功的科学展览、体验项目推出之后，在行业内被迅速转载、模

仿。在科技探索中心的参观或者体验中，不时会发现某个项目以前好像见过，或者玩过，原来原创在这里。体验的方式，分为触感、视觉、情景式、现场制作等多种形式，随时可以看到操作间，研究人员修复、制作展品的现场，可以玩的科学游戏，可以走进去的大树，可以闻到的味道。

图6　旧金山科学探索中心维护操作间　　图7　旧金山科学探索中心科学小游戏

图8　旧金山科学探索中心展品：大树　　图9　旧金山科学探索中心：现场调味

　　注重科学性，坚持基础研究与资料整理。作为科技博物馆、科学中心，向观众传达的信息必须是确定、完整、准确、科学、严谨……所有关于科学的定义，在科学博物馆中不能缺项。做到这一点，需要大量的研究基础，在旧金山科学探索中心，策展人同时也是研究员，向我们介绍最引以为豪的是科学中心科学数据库的建设，自中心成立以来的几十年中，科学数据的积累为科学中心的研究、展示提供了最为有力的支撑。科学中心拥有众多研究人员，将其研究成果及时向公众展示。下图是在白板上，手绘的海湾水质的循环利用。采取这种解读形式实际上模拟了现场对话的场景，展柜内是海湾水处理的管道系统，用一块白板手绘勾勒主要处理步骤，简明清晰，有效拉近了观众与研究者的距离。观众会随着图中起伏的线条进入整个海水处理系统的研究中，并有所收获。

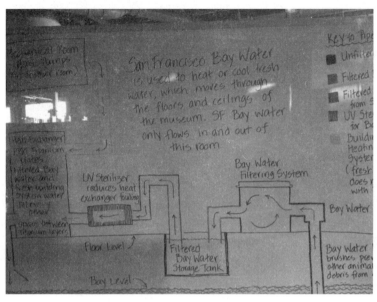

图10　旧金山科学探索中心：海湾水的处理流程

国内近些年新的文化中心建设较多，有演出馆场、有博物馆、有科技馆，多被称为"市民中心"，注重文化与科技并举，为公众文化休闲以及科普教育服务。关于科技类博物馆的解读，通常的做法是以体验为主。在科技馆中，很多科技设备前排着长长的队，是在等待的孩子们。注重动手参与为科技馆的特色，而如何在体验中寓教于乐，将科学精神传递给孩子们成为科技馆解析课题。在收获体验的快乐的同时，还应有所收获，了解一些以前不知道的科学原理等，这需要恰当的图片或者文字来辅助解读，深入浅出的阐释科技发展，形成持续的魅力吸引公众关注科学，探索未知。

四、从基础做展览解析行之有效

策划展览，首先应明确展览主旨，解析体系围绕展览主旨展开。无论国内还是国外，博物馆展览的晒宝时代应当已经过去，主题展成为当下博物馆展览重要方向。从展品选取、设计形式规划到展览配套项目，如图书、商品等都必须牢牢围绕展览主旨，而展览解析体系，以不同形式展开展览叙述，以便观众了解展览主题，或者说是将展览思想解析、剖析、解读出来。

深入透彻的研究为展览解析提供坚实的基础。这个问题实际上是原创展览策划中十分重要的环节，无论是器物还是某一历史阶段、某一文化特点等，专业深入的研究其成果之一是转换为博物馆的展览向公众展示、普及知识，这个过程是由浅入深的研究、由深到浅的解读。第一个步骤决定了展览的水平与质量，第二个步骤决定了展览的普及与被接受程度。好展览是磨出来的，一个展览要经数年时间的筹备才能完成，纽约大都会博物馆的筹展过程就是很好的例子。以研究为基础，确定展览主题，之后确定展品，在展示要素都已经确定之后，主要策展工作基本是围绕着如何解析展览而展开的。源于深入研究的基础，解析的文字、图版、表格、照片、影像等才得以体现科学、准确、严谨。

注重解析层次的逻辑关系。对于不同的展品、不同的展示重点采取不同的解析形式，解析层次之间逻辑相关。一种结构形式为总体说明＋个体说明，如上所述的艺术类博物馆的例子就是采取这种结构，首先总体介绍了时代特点或者画家风格，再用详细的图文解释代表性作品特点。不同的解读层次间存在有机联系，或者层层递进，或者深入补充，或者解读背景等。首都博物馆《古都北京·历史文化篇》为历史文化类展览的典型之一，展览解析分为五个层次。第一层单元说明，整个展览分为十个部分，在各部分的第一个顶柜展示整体说明；第二层说明带，被称为腰带，在展柜下半部，呈带状，用用文字解析展品的基本信息，包括名称、时代、出土地点、简要的群组说明；第三层柜内展示地图、照片、表格等辅助展品；第四层顶柜辅助视频；第五层世界文明概览，用大时段大事件的对应，展示北京历史发展过程中的外部环境。

恰当使用不同的解析方式。说明牌为最为常用的一种解析形式，有一般说明牌，还有突出重点展品的说明牌，通过文字、图例等形式说明展品。另一类说明是场景式解析，即为观众营造身临其境的感受，增强感染力。以美国大屠杀纪念馆为例，在众多发人深思的展示中，有几个展示区，其解读方式较为独特。一个池子都是变形了的鞋子，这个池子里的鞋子有各种各样的材质、各种尺码、各种颜色，但都是扭曲、变形，好像在讲述主人的生活与结束。要知道每一双鞋子都是一个活生生的人，堆积的鞋子令人想到堆积的尸体，深感恐惧。用场景复原的形式展示了一个叫约翰的帅气男孩的房间，从其日常生活所用的小皮鞋、衣服、水杯等物品中可以感受到活生生的一个犹太小男孩的美好生活，而这一切在出口骤然停止，在大屠杀中他的幸福美好的生活终止了。从美好开始，以心碎结束，讲述了大屠杀中，千千万万的孩子们的悲惨命运，引起观众强烈的同情与悲悯。

李梅（首都博物馆，副研究员）

互动性展览与青少年教育

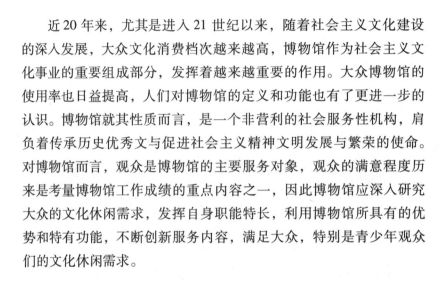

◎ 宋长忠

近 20 年来，尤其是进入 21 世纪以来，随着社会主义文化建设的深入发展，大众文化消费档次越来越高，博物馆作为社会主义文化事业的重要组成部分，发挥着越来越重要的作用。大众博物馆的使用率也日益提高，人们对博物馆的定义和功能也有了更进一步的认识。博物馆就其性质而言，是一个非营利的社会服务性机构，肩负着传承历史优秀文与促进社会主义精神文明发展与繁荣的使命。对博物馆而言，观众是博物馆的主要服务对象，观众的满意程度历来是考量博物馆工作成绩的重点内容之一，因此博物馆应深入研究大众的文化休闲需求，发挥自身职能特长，利用博物馆所具有的优势和特有功能，不断创新服务内容，满足大众，特别是青少年观众们的文化休闲需求。

一、博物馆与展览

博物馆是一个全面开源社会组织，面向社会所有个体开放，它的使用者及其广泛，是具有完全意义的教育工具。在中国，作为新博物馆事业的创始人张謇在创办中国第一个公共博物馆——南通博物苑时，就十分注重其社会教育作用，他认为博物馆"高阁广场，罗列实验，得以综合古今，纵人观览"。"使承学之彦，有所参考，有所实验，得以综合古今，搜讨而研究之"。当代众多的博物馆界人士也曾提出：博物馆工作以及藏品利用的首要目的应该是社会教育，也就是我们经常所说的服务社会，实现"社会效益"最大化。

博物馆的社会教育职能是指博物馆运用馆藏文物、标本，通过专业研究，利用展示和讲解向观众实施社会教育的一项工作。博物馆的社会教育是我国精神文明建设的一个重要组成部分，特别是针对广大青少年的教育，已经成为新时期国民教育纲要的一个重要组成部分，梁启超先生的《少年中国说》中就曾指出"少年智则国智，少年富则国富，少年强则国强，少年独立则国独立，少年自由则国自由，少年进步则国进步，少年胜于欧洲，则国胜于欧洲，少年雄于地球，则国雄于地球"。

随着历史的发展，社会的进步，文化的繁荣，特别是中央提出的"文化大发展大繁荣战略"给我们所有博物馆提出了新的要求，要求博物馆要充分施展、发挥社会主义国民教育职能，从而提高国民教育水平，促进民族素质的综合提高。因此，"展示、宣传"已成为博物馆发挥教育职能的主要手段，所有收藏、保护以及在此基础上的研究都由"展示"的发展而丰富、而持久、而提高。所以说，办好陈列展览在发挥博物馆社会教育职能中具有十分重要的地位。博物馆的展览要符合现代社会发展，尤其是符合青少年文化发展需求趋势，它要求不仅在陈列形式上是一流的，还要有针对性，在陈列观念上更符合时尚，更适合青少年观众的口味。所以21世纪的陈列设计，不光是要运用现代高科技的问题，而且还是研究现观众参观代意识。

二、展览在中国

何为陈列展览？陈列展览就是博物馆在一定的空间内，以文物、标本为基础，配合适当的辅助展品，按一定的主题、序列和艺术形式组合而成，进行直观教育和传播知识、传播信息的展品群体。陈列展览的水平体现在它的内容和形式上，要根据陈列的主题，充分运用空间、光线、色彩等艺术手段，深化主题，吸引观众，起到潜移默化、寓教于乐的效果。

打造以观众为本的陈列展览。陈列展览是博物馆面向大众发挥文化休闲功能的主要方式，因此博物馆除发挥馆藏优势、经常举办各种陈列展览外，陈展的内容及展出效果也不容忽视。目前许多博物馆的陈列展览依然单调乏味，还经常可见"请勿触摸"、"不许拍照"的警示牌，让人毫无亲切之感。然而，青少年观众活泼好动，求知欲强，博物馆应尽快适应他们的需求，更新陈列设计理念，以观众为本，寻求丰富多彩的陈列表现形式。

随着现代博物馆的产生，博物馆陈列展也发生了深刻的变革，经过人们研究、总结、加工的一系列成果被组合成不同的展览陈列。我国博物馆陈列方式主要以固定陈列为主，但像美国大都会博物馆在创建初期就在其展览陈列中加入了一些可以供观众亲身参与操作的现代工业设备、模型等展品，观众可以亲自使用这些展品，大大的调动了人们的热情，这在当时造成了极大的轰动。19 世纪前半叶，欧洲工业革命正如火如荼地进行，科学技术的飞速发展，使人类生活发生了巨大的变化，1851 年在伦敦水晶宫举行第一届世博会。在创造一种创造更方便、更舒适、更轻松、更合理的生活宗旨下，大量的采用了互动式地展示手段，观众反响强烈，产生了世界性影响。

三、互动性展览与青少年教育

在中国，博物馆事业虽然起步较晚，但在近些年来，博物馆的发展却异常的迅猛，馆舍的大量建设，精品展览的推陈出新，管理制度和经营理念的完善，出现了博物馆事业蓬勃发展的全新局面。另外，由于电脑技术和声讯科技的巨大进步，文化传播的多重形态正在越来越深刻地改变着人们对博物馆陈列展示的看法。公众要求博物馆提高到能满足观众官能享受的水平，展览不仅仅是告知主题，而且能从中获取更多的"情感"、"沟通"、"共鸣"等这样的富有人情味的体验。现在，博物馆建设发展的过程中，博物馆的陈列展览形式由封闭逐步向互动、开放的动态形式转变。增设互动项目，让观众零距离接触一些展品，从而把参观变成一种良好的交流体验和娱乐活动，正逐步成为博物馆陈列展览发展的一种新的动向。这一发展趋势广泛的得到了观众的认可，特别是得到了广大青少年观众的喜爱，具有成为新的博物馆展览发展流行的趋势。

（一）拒绝死板，走向活泼，互动性展览的产生

1. 传统陈列展览的有利与不利

在博物馆中陈列展览的方式多种多样，例如我们常见的展柜式陈列展览，以若干数量的展柜连接组成展线，再将器物或模型陈列当中，此中陈列方式在博物馆中使用率极高，展示效果较好。另外还有场景复员式陈列展示，它通过模拟或恢复展示器物历史存在状态，达到以景托物的特定视觉效果，从而使参观者更容易理解认识

该器物，此种展示手段直观性强，视觉效果良好，图片展、宣传片放映等也是传统陈列展览常用的手段。传统展览手段在博物馆中大量应用形成了各种各样的展线，但青少年不喜欢看，观众在参观过程中常会感觉到沉重与压抑，它不仅仅来自于数千年的历史积淀，也暴露了传统陈列展览手段的不足和弱点。

其一，传统陈列展览形式单调，青少年看不懂。在博物馆之作陈列展览的时候通常以线为纲，无论是年代的历史纵线还是某一事、物发展贯穿的横线，均以教材的形式推出，大有浓重的教科书气息，这类展览的设计者通常是站在博物馆的立场上，认为参观者应该喜欢工作者精心策划的展览，因为展览是浓缩的历史过程，充满了知识，参观展览就可以学习历史增长知识，达到学习的目的。但通过对观众的访问，我们发现实际观众对展览大多提不起神，看后没什么感觉，印象不深，过后就忘。

展览陈列是博物馆利用馆藏品、照片、模型等进行组合排列来实现博物馆的社会教育功能的主要手段，在这个过程中博物馆工作者往往根据教科书、工具书或一些专门研究成果、发掘报告等内容，再加上自身的认识来组织安排，因此在这种情况下就不可避免地，或多或少地带有教材的味道和个人的认识因素。如此一来，内容罗列再加上个人因素，通过博物馆传统陈列展示出来，就会造成不利于观众理解展览，干扰对事物的认识，从而形成一种强势的一是灌输，起步到应有的作用。

其二，博物馆传统陈列展示与参观者之间距离较大，青少年看不到。在参观博物馆展览的时候，我们常会见到一些参观者的头部撞到展柜玻璃上，就这一现象究其原因，无怪乎就是观众想更近距离地观赏展品，但展品的距离设计得过远了。想象一下在同样的展柜里陈列着大到鼎瓮小到粟米的展品，他们的观看距离不会相同。另外人眼观察事物是有最佳视距的，如我们在日常看书的时候大概需要 30 厘米左右，看电脑屏幕要 50 厘米以上。在家庭生活中，我们会根据电视机的大小来调整观看的距离，同样在布置博物馆展览陈列时需要我们加以考虑，无论大小都放到同一展览平面上，是不可取的，会让观众刚到很不方便，很不人性化。

在博物馆观众使用博物馆时，通常会用视觉加感知去理解展览，将看到的事或物进行分析理解最后达到认知的目的。但在实际生活中，因每个人的认识理解水平不同，文化层次不同，审美取向不同等因素影响，就不可避免地与展览的设计者的初衷产生背离，并与观众之间产生了无形的距离。另外展览陈列传达的信息量较少，与观众的需求有很大的出入，观众想知道的没说，观众不想了解的讲了一堆，到头来起不到应有的作用，等于做了无用功。

其三，博物馆传统陈列展示往往采用通史陈列、编年陈列，青少年不爱看。因此大多通过大量的事件堆积、对比最后传达给观众的是某一事物的发展过程，通过发展规律总结事物发展方向，达到以古资今的作用，起到社会教育的目的。不妨设想一下，为了让观众认识什么是青花瓷器，我们就要给观众介绍陶瓷的产生发展史，从远古陶器烧制到半瓷半陶的出现，在从早期瓷器到成熟的瓷器，还要介绍低温釉、高温釉和青花釉，最后将这一过程完整地展示在观众眼前，这就是设计者完美的社教方案，可以让我们了解陶瓷发展历史。但就一件青花瓷器如何好，价值何在？这些参观者想知道的却没有说清楚。陶瓷发展历史与一件器物之间存在着什么样的关系不是必然的，它只是偶然的发生与存在，如果我们只延续传统陶器时代就不会有发展的瓷器时代。为了解释一个个体，却要介绍一段历史，这对观众来说真的"很累"。但另外在这个过程中各个阶段的展览内容各不相同，虽然有一条主线贯穿，但知识点相当庞杂，缺乏深入，表面看上去内容丰富、饱满，但仔细研究就会发现，展览所要说明的每件事物都没有说清楚。最终，参观者看了一大堆内容，但想了解的内容却没有看明白。

2. 互动性展览的特点

现代科技尤其是现代信息技术不断进步，自动控制、仿真、虚拟现实、影视技术等现代多元的展示手法，利用如声光、影象合成、多媒体、感应器等科技设施，将红外线感、语音辩识、磁浮原理、镜子或光学投射出虚幻物体等数十种融合电子科技与机械原理的高科技手段为博物馆创造互动化的辅展系统提供了广阔的空间，使互动项目在展览中的实现成为可能，并且互动性展览特点突出。

首先，互动性展览与传统展览陈列不同，互动性的展览自身的形式丰富多样，青少年喜闻乐见。博物馆展览的互动有两层含义，一种是"互动"式展览，让观众与整个展览或展览中某个环节互动，就是在展览制作的前期邀请观众加入，通过博物馆和观众之间的沟通和协作，完成展览的陈列提纲编写、挑选展品、策划展览形式等前期工作，在互动中共同完成展览。另一种是博物馆展览中的互动项目，指的是一种体验式展示手段，须通过观众的参与一起完成展览项目，我在这里着重说的是展览中的互动项目。

首先，互动性展览制作的出发点与传统展览有所不同，它所考虑的不仅是展品与内容的排列组合，而是将参观者这一主体考虑到展览的内容里。在这种前提下，观众即是展览的使用者，又是展览的一部分，展览将观众有机地融入其中，形成了有效的互动和良好的展览关系。观众通过亲身参与展览活动，所接触的均为有声有形的具体事物。我们都参观过天坛，天坛有一个回音壁，大家走到这里的时候，大多会拍一两下手，听一听回音，这个拍手动作看起来简单，但观众通过从回音壁返回的回音中体会到了参与的乐趣，留下了美好的回忆，相信大家都有此同感吧！

现代多媒体技术已经相当得发达，这些技术被广泛地应用到各行各业，特别是新兴的展览行业，博物馆展览也同样大量地应用了此技术。在大型的现代化博物馆中，多媒体互动式交流界面被大量使用，首都博物馆、上海博物馆等大馆都在延伸自己的多媒体交互式展示手段，他们通过互联网、局域网等技术在全国乃至全球范围内开展了观众与博物馆的交流互动，达到了传统承烈展览所不及的展示效果，对传统陈列起到了延伸和必要的补充作用，提高了博物馆的实现社会功能的本领，扩大了知名度。但就互动多媒体终端来说，如果设计开发的水平较高，观众就会乐于使用，虽然是在虚拟环境下的餐馆，但是其参观热情一点也不亚于真实的陈列展览。比如北京古代建筑博物馆制作的《中华古建知识之旅》、北京大葆台西汉墓博物馆开发的《夺宝小奇兵》科普互动项目一经推出就受到观众的喜爱，通过对这两个项目的使用率统计基本上达到了50%以上。大家可以想象一下，在参观博物馆的过程中，能在某一单件展品前停留 10 分钟以上的能有几件？但在多媒体终端前有35% 的观众要停留 10 分钟以上，由此可见观众对多媒体互动终端的喜爱程度。

互动性展览制作的出发点、切入点大都基于实际生活，是大家认知度高、较容易接受的知识。如辽金城垣遗址博物馆推出的科普互动项目"曹冲称象"，就是以小学课本内容为蓝本，设计开发的，在展览期间，大量的青少年参与此项活动，通过简单的操作来解释深奥的道理，容易被认可。

其次，真切、真实，拉近观众与展览的关系，如同青少年做游

戏。互动性展览史展览中的一种，其突出特色就是"互动"，设计者的出发点就是将观众有机地融入展览中，使观众成为展览不可或缺的一部分，它要求观众亲身参与，与展品展具进行交互式的接触，在这个过程中是参与者了解展品，认识其内在道理。由于观众自身成为展览的一部分，因此可以亲手触摸展品，在这个过程中，通过触觉、听觉、视觉等满足了观众了解展品、学习知识的要求，极大地调动了参观者的积极性，更有利于我们清晰透彻的认识到展览所要传达的内容。展品看得到，摸得着，可以全面地感知展品的各个方面。例如，质地、重量、手感、厚度等等，有效地避免了传统陈列展览中展品的实例不可见区域的出现。以青花瓶为例，传统陈列展览很难让观众从各个角度都看得到，但互动展览就不同了，可以从多角度观赏展品，了解其重量，釉质及胎体的细腻程度也可以通过触觉加以了解。观众亲身参与互动展览即可以远观展品其形，又可以近辨其纹，展品上所携带的全部信息会通过与参与者之间的互动交流，完整、全面、真实地展现在其面前。

最后，互动性展览的设计多是以点切入，以点概面，因此在展览设计之初就要求设计者明确展品传达的信息简洁但不简单。好的互动项目，位置、空间、大小、造型、色彩、声音等应恰如其分地体现在展览环境中，同主体内容和谐共生。另外观众在使用互动展览的时候是其自己通过各种感官来感知该事物的过程，获得的都是第一手信息而不是通过设计者加工总结的理论或经验，因此也避免了信息的误解与误传。以北京古代建筑博物馆的科普互动项目为例，项目开发小组就是在研究中国传统建筑的基础上，提炼出中国古建筑的精髓所在"榫卯"，并且以榫卯为基础，开发了建筑构件"斗拱"、房屋构架、拱桥、牌楼、六角亭等众多项目，在历次的科普活动中受到广大青少年观众的喜爱。

（二）制作互动性展览设计的一些理念

1. 互动性展览的开发要抓主要住切入点

任何一个项目的制作都会有注释，把自己将要开发的项目进行深层次的剖析，逐级过滤掉相对次要的内容，留下重点，如是往复几次，最后剩下的就是我们所要的切入点了。在切入点选择的实际操作过程中要牢记的原则就是"避免广而泛，大而浅，力求做到小而精，以点概面"。另外在展览标题的选取上一定要本着概念清晰准确原则，对那些界定不清、学术上有争论的内容要彻底回避，对那些大众认知度高、社会公信度好的概念要尽力挖掘。换句话说，互动性展览找到准确的切入点就意味着项目已经成功了一半。成功的例子有辽金城垣博物馆的"水"系列项目，包括水车、压水机、抽水机、曹冲称象等，还有北京古代建筑博物馆的筑构件"斗拱"、房屋构架、拱桥、牌楼、六角亭等。

2. 在互动性展览项目的开发上要摆脱惯性思维，不落窠臼

我们日常生活中常说的一句话就是"因为……所以……"这就是我们所说的惯性思维，有因有果。说到摆脱惯性思维谈何容易，从小学到大学，我们所受的都是这样的教育方式，大到天体物理学理论，小到日常穿衣戴帽，到处都是日常积累和经验的总结，但是如果将这些理论、道理通过简单的实物来解释就不容易了。为此，古代建筑博物馆走进学校、幼儿园去观察青少年及儿童观众的日常行为，还把他们请到博物馆内，让他们为博物馆提意见、出主意。在设计互动项目的时候，尽可能多地听取他们的意见，通过不断的改进，最终形成他们喜爱的项目。正是基于"青少年的展览青少年办"的原则，克服了以往的说教式展陈，为古建馆的科普互动项目赢得了青少年及儿童观众的心，也得到了领导的认可。

3. 加强互动性展览的实际操作可行性研究。

互动性展览主题选定后下一步就是策划制作了，有了好的主题也要有好的策划，策划后的效果能否体现主题是项目成功失败的先决因素。这就好比科学家的研究成果一样，尽管在实验室内取得了不俗的成绩，但脱离了实验室的环境就无法实现，那它就还不能说是一项好的成果。制作互动展览就是要克服固定陈列的弊病，让展览活起来、动起来，因此在项目的策划阶段就要从各个方面进行可行性分析，包括制作实验品进行科学测试在内的尽可能多的实验手段。在互动展览中，主题是否可以被完整清晰地阐释出来和项目内容是否可以准确地展示主题等，就是互动展览的实际可操作性，满足了以上条件才可能制作出好的互动性展览。

4. 互动性展览活动项目的操作要避免维一性

这就像我们开汽车时，车可以往前走也可以往后退一样，我们设计的动手项目也应具有正反可操作性，并且还要做到操作过程中多种方法都可以实现同样的结果。因为在实际的操作过程中，青少年观众都是心浮气躁的，他们爱热闹、爱扎堆、爱争抢，因此一项

互动活动就要从青少年的特点入手，设计操作可行、质地结实的展品。另外在设计项目的时候还要注意参与项目的时间设计，既不可过长，令观众厌烦，也不可过短，刚产生兴趣就已经结束了，经过我们的观察，每项活动的时长应在10分钟左右，最后还要强调激发参观者的自主学习与思考能力的培养。

四、互动性展览的展望

目前，在世界博物馆界大多有识之士业已取得共识：博物馆是一种面向社会、具有广泛意义的教育工具，博物馆展览理念实现了从"以物为本"到"以人为本"的转变。现代观众的需要正在从内容的满意、理性的满足上升到形式的满意、感性的满足，现代博物馆陈列展示设计艺术多元化设计思想的引入，现代信息技术的不断进步，使互动性展览在博物馆展览中悄然兴起。博物馆展览互动项目借助游戏、情景模拟等手段，让参与者找出展品和古代历史之间的联系，大大提高了展览的参与性、趣味性，寓教于乐，为博物馆增添了活力与生机。现代博物馆陈列展示主题陈诉与文化传播，都在经历着一个深刻的变化，形成了现代博物馆陈列展示的全新理念。为了更好发挥好博物馆的社会职能，应加大对互动性展览的开发与投入力度，通过互动式展览补充传统的陈列形式的不足。我国博物馆界在落实"三贴近"原则的基础上，尝试建立开放展线，打造以观众为本的互动式陈列展览，创造出大众喜闻乐见文化产品，更好地发挥了博物馆的优势，这一系列高品质的互动展览进一步满足了大众文化消费需求。相信在今后相当长的一段时间内，通过全体博物馆工作者的努力，博物馆的陈列展览将逐步由封闭、死板式向互动、开放式的动态形式转变，更好的互动项目、更多的技术手段的使用，进一步让观众零距离接触到展品，从而把参观变成一种交流、娱乐的良好体验活动，必将成为博物馆陈列展览追求的目标和发展方向。

综上所述，互动性展览在博物馆中已经被广大参观者接受和认可，成为大众喜闻乐见的一种好的展览方式。不难想象在不久的将来，互动性展览会在博物馆展览中起到越来越重要的作用，必将成为促进社会主义文化大发展大繁荣的最有效手段之一。

参考文献

1. 李文儒主编《全球化下的中国博物馆》文物出版社出版 2002 年 5 月第 1 版。
2. 北京博物馆学会主编《博物馆社会教育》北京燕山出版社出版 2006 年 7 月第 1 版。
3. （英）罗杰·迈尔斯 Roger·miles 劳拉·扎瓦拉 Lauro·zavala 著，潘守永、雷虹霁翻译：《面向未来的博物馆——欧洲的新视野》北京燕山出版社出版 2007 年 8 月第 1 板。
4. 王宏钧主编《中国博物馆学基础》（修订本），上海古籍出版社出版 2006 年 12 月第 1 版 。
5. 北京市文物局编《文物工作实用手册》华龄出版社出版 2005 年 5 月第 1 版。
6. 曹丛坡主编《张謇全集》（第四卷），江苏古籍出版社出版 1994 年 9 第 1 版。

宋长忠（北京石刻艺术博物馆社教部，主任、馆员）

博物馆学研究

浅谈古建遗址类博物馆办公基础建设工作

◎ 闫 涛

北京古代建筑博物馆文丛

第二辑

2015年

298

博物馆作为最重要的文化场所之一，在从事文化研究的基础上要对外开放，为广大观众的文化需求服务，为丰富社会文化生活服务。博物馆是一个需要严肃的工作态度、严谨的工作作风的工作场所，同时，博物馆作为一个庞杂的文化机构，所涉及的内容非常广博，所以博物馆需要高效率的办公，无论是办公人员的素质还是办公场所的建设都要高效而高质量。

博物馆给观众的印象是各种门类的展览，各种特色的活动和文物古迹，这是博物馆面对观众所呈现出来的最直观的印象。但在这些工作的背后是博物馆的办公基础建设的不断完善和创新，是博物馆工作人员综合素质的不断提升，只有在基础建设提供有效保障的前提下，才能令博物馆工作人员发挥出最大的能量，才能将所有的能量集中于博物馆的建设。因此，博物馆的办公基础建设非常的重要，也是决定一家博物馆是否可以持续发展，是否能够不断吸引高素质人才加入，是否可以不断推陈出新引领文化发展的关键保障。

以下通过笔者的文博工作经验和实际工作中遇到的问题浅谈下古建遗址类博物馆的办公基础建设。

一、基础办公设施的建设

博物馆作为一个开放的场所，同时也是工作人员日常办公的机构，要承担好观众接待工作和满足职工的办公需求，则首先要做好办公基础设施的建设，这是开展一切工作的基础。

（一）基建设施的完善

博物馆的路面建设。古建遗址类博物馆的地面通常是历史原貌地面，由于若干年的自然侵蚀和不同岁月的使用痕迹，造成了不同程度的损坏，只有一部分可以正常使用，但是很多已经不适宜开放给观众自由使用了，一是会对地面造成进一步的破坏，二是容易造成观众的受伤。所以，博物馆首先要进行地面改造，将原始路面改造成平坦而防滑的路面以适应开放和办公的需要。

博物馆的照明建设。古建遗址类博物馆的照明涉及到两个方面，一是服务开放展览的基础照明，二是服务景观展示的景观照明。基础照明是服务博物馆开放的，随着博物馆建设的不断创新，博物馆并非只有白天开放，古建遗址类博物馆通常采用自然光来辅助开放，缺乏室外的照明体系，已经不能满足博物馆发展的需要了。现今博物馆会承担更多的社会活动比如"博物馆之夜"或者其他的晚间活动，所以需要良好的照明来为弱光环境下的参观活动服务。另一方面作为城市景观的一个重要组成部分，古建筑的景观照明是点睛之笔，是一道非常亮丽的风景，所以要做好景观照明的建设工作。博物馆的照明建设是博物馆"亮起来"的关键，既能满足博物馆的工作需要又可以不断吸引眼球，值得开展。但在古建筑中进行现代照明系统的建设要充分考虑保护问题，以及在使用中的安全问题，使照明系统为博物馆增色又不添麻烦。

博物馆的电力系统建设。不同于现代化的博物馆场馆，古建遗址类博物馆的开放展厅和展览都是在古建中，所以通常电力系统的建设很不完善，难以承担高负荷的活动需求。随着博物馆现代化建设进程的不断加快，越来越多的现代化电子设备的应用和大型活动对电力使用的需求，特别是博物馆照明系统对电力容量的高需求，对博物馆电力系统建设提出了更高的要求。要在保证满足使用和使用安全的前提下，进行电力扩容工作，通过扩容，来完善博物馆电力系统，提升博物馆承担大型活动的电力保障能力。

博物馆的绿化建设。博物馆作为一个开放单位，要为观众参观营造好一个良好的参观环境，博物馆场地的绿化工作要持续做好。古建遗址类博物馆通常会有较多的古树，日常要养护好，古树环绕是博物馆文化的一部分，也是博物馆魅力的一部分。同时对于院落开放空间绿地的美化，要尽量采用四季皆绿的草坪，并在平时勤加修剪，在不同季节都能让观众感到赏心悦目。博物馆的绿化工作做得好可以令观众在博物馆参观展览、领略古建筑风采的同时，有一个良好的休闲场所，在感受传统文化魅力的同时可以放松身心，增加观众在博物馆的游玩时间。

（二）办公设施的配套

稳定而先进的办公设备的配置。博物馆的工作已经随着科技的进步而不断加快现代化的进程，越来越多的工作依靠电子设备来完成，包括电脑系统、网络系统、打印系统、数字影像采集系统、多功能投影系统、展厅数字展示系统，等等。日常的办公已经离不开电子设备的辅助了，所以要为不同工作职责的员工配置符合其工作需求的先进的电子设备。因为电子设备的更新频率快，使用需求变化多，所以需要根据实际情况进行不断的更新和升级，这也是为了更高效地完成工作。但是随着博物馆现代化设备的大规模应用，很多设备的更换周期是有一定的限制的，所以难以满足所有工作人员的最新的需求，那么就要在设备维护上投入更多的精力，以保障在现有设备的基础上发挥出最大的作用。

博物馆办公网络环境的搭建。随着博物馆现代化进程的加快，博物馆对于网络的依赖越来越大，无论从展馆开放的无线网络应用到日常办公的网络使用，都需要高速而稳定的网络系统。博物馆要在大力更新办公电子设备的同时，不断提升网络的速度和稳定性，采用更稳定的网络接入服务商，采用更稳定的网络接入和分配设备，努力保证网络的畅通和高速以服务博物馆的办公和开放。

良好办公环境的营造。博物馆要为职工努力营造良好的办公环境，让职工工作起来身心愉悦，这样才能更好地提高工作效率。首先要有比较舒适的办公场所，职工每天要在博物馆度过 8 个小时的工作时间，并且在这里完成博物馆的主要工作内容，所以一个舒适的办公场所对职工来说非常重要。要保证办公场所的干净整洁和温度适宜，提供尽量贴合职工工作需求的办公设施，同时建设好职工工作期间生活保障设施，为职工安心工作提供良好的平台，使职工愿意在博物馆营造的办公环境中工作。

（三）开放服务设施的到位

公共标识清晰到位。作为开放单位，博物馆要致力于打造清晰、丰富的公共标识来为观众参观服务。博物馆作为文化休闲场所，既要向广大的观众传播文化知识，也要满足观众在博物馆中游览休闲的需求。首先，博物馆需要有完整的导览图，并且在观众必经之处

或者岔路处尽可能多地设置导览图，让观众可以在任何地方知道自己在整个博物馆中的位置，并决定接下来往哪个方向走。其次，要有清晰的展览参观顺序引导标识，形式可以灵活多样，但是要清晰且辨识度高，并巧妙融合在展览中，使观众在参观展览时不知不觉地就顺着引导标识参观了，而没有突兀感。同时，博物馆各处要有公共设施的清晰引导标识，比如安全出口、卫生间、文创产品区、休息区等，为观众游览博物馆提供便利条件。

无障碍设施的完备。为方便游客参观，特别是照顾到行动有障碍和老年观众的需求，博物馆要建设完善的无障碍设施。无障碍设施的建设体现了博物馆对观众的关爱，也是博物馆人性化发展的重要举措。这些设施是很多观众到博物馆游览的依赖，如果没有的话，就等于将这部分观众拒之门外。对于无障碍设施的建设要用心，更要巧妙，使设施本身同博物馆的大环境融为一体，切实实用、易用，不是为了摆在那里看，而是实实在在的可以用。

入门检查系统的完善。博物馆要建立完备的入馆安检系统，从人到物，再到车都要有措施，保障博物馆的安全。作为开放服务的第一关，入门安检系统至关重要，选用先进的设备，设置合理的通道，使观众避免长时间等待，同时遇到恶劣天气也可以让观众不必暴露在空旷地，既保证安全又服务好观众。

形式多样的票务系统。现在很多博物馆实现了免费开放，但是部分古建遗址类博物馆依然要收取门票才能入内参观，所以票务系统依然是部分博物馆的重要服务工作。随着无线高速网络的覆盖和智能手机的普及，票务系统也逐渐摆脱了现场购买的传统方式，而可以网上购买或者通过不同的服务卡来刷卡入馆参观。所以博物馆要根据观众的使用习惯，不断创新，建立灵活多样的票务系统方便观众，虽然这将会加大博物馆的工作量，但却可以吸引更多的观众，扩大博物馆的受众范围。

二、办公基础建设中"人"的重要性

博物馆的办公基础建设硬件是依托，而"人"是根本，只有切实提升职工的个人能力，为职工的个人成长和发展创造有利条件，博物馆的工作才能有序而高效地展开，所以博物馆的发展同职工个人的培养和发展是紧密结合的。

（一）职工办公能力的培养

职工的办公能力是需要培养的，这一方面指的是专业技能的培养，一方面指的是工作经验的累积。博物馆的工作和建设最终是要落实到"人"的，只有通过职工的实际工作才能支撑起博物馆的发展，所以对于职工的培养要同博物馆发展提升到同样的高度重视起来。职工的个人能力和知识结构不等同于其直接上手工作并完成好的能力，因为实际工作不像看起来那样简单，需要很多的磨合和技巧并通过不断实践才能完成好。这就需要对职工进行岗位教育和实际指导，对其进行有针对性的工作指导，使职工能更快上手，更快适应新的工作。博物馆是文化机构，所以只要是博物馆的从业人员，不管你从事的是具体哪个部门的工作，都要对博物馆文化有一定的了解，因此对全体职工都要开展博物馆知识的普及型培训，使职工对博物馆有充分的了解，利于在工作中更好地发挥能力。同时，要提供更多的锻炼机会给新职工，让他们可以通过实际工作来提升工作能力和提高工作效率，在实践中不断进步。博物馆应该始终重视职工的素质教育和专业技能培训，最好是定期开展培训，或者给职工创造学习的机会，同时建立可持续发展的模式，使老职工保持工作热情，紧跟社会发展和技术进步不断提高自身能力，不停留在"吃老本"的状态。

博物馆还要加强交流和学习，多让职工去学习其他博物馆的优秀经验，开阔眼界，在交流学习中获得启发。今天的博物馆已经发展成为了文化服务的先锋，越来越多的先进技术力量都成为了助力博物馆建设的重要依托，所以不同的博物馆根据自身特色创新出了很多独具一格的发展模式，非常得吸引眼球。博物馆的职工要在文化研究的基础上，多吸收外界的新鲜事物，多学习其他博物馆的工作亮点，通过学习和借鉴提高自己的工作水平。博物馆为职工创造交流学习的机会也是对职工个人培养的一个重要方面，文化研究和文化创意需要不断地吸收新的元素，融入新的理念，而这些创新的获得需要"走出去"，任何闭门造车的行为只能造成文化的倒退。

（二）服务接待的礼仪培养

博物馆作为开放单位，服务接待是日常工作的重要一方面，服务接待水平的高低直接影响着博物馆传播文化的效果，直接反映了博物馆的办公能力和建设水准，是衡量博物馆工作的重要标准。而博物馆的服务接待是通过"人"来实现的，通过博物馆职工的接待工作，通过职工对观众的服务细节反映出博物馆的工作水准。

服务接待的态度。博物馆是文化提供者，是知识传播者，更是社会服务者，博物馆提供的是文化服务，既然是服务，那么态度至关重要，直接关系到观众的感受，决定服务的成败。观众来到博物馆参观，不仅仅是学习知识、了解文化，也是享受博物馆作为文化休闲场所提供的服务，所以博物馆的服务接待工作是博物馆口碑累积的重要方面。这里的服务态度包括与观众面对面交流的态度，面对观众电话咨询的态度，和观众网上互动的态度等一切围绕着为观众服务所体现出来的态度。博物馆在很多人的传统印象中是比较刻板和严肃的地方，有点高高在上，而通过良好的服务接待态度可以改善博物馆形象，增加博物馆亲和力，为博物馆赢得更多的关注，迎来更多的观众。

职工工作形象。作为文化服务单位，博物馆的工作人员应该统一着装，有博物馆徽章的应统一佩戴徽章。通过统一的工作着装给观众留下好的印象，同时也树立博物馆严谨的工作作风。职工的工作形象并不仅仅限于外表，更是工作中的行为规范，高标准的工作行为规范也能提升博物馆服务的专业度，通过得体的工作行为，也能够增加博物馆服务的亲和力。观众在博物馆中参观，得到的是专业的服务接待，会极大地提升参观感受，对博物馆的权威性也会更加信服。

一线接待人员的培训。这里指的一线接待人员，包括展厅的服务人员、票务工作人员和门卫安检人员等直接同观众接触的工作人员。一线的工作人员是同观众直接接触的窗口，博物馆的接待水平也是通过他们第一时间传递给观众，所以这部分工作人员的素质和服务水平直接关系到博物馆的形象。博物馆的一线接待人员有时并不具备博物馆的业务知识，他们的知识结构和人员构成都相对比较复杂，为了能更好的胜任接待工作，博物馆要对其开展业务能力的培训，要使他们拥有热情、耐心、细致的工作态度，并且要熟悉博物馆，能够具备一定的文博知识。绝大部分观众的现场问题都是和这些一线接待人员来沟通的，很难直接同博物馆专业技术人员交流，所以这些人员的素质体现出来博物馆的工作水平，是博物馆服务接待工作的重要一环。

（三）关心职工身心健康

博物馆要想持续发展必须依靠职工的不断发展，博物馆的建设同职工的个人发展已经紧密的结合在了一起，所以博物馆要在日常的工作中不仅为职工创造良好的工作环境，也要为职工的身心健康发展创造条件。职工平时的工作主要是文化研究和服务接待，既然是属于服务工作，难免会遇到各种问题，多少会有一定的工作压力。博物馆要依托工会，为职工建立"职工之家"，让职工有一个可以在工作之余锻炼身体、放松交流的场所，这样才能放松身心、愉悦精神，更好地投入到工作中。每一名职工都是博物馆发展的宝贵财富，博物馆要重视职工的权益，不仅仅体现在工作中，也要体现在对职工生活的关心上，只有真正重视职工的发展，职工才能全心全意地投入到博物馆建设中去。

三、办公规范性建设

随着现代化管理不断深化，博物馆逐渐摆脱了传统的发展模式，逐渐摆脱了过去的一人多岗、一专多能的模式，开始细化分工，做到专人专岗、分工明确，提升了博物馆的专业化程度。博物馆的专业化建设是一个循序渐进的过程，在这个过程中要逐步规范办公的流程，建立健全博物馆章程，使博物馆走上高效、快速、规范的发展轨道。

（一）建立健全博物馆章程

博物馆要想发展，首先要有章可依，所以要根据博物馆的工作实际情况和未来发展的趋势制定出合理、全面、规范、切实可行的博物馆章程。这个章程是博物馆工作的指导手册，是博物馆发展的有力保障，通过章程的制定可以规范博物馆的办事流程。博物馆的章程涵盖了博物馆发展的各个方面，对不同部门的工作进行专业的细化，明确博物馆是"做什么工作的"和"怎样做工作"这两个命题。博物馆章程要根据博物馆的发展而适当更新，对于陈旧落后的内容要及时更替，对博物馆新的变化要及时反映出来，不能一部章程使用很多年而不动。目前绝大部分博物馆都能做到建立章程而不能做到健全章程，导致博物馆章程涵盖的范围不能包括博物馆发展的每一个方面，并且有些章程的内容过于笼统，不够细化，这就对执行造成了一定的影响，概念的模糊化将会严重影响博物馆工作的效率，也对部门间的协同工作造成了一定的影响，容易产生工作的真空地带，从而带来负面的影响。所以，博物馆的章程制定是一个综合而持续性的项目，不是一蹴而就完成的，需要博物馆在发展中不断修正和补充完善，使章程能够真正发挥出其作用。

（二）权责明确的部门分工

博物馆的现代化管理的重要体现之一就是部门细化，根据工作的性质由不同的部门分别承担，提升工作的专业化程度，这就需要对部门的权责进行明确的规定，各部门间要在熟悉自己工作范围的同时，也要对其他部门的工作范围有所了解，便于不同部门间的协同合作。部门权责明确，可以很大程度上提升博物馆做事的效率。以往部门权责比较模糊不清时，当博物馆发生了问题，或者有紧急的事情需要处理，就会发现似乎有几个部门都应该负责，却又都不应该管的现象，导致工作的延误。博物馆作为开放的文化场所，意味着有部分的工作是需要多部门共同完成的，而不是单靠某一个部门就可以实现。多部门的协调是比较复杂的一件事，无论是时间还是人员都需要集中调配，并在共同工作中完成好自己的职责。所以，在对部门分工中要对这些有可能产生交叉的工作明确出来如何开展，避免部门间推诿或者拖延。部门的分工明确可以极大的提高博物馆的工作效率，也节约了博物馆的办公资源，使博物馆可以将全部精力投入到建设发展中去，而不用在内部办公协调中花费过多的精力。

（三）资料建档的完整性

博物馆的各种资料主要来源于四个部分，分别是文化研究、展览制作、举办活动和日常办公。文化研究就会产生大量的研究资料，也会有大量的文献资料的收集和整理。展览制作是博物馆的主要工作，所以从展览的提纲内容到形式设计制作再到各种专家意见，各个阶段都会有大量的资料产生。举办活动中的各种请示、新闻稿、资料照片、影音资料等都是博物馆工作的重要记录和活动完成的证明材料。日常办公就更会产生大量的文件资料，对于这些资料文档要分门别类的收集和整理好，以备随时查阅。现在随着办公数字化的推进，博物馆的工作又产生了巨量的数字信息资料，这些资料的

保存和整理不同于传统纸质的资料，需要依托数字办公系统整合。博物馆作为文化研究机构，所产生的各种研究成果和展览就是博物馆的工作业绩，要对这些资料妥善保管并有效管理起来，保证使用的便捷和查阅的完整性。博物馆要针对资料建档明确权责，落实到部门，这样一来便于收集和整理，也便于查阅，避免出现资料的遗失和管理的混乱。对于资料的收集情况要定期进行汇总和检查，看是否分类清晰、收集完整，如果发现问题及时处理。

办公基础建设是实现博物馆现代化管理之路的基础，是博物馆日常工作开展和可持续发展的有力保障。博物馆的工作看得见的是呈现在观众面前的展览，是修缮一新的古建筑，是一本本的研究成果和一件件的文化创意产品，但看不见的是博物馆日常繁杂的基础工作，是博物馆职工为了这些成果的取得而付出的不懈努力。没有基础建设，其他一切成果都不可能实现。博物馆要重视办公基础建设，要在提升办公质量和提高办公效率上下功夫，在博物馆人才队伍的建设上下功夫，通过"硬实力"的提高不断创造出博物馆发展的有力条件和优良环境，通过"软实力"的提升坚实博物馆的发展根基。博物馆要努力创新，改变以往发展缓慢、工作模式陈旧的状态，通过改进和规范办公基础建设来打造高效率、高质量的博物馆工作，更好地服务社会文化生活。

闫涛（北京古代建筑博物馆社教与信息部，馆员）

略论工会财务会计管理规范化

◎ 董燕江

一、引言

2013 年 5 月，中华全国总工会办公厅继 2009 年印发《工会财务会计管理规范》后，对《工会财务会计管理规范》进行修订后印发《工会财务会计管理规范（修订）》，这说明了我国政府对工会财务会计管理规范化的极度重视。近年来，在多次对我国工会财务进行调查后现均发现我国工会会计工作存在一些问题，如一些单位没有建立完善的工会财务管理制度，在具体操作上记账完整性差，实物资产的记账管理混乱、对凭证的真实性审查不严等，因此对工会财务会计管理的规范化势在必行。同时，随着我国工会政策"一改三策"，我国工会总经费收支规模不断扩大，但由于工会财务会计的方式没有改进，其工作难度也越来越大，财务会计管理的矛盾愈发突出。事实上，根据《工会法》的规定，工会系统应根据经费独立原则，建立预算、决算和经费审查监督制度，需要有专门的会计制度来规范工会的会计行为。工会组织作为依法建立的独立会计核算管理体系，应设置会计机构，配置专职会计人员。因此，工会财务管理工作理应是工会工作的重要组成部分，而建立健全良好的工会组织，维护与保障员工利益，对于促进单位生产也是具有重大意义的。以笔者所在的事业单位为例，由于它的性质和工作范围，固化了其就是要做党、政与职工群众关系中的桥梁和纽带工作，做深入细致的思想政治工作，做"两个维护"的工作，团结同志，促进交流，增进和谐，维护员工合法权益，促进事业单位社会效益的实现。而做好工会财务管理工作，正是确保单位工会工作顺利开展的前提。当前，我国基层工会工作不断完善，机构不断健全，但也存在着一些问题。工会进行财务会计管理规范化对工会财务会计提出了更高的要求，规范化的管理可以提高工会资金利用率，同时保证工会资金安全有效的流转，是工会财务部门提高日常管理效率的有效方式。各级工会的财务部门都需要加强本工会财务会计管理的规范化，减少财务漏洞出现的频率，提高工会财务的透明度，将规范工会财务会计管理作为工会财务管理的重中之重。众所周知，工会财务会计管理工作是具有极强专业性的，工会财务会计的职责主要是负责工会经费的收缴、管理、使用，而如何保证工会经费的稳定收入、安全管理及合理使用，便成了工会财务会计不得不面对的问题。

二、工会财务会计规范化缺失原因

(一) 单位对工会财务的不重视以及不了解工会经费的性质

某些单位领导或法人甚至工会主席本人对工会财务普遍存在着实质上不够重视的现象。因为工会一般是设置于本单位，从大多数人的角度看，工会只是本单位的附属机构，而没有认识到工会是独立法人这样的一个身份，从而不重视工会工作，对工会财务的重视程度更远远不及本单位的财务工作。

某些单位的工会对工会经费的性质并没有清楚认识，有些工会的财务会计由于财务会计知识欠缺，认为工会经费是单位资产的一部分，有些单位认为工会经费可以随意取用，于是就出现了有些单位甚至直接将工会经费和自有资金等同；有些单位虽然工会设立了独立的账户，但对工会经费并没有进行独立核算或直接使用单位账目进行核算等一系列有违正常规范的现象，而以上的做法都使得工会经费使用管理混乱，很难进行工会经费的有效管理。工会经费实质上是指工会按照法律规定提取，用于开展日常工会活动的有关费用，其来源主要为工会成员缴纳的会费和按每月全部职工工资总额的2%向工会拨交的经费这二项。因此，单位工会将工会经费直接纳入单位的财务管理，或者虽未纳入单位财务管理但并没有进行独立核算的行为都是有违工会经费的实质内涵及性质的。例如，某市某事业单位工会组织活动慰问困难员工，具体举办该项活动虽然由工会负责组织，但在具体账务处理上，又直接冲减了单位提取的工会经费，导致财务核算混乱。而有的单位工会财务会计模糊了工会固定资产和单位固定资产的界限，将工会财产视为单位资产进行随意处置，这直接导致工会资产的流失，职工的合法权益受到侵害。

（二）某些单位的工会财务人员会计知识欠缺

财务人员是单位财务的重要管理者与执行者，而工会财务人员同样也是工会财务管理的重要人员，高素质的财务人员能更好地进行资产管理与会计处理。而工会只有具备了高素质的财务人员，其财务管理才能较少出错，工会经费的使用也才能有章可循且按照规则办事。而现实生活中，某些单位工会财务人员专业素质不强，对于工会财务职业规范了解较少，工会财务会计人员会计知识欠缺的情况造成了部分工会财务会计管理混乱、缺少规范化的现状。同时在某些单位，也存在工会财务人员非专职工作人员，他们的本职工作是进行单位的财务会计管理，兼职负责工会财务会计管理。这些财务人员由于其日常工作并不是独立完成工会财务会计管理，因此很难有时间和精力对工会的财务会计规范进行详细了解，这也导致不遵守工会财务管理规范的事情频频发生。譬如很多事业单位由于人员编制有限，往往安排单位财务科室员工管理工会账务，或者由办公室人员管理，较多的只记了个"流水账"，更有甚者，由于工会账务业务相对较少，工会的账、款都由单位的出纳管理，很容易出现资金安全风险。有些兼职员工没有接受过工会财务会计的有关教育培训，对该领域的会计工作不熟悉，例如将某次工会给困难员工发放的慰问金计入管理费用中，造成账目混乱。

（三）工会财务会计管理制度不健全

工会经费的管理需要有健全的制度保障，而健全的财务会计管理制度是做好工会财务会计管理的基础。我国目前很多单位并没有单独针对工会建立财务会计管理制度，这也造成了工会经费的管理混乱、使用无效等情况的出现，而某些建立了工会财务会计管理制度的单位，制定的工会财务会计管理制度也并不完全符合《工会法》和工会财务会计规范的要求。工会财务会计管理制度涉及工会经费管理的收缴、管理、使用等各个方面，健全工会经费使用的监管体制，防止滥用工会经费的情况发生。许多单位现在已经建立了较为有效的内部控制制度，肩负起了减小单位经营风险的重任，但却没有意识到工会经费良好使用对单位的重要意义，这也造成了工会财务会计管理制度缺失，没有受到单位重视，据调查，当前基层仅有不到四成的中小企业建立了工会财务制度。事业单位由于其规模、人员等因素，对于专门建立工会财务制度也并未全面落实，不少员工不清楚工会经费的用途，大部分财务人员并不能完整说出工会财务会计的相关制度与规范。正是因为制度的不健全，更有甚者，工会账户甚至成为单位、领导转移资金的小金库，把不应拨入工会的资金转入工会，以使其在使用这部分资金时达到形式上合法合理的目的。

三、规范工会财务会计管理的有效措施

（一）加强各单位对工会经费的认识

1. 提高单位负责人的工会财务规范管理意识

要规范工会财务会计管理，首先需要加强各单位负责人对工会经费的认识。单位只有了解工会经费的性质及规定用途，才能不断完善工会财务会计管理，提高工会经费的使用效率。而想要加强单位对工会经费的认识，则必须先从单位负责人抓起。国家各级工会需要抓好其所管辖下一级的每一个单位的工会，对单位负责人进行强制性培训，增进单位负责人对工会的了解程度，让单位负责人认识到工会经费的合理运用将有效提高员工工作效率，帮助困难员工，促进单位提高整体工作效率，同时也要让单位负责人知道单位私自挪用工会经费是违反工会法的，需要承担相应的法律责任。要建立并健全工会基本财务管理制度，提高工会财务管理的水平。各级工会管理者在理解和充分掌握新《工会会计制度》时，要依据上级工会制定的要求和指标行事，同时要与自身工作实际情况相结合，合理制定资产处置以及审批制度、经费审批以及使用制度、经费单独管理制度、监督制度、审查制度、预算管理制度等。在制定的相关制度中，要依据新会计制度规定，对经费的开支范围和使用原则进行明确，通过对制度的完善和健全促使整个工会向规范化运行，做到有章可循、有法可依。

2. 增强普通员工的自我保护意识

由于部分单位员工并不清楚工会经费的用途，因此很难起到对工会经费收缴、管理、使用的全面有效管理，而员工作为单位监督的主力军，当员工无法积极行使监督管理的职能时，便会出现权力的失控，造成不必要的损失。因此，增强普通员工对工会经费的了

解，提高普通员工的自我保护意识，将促进工会经费的有效利用和工会财务管理的规范化进行。各级总工会可以通过"走基层"的方式宣传工会的作用及工会经费的用途，让普通员工知道工会经费将帮助单位有困难的员工、举办工会活动等有利于员工自身的事项，对于某些单位多收缴工会经费的情况进行清查，对于私自挪用工会经费的单位进行严惩。及时收回各项应收经费的同时增加公开度和透明度，及时收回应该收回的经费是做好工会中每一项工作的基础。不仅要把应该缴纳的经费足额并及时收回，还要把社会福利劳动事业、文体事业、行政事业等应缴纳的收入及时收缴到账。要对支出进行强化管理，对支出合理控制，保证账务准确性，并且进行账务公开化和透明化，保证合法并合理运用经费，维护好群众的经济利益、政治权利和文化需求，坚持为群众办实事办好事。要增强具体责任感，全心全意为全体职工服务，对经费使用状况进行定期汇报。

（二）提高工会财务人员的专业素养

1. 对工会财务会计人员进行专业技能培训

由于工会经费在管理方面存在的问题主要表现在财务会计人员的会计处理，因此加强对工会财务会计人员的专业技能培训将有效规范工会财务会计管理。各级总工会需要结合不同单位的实际情况进行培训，指导工会的财务会计人员学习有关工会的会计处理知识和相关法律规范，强化对工会财务会计人员的财经法律教育等。同时，总工会还可以通过举行业务经验交流的方式来营造会计人员的学习氛围。工会可以对会计人员进行考核，举行专业知识和业务能力的考试。会计人员在开展会计工作时，要遵守职业道德，提高会计信息的准确性，保证会计信息能够为管理者提供正确的决策参考。

2. 提高工会财务会计人员的从业标准

由于单位人员有限，很多单位的工会财务都是由行政会计人员兼任，这就势必造成工会财务人员的不专业性和工会财务知识的匮乏性，对工会经费的收缴、管理、使用存在流程上的问题，使得对财务会计管理的规范很难进行。总工会可以通过将是否工会财务会计人员由其他人员兼任、工会财务会计人员具备职称等内容计入工会对单位的考察范围，每年评选出年度"工会之星"的单位，并给予单位或个人一定奖励的方式来促进工会财务会计人员的水平提高。总工会也可以明文要求进行工会经费管理的财务会计人员必须为专职会计，不可进行单位其他岗位的兼任等来提高工会财务会计人员的从业质量。

（三）提高工会财务会计管理制度的执行效率

1. 工会财务会计管理制度完善

各单位工会都应该按照工会法及工会相关的会计制度建立完善的工会财务内部控制制度，制度了除了需要符合法律法规和行业规范外，还需要符合本单位自身状况和发展条件，只有建立了完善的工会财务内部控制制度才能减少工会经费私自挪用及工会经费操作流程不合法的情况。工会财务内部控制制度的建立也要求单位具有较好的工会财务机构，只有建立了较为完善、健全的工会财务机构，才能保证工会的独立核算和基本会计职能的有效落实。例如，各单位工会财务也要同行政单位一样建立会计出纳不相容岗位设置，在当地银行建立开户账号，不得与单位行政混用一个银行开户账号。对工会在银行的存款利息、固定资产报废收入等，各单位工会财务要如实发转账通知书转上级工会财务，不得隐瞒不报。

2. 增强对工会财务会计管理制度的监督能力

仅仅完善工会财务会计管理制度并不能完全提高工会财务会计管理制度的执行效率，还需要辅以较强的对工会财务会计的监管能力。单位只有提高员工的监督意识，发挥员工的能动性，才能促进工会财务会计管理走向规范化道路。要建立相互联动的基本预算体制，对工会内部资金使用状况和需求状况准确把握，同时要建立工会经费监督审查、决算、预算等制度。在制定和使用资金过程中要考虑整体工会利益，保证开支符合工会实际情况。要建立专门审查部门，依据"统筹兼顾，注重重点"的原则，保证收支平衡。在经费使用上，检查是否严格依据规定执行，防止违规、违法以及滥用经费现象。对于重大活动决策，要进行集体讨论制，保证经费开支安全，没有资产流失。另外还要对年度资金管理、审批程序、开支范围、决算、预算等进行细致认真的检查，良好的监督能力也会限制权力的肆意扩张和滥用，工会经费是保障普通员工的屏障，只有利用好工会经费才能为单位员工谋福利。单位需要通过培训等方式提高员工对工会经费的认识，健全监管体制，使得如果单位工会经费出了问题，可以直接找到第一责任人。

四、结语

总之，对工会财务会计管理进行规范化是一件工作量大、涉及单位众多、需要解决很多问题的事情。而如何推进工会财务会计管理的规范化进程，首先需要找出工会财务会计管理工作中存在的不足与问题，扫除工会财务会计管理中的障碍，制定针对导致工会财务会计管理规范化欠缺的原因，最终制定合理有效的方法促进工会财务会计管理规范化。由于工会的运行效率及工作质量将直接影响到单位员工的生存与发展，因此单位需要重视工会在单位中的作用，提高工会经费的使用效率和管理能力，减少滥用职权造成的工会经费流失情况。只有工会财务会计管理不断走向规范化，工会才能不断执行其职能，员工权益才能获得保障，才能促进我国工会事业健康有序的进步发展，才能促进我国职工福利的保障，最终促进基层单位的社会效益与经济效益，推进国家经济的发展。

参考文献

1. 冯荣珍、方晓云. 加强和改进工会经济责任审计的对策［J］. 中国内部审计. 2014（02）.
2. 孙月、崔朱红. 海安县总工会开展财务经审规范化建设年活动成效显著［J］. 中国内部审计. 2013（01）.
3. 梁秀媚. 工会财务管理规范的主要问题及对策［J］. 财会研究. 2013.（07）.

董燕江（北京古代建筑博物馆财务部，中级会计师）

关于辅助展品在古代建筑专题陈列中应用的思考

◎ 黄　潇

北京古代建筑博物馆是国内首座收藏、研究和展示中国古代建筑技术、艺术及其发展历史的专题性博物馆。博物馆需要通过古代建筑与城市、建筑构件、建筑工具等来向公众向中国古代建筑和古代城市规划的发展历程以及辉煌成就，这一性质使得我们不能像很多通史类或器物类展览那样陈列出吸引观众眼球的、具有很高文物价值的精美文物。对于大型整体的建筑，只能以模型或者照片的形式来展示说明；对于建筑构件，在一般民众还几乎没有保护和收藏文物意识的时期，门、窗、砖雕等因人为拆除或是自然破坏而脱离开建筑整体的建筑构件由于不被重视，不会被刻意收藏或还没来得及被文物部门征集，就被当垃圾处理了。再加之博物馆成立时间较短，成立之初的首要工作是先农坛的腾退和保护性修缮，主题的古建筑展览是通过全国范围内的藏品征集和模型的制作搭建起来的，并没有丰富的文物展品，大部分展品都为照片、模型或是复制品等辅助展品。经过多年的开放工作，我们认识到由于展览的专业性比较强，缺乏吸引一般公众的精美文物，主要以辅助展品为支撑，这就削弱了观众对参观展览的兴趣。面对这一现状，结合实际工作中的体会，笔者开始思考如何通过策展工作，让辅助展品担起"主角"的重任，传达出文化价值，使它们成为吸引观众的要素。

一、保证展品的质量

辅助展品要想吸引观众，首先就要保证质量。做工粗糙的模型、错误频频的展版，或是老在检修的多媒体设备，一是不能唤起观众对陈列的兴趣，二是从侧面反映出博物馆的管理和服务工作的不到位。所以，博物馆对于辅助展品的设计、制作应该进行全面的质量监督、精细化的管理，并将人性化服务的理念贯穿其中。

（一）严格把控展览设计、制作、展出的全过程

目前，博物馆展览的整体施工还有一些辅助展品的设计、制作，通常都交由专业的展览公司负责，多媒体互动软件的开放等交由专业的科技（软件开发）公司来完成。古建馆在与相关公司的合作中，从合作公司的确定、展览设计制作的过程展览的验收以及展厅的维护等各个环节都注意严格把关与监督，关注细节，保障展品以及展览的质量。

经过严格的招、投标程序确立合作伙伴后，首先做的就是与其签订正规合同，保障双方的合法权益。为了保证展览设计的顺畅和准确，博物馆内负责策划与撰写展览大纲的工作人员同展览公司设计师之间时常进行沟通，对问题及时讨论。博物馆内的工作人员主要负责展览的内容设计，而展览公司的设计师主要负责展览的是艺术设计，内容设计者与艺术设计者之间频繁有效的沟通，可以避免设计人员由于对自身的设计理念过于理想化的坚持，而忽略了展览本身的专业性展示目的和观众的参观感受，同时更好地处理展览内容与形式之间的相互协调，用丰富的展示手段更好地诠释展览内容和主题。经过前期设计阶段，进入展览的制作与施工时，博物馆内的相关负责者在整个施工过程中切实按照陈列大纲和设计要求，精心筹划，分清各个环节的轻重缓急和施工时间的长短，对所涉及的各技术门类科学有序地安排，并严格监督管理；在验收阶段，高度负责，仔细认真，确保内容的准确性，辅助展品的制作质量以及展览期间文物和观众的安全性等各方面问题，特别是要对展板、说明牌等辅助展品的文字、图片内容仔细核对，避免出错。由于一时疏忽，导致说明文字或图片出现错误，观众如果发现不了错误，就有可能对参观者产生误导；如果发现了错误，则肯定会对展览的评价大打折扣。目前，制作展板、说明牌的一般流程是博物馆内的文字编写人员在写好文字稿后交由设计师在电脑上进行排版润色加工，由于工作量较大，设计师通常又不具备展览内容所涉及的专业知识，所以在加工过程中，难免会发生丢字、串行、照片放错、上下颠倒等问题。所以在拿到小样时，我们会仔细核对，多核对几遍或找不同的人反复核对，把错误消灭在小样上。

正式开展之后的维护工作也没有被忽视，古建馆采用的方式是通过劳务派遣公司聘请专职的展厅维护工作人员。在入职前除了与

其一——签订岗位职责书外，还会对她们做简单的业务知识培训，让她们做到对展览的基本了解，对博物馆本身的基本了解。因为她们是面向观众的第一道窗口，很多时候在博物馆的专业工作人员不在时，她们要负责解答观众的基本问题，并适当地引导观众进行参观。同时，展厅维护工作人员的素质也会对于观众参观产生一定的影响，如果有高素质的工作人员在展厅服务，观众参观的感受将会有一定程度的提升，也是博物馆形象的一种展示。在岗位职责中，我们要求她们在保障文物安全和观众安全的同时，加强对辅助展品特别是多媒体互动设备的检查，发现问题时，及时联系有关负责人。馆内有关负责的工作人员首先检查问题出在哪里，并尝试解决，以保证观众良好的参观体验。当解决不了时，会及时联系有关合作公司。我们在与合作方签订合同时，就与其协商确定了展览以及展品（设备）的保修方案，这就保障了展品（设备）出现问题时，可以得到及时有效的解决。总之，就是一个字"快"，发现问题要快，处理问题要快。

（二）各类辅助展品的质量关键

对于照片和绘画等图片类辅助展品来说，内容的选择是基础，首先就要选取有代表性和典型性的，能反映展览主题的作品。以古建馆为例，现在的基本陈列《中国古代建筑展》和古建系列专题展的主要展示手段是图片，最大量的展示素材就是图片，通过图片展示建筑，通过图片说明技术，所以图片对展览的效果有决定性的影响，图片这一最重要也是数量庞大的辅助展品如果运用得当，将会极大地提升展览的品质，使观众参观有非常愉悦的体验。近年来数字技术的普及和终端显示设备的不断升级，观众可以根据自己的需要方便地欣赏到很多建筑图片，所以他们对展览中图片的质量和内容的要求也自然就有了一个飞跃式的发展，网上和书上随处可见的照片已经不能满足观众的参观需求，就这要求内容设计人员在选择、运用照片时下功夫，思考如何既反映出内容又适当创新，此时首先需要有专业性强、原创性强的图片来为展览服务。可以说，我馆近年来在展览图片的选择、运用上下了很大的功夫，很多建筑的实景图片都由工作人员实地考察拍摄，一来更加贴合展览的内容，二来可以给观众新鲜感，不是翻来覆去就是书上或者网上的那几张，使观众兴趣索然。在恰当内容的基础上，还要保证图片的清晰与真实，现在图片处理技术（PS）已经十分普遍，为了使其清晰、美观，对于扫描、重制的照片、图片等，因其不具有文物价值，进行适度的处理是无可厚非，也是必要的，但它确包涵着历史与文化价值，所以在处理过程中我们时刻注意不能破坏或是随意更改图片重要的原始信息。

对于模型来说，首先应该要确保要有一定相关专业背景和经验的人员来制作模型，在要求做工精美的同时，保证它所反映的知识、技能等信息完整和准确。模型材质的选择也需要认真研究，在新模型的制作上如何兼顾展览效果和运输便利，以及节约成本。古建馆在成立之初和搭建展览的过程中逐渐积累了一批精美的模型，无论是材质还是工艺都堪称一流，具有很强的艺术价值和欣赏性，已经成为我馆展览的亮点之一，也受到了广大的观众朋友的欢迎。但是随着时间的发展和模型制作工艺的变化，很多优秀的材质和工艺已经无法呈现在新的展览中，取而代之的是新工艺、新材料，而如何运用好这些"新"，需要狠下功夫，开动脑筋。现在的展览已经不仅仅是一个地方一待好几年了，而是要走出馆门，走出国门，走向世界，这就意味着，传统意义上的模型制作已经不适宜今天博物馆发展的形势了，需要随着科技的进步与时俱进。同时，在模型运输过程中涌现出来的新问题也要有新的应对。在巡回展览中，运输模型有时需要将大型模型拆散，对于模型的保护措施有时可能并不像对待文物一样谨慎，所以模型可能就会在此过程中有些微的损坏。面对这种情况，一方面我们尽可能地在运输模型时小心谨慎，以减少日后的工作量；另一方面，会提前做好进行组装和简单的修复准备，比如单独携带一些模型中容易损坏或丢失的细小零件，或是一些铁丝、小螺丝刀、胶水等容易被忽略的小型工具。

文字说明是辅助展品中很重要的一项，对于所应用的字体和规格，根据文字所出现的位置进行统一的规划，有所区别的同时注意避免字体与大小规格过多。为了方便观众的阅读，有时甚至牺牲掉些许的美观，把展版和说明牌上的字体做得稍大一些。

二、选准展览主题，体现研究成果

博物馆的展览应该是在积累了大量知识、对展示对象进行充分研究的基础上进行的，展览水平的高低在很大程度上取决于科研质量的好坏，没有高质量的科学研究工作，就办不出高水平的展览。对于以辅助展品为主要支撑的展览来说，会大量地运用展版、照片、模型等，很容易给人造成资料堆砌、照本宣科的感觉，要避免此类的问题，就更要加强对展示对象的研究，从展览内容设计入手，特别是展览主题以及展品组织等方面，体现研究成果。

充分挖掘博物馆自身特点，依靠特色办展览，利用优势资源办展览。任何展览都不能脱离开博物馆自身的发展规律，而没有研究基础和文化底蕴的展览终究无法长久和有影响力。我馆所举办的各个展览，都严格尊重古建特色，从内容的构思和题材的选择上都力争办出特色，办出符合自身品牌特征的特色。因为只有深入挖掘自身价值，才能实现自身价值，进而扩大影响力。

（一）通过深入研究，确定展览主题

要在充分研究的基础上确定主题，其中包括两个方面的研究：一是要根据手头现有资料和可收集资料的情况，拟出主题，并进一步确定实施的可能性，以及其中不同与其他同类展览的特色，用创新意识发掘展览的内涵与价值，体现展览策划者对展览主题的理解；二是要在确定选题和内容之前，要认真了解观众的动机、兴趣和需求，对于毫无专业知识背景的一般观众来说，展览如果过于强调知识的专业性、全面性和系统性，会让观众感觉在看"天书"，只有投其所好地进行选题，做到有的放矢，才能让他们有兴趣参观展览。同时，展览策划者对知识研究的越深入越透彻，才越容易深入浅出，将专业知识用通俗易懂的语言传达给观众。

基于以上原则，古建馆策划了以某一古建类型为主题的"中华"古建系列专题展，展览的主题更加集中，规模相对较小，这一方面使观众可以更轻松地了解古建之美，不会因为一时接纳太多信息而感到疲劳或难以理解、接收，另一方面更加方便了展览走出展厅，走向世界。《中华牌楼》展于2013年1月至3月在我馆展出，为我馆打造的古建系列专题展拉开了帷幕，同时也迈出了我馆展览走向世界的第一步。2013年10—11月作为庆祝北京、首尔结为友好城市20年的"北京文化周"系列活动之一，该展览赴韩国展出。这一展览以图片、模型和视频等形式，展示了中华牌楼深厚的历史文化内涵及象征意义，受到首尔观众的欢迎和好评，打响了我馆海外展览的"第一炮"。随后，我们又策划并成功举办了《中华古桥展》、

《雕梁画栋 溢彩流光——中华古建彩画展》等，这些系列展览都采取了现在馆内临时展厅开展，然后巡回至国内外的运作模式，获得了广泛的关注和好评，取得了良好的社会效益。目前，《中华古塔》、《中华古亭》等后续古建系列专题展，也在按计划、按步骤逐步进行中。

（二）合理组织展品

在确定展览主题后，组织展品是一个重要的环节在一般的展览中，辅助展品之间的设计、应用就是展览内容设计中必不可少的环节之一，而对以辅助展品为主要支撑的展览来说，辅助展品之间的组合更是需要精心安排，因为辅助展品的类别也有很多，通常可以分为三大类：一类为绘画、雕塑等美术作品，二是模型、景观、视频、多媒体等制品，三是展板、说明牌等补充说明材料。它们都有着自身不同的特点：场景复原陈列打破展柜的限制，可以带给观众身临奇境的感觉；复制品或模型可以突出物品本身的细节特性；多媒体设备可以带给参观者视听等多方面的感官刺激；展板主要起到解释说明的作用，对于博物馆来说，它因方便展览整体的装卸，节省人力和物力，为展览走出博物馆提供便利条件。辅助展品适当的组合、运用才能使展览既不失学术性和思想性，又具有一定的趣味性和艺术性，既不使观众觉得严肃枯燥，也不会感到眼花缭乱，而要做到这一点也必须是要基于对展览主题和内容充分研究，根据内容的特点，来选择合适的辅助展品来揭示它的内涵，以观众乐于接受的形式，将知识点清晰地传达给观众。以古建馆为例，在基本陈列《中国古代建筑展》"匠人营国"部分中，在传统的1949年北京城模型沙盘之上，加上追光灯，利用投影播放解说视频，采用了声、光、电、影像等多维方式充分向观众展示北京这一千年古城所蕴涵的先贤智慧，所饱含的劳动人民的心血，所经历的盛世辉煌和战火洗礼。

三、增加观众互动参与

辅助展品与藏品不同，不存在很高的文物价值，对保存的条件没有太高的要求，而且大多具有可复制和可再生性，所以可以摆脱展柜的束缚，贴近观众，通过它们更好地与观众互动。

　　首先，在征集展品的时候，就可以邀请公众参与。以古建馆为例，馆内先后主办了以某一建筑类型为主题的展览，如"中华牌楼展"、"中华古桥展"，因为不可能把建筑实物搬进展厅，所以展品基本为照片和模型。笔者认为，类似这一类型的展览，在馆内工作人员搜集资料的同时，可以尝试面向公众进行照片的征集或者组织一次小型摄影比赛，一是可以丰富资料和资料背后的故事，很多时候照片的提供者与照片之间或者被拍摄的人事物之间有着鲜为人知的故事，这些都是博物馆工作人员很难搜集到的资料，也是展览中吸引人的元素之一；二是可以借助此类活动，来对展览进行预热宣传，提高社会和公众的关注度。

　　其次，可以让观众直接接触复制品、模型等辅助展品，产生互动，互动项目一方面可以让展览变得妙趣横生，提高观众的参与度；另一方面，通过亲身的"实践"，也可以帮助观众更好地理解展品和展览主题。同时需要注意，互动项目并不等同于多媒体设备，声、光、电的多重效果很容易吸引观众，也满足了娱乐的需求，但有时在展厅内出现太多的多媒体设备，一是会显得画蛇添足，增加不必要的成本；二是也有可能影响其他观众的参观，有时运用一些简单的小设计，往往也能达到同样的效果或是更好的效果。例如，在《中国古代建筑展》中介绍金砖的部分，因为金砖得名原因的说法之一是因质地细腻，敲之若金属般铿然有声，所以在展厅内将复制的一块金砖与普通砖直接放在展台上，旁边配有小木槌，观众通过直接的敲击对比，可以很清楚地感受到声音的不同，这一直观地对比和真切的感受，会使观众对金砖留下很深刻的印象，并激发起他们了解金砖的制作、运输、用途等各方面知识的兴趣；又如，展厅内还有简单的斗拱模型，参观者可以在工作人员的指导下，进行斗拱的安装，体味古代营造技艺的精巧。此外，在展厅内可以多增加一些有纪念意义的互动项目，让观众可以把互动体验的"产品"带走，把参观展览的美好记忆带回家。我馆《土木中华》展在德国巡展时，在展厅出口处，摆放了"四神瓦当"为蓝本的印章，参观者可以自由加盖，这一活动深受参观者的喜爱和好评。

　　近年来，我所就职的古建馆在基本陈列、临展和巡展的设计、制作上开阔了新的思路了，积累了丰富的经验，为辅助展品为主要支撑的展览打造进行了有益的探索并取得了一定的成绩。经验证明，打造精品展览并不是一定要展精品，博物馆展览的主要目的并不是仅仅是为了展示一些好的东西，而是要透过展品陈列体现出文化价值，满足公众的文化需求。对于以辅助展品为主要支撑的展览来说，通过精心的策展，在展品的质量上下功夫，在内容的立意和创新上花心思，更多地关注展品与参观者之间的互动，就可以帮助展览的策划者以最大限度的将立意表达给观众，充分发挥博物馆社会教育的功能，打造出受观众欢迎的高质量展览。

黄潇（北京古代建筑博物馆古建宣传部，中级人力资源师）

关于博物馆档案管理信息化
几个问题的探讨

◎ 周晶晶

随着信息化时代的不断发展，博物馆档案管理信息化，是今后博物馆档案管理的必然发展趋势，但就目前博物馆档案管理的现状看，我认为还存在着诸多问题，严重制约和影响着博物馆档案管理信息化的发展进程。

本文拟从目前信息化发展的趋势，谈谈博博物馆档案管理逐步实现信息化的重要意义和物馆档案管理信息化存在的突出问题以及如何做好博物馆档案理信息化工作。

一、当前实现博物馆档案管理信息化的重要意义

面对日新月异的信息化社会，尽快实现博物馆档案管理信息化，是大势所趋，对于加强博物馆现代化建设具有非常重要的意义。

（一）博物馆档案管理信息化是一项对博物馆历史发展及功能认识深化的基础性工作，功在当代，利在长远

从事过博物馆工作的人员都知道，过去很长一段时期，传统观念将博物馆的工作重心放在文物的征集和保管方面，虽然我国博物馆界早在20世纪50年代就提出了博物馆"三重性质和两项基本任务"的说法，即：博物馆是科学研究机关、文化教育机关、物质文化和精神文化遗存或自然标本的主要收藏所的三重性质和博物馆为科学研究服务、为广大人民服务的两项基本任务。根据这一提法可知，当时对博物馆的服务功能已有一定认识，但在深度和广度方面明显不足。随着我国经济的不断发展，人们对精神文化生活要求不断提高，博物馆人对自身功能定位的认识也不断深化，博物馆的社会功能开始被确认并深层挖掘，包括文化教育、爱国主义教育、学术交流、文化休闲娱乐等在内的众多服务功能被确认，博物馆仅是

文物保管所的时代已一去不复返。博物馆功能的多样化、服务功能的确认，必然要求博物馆在整合和利用社会信息资源、加强信息高效交流以及提高工作效率等方面花大力气去做好工作。由此可见，现阶段逐步实现博物馆档案管理信息化，是更好地发挥博物馆社会服务功能的必然要求，是一项极为重要的基础性和保障性工作，功在当代，利在长远。

（二）博物馆档案管理信息化是实现博物馆现代化的必然路径，地位重要，作用明显

正如大规模的机械化在由作坊时代向工场时代转变过程中所起到的作用那样，信息化是现代化的催化剂。随着信息化时代的到来和社会各个方面信息化程度的不断加深，蓬勃发展的博物馆事业需要进一步规范档案信息管理与开发工作。我们经常听到我国博物馆界"建设现代化博物馆"的提法，现代化博物馆的指标是非常多的，但是，实现博物馆档案资源信息化，切切实实做到完整、规范、高效的信息资源处理、整合与利用，是其中一个必不可少的指标，其地位和作用越来越重要，因为只有实现博物馆档案管理信息化，才能实现博物馆管理现代化，这是一个必然要走的路径，同时也是实现现阶段博物馆科学管理的必要手段。

（三）博物馆档案管理信息化是提高档案查准率和查全率的重要保障，责无旁贷，不可替代

从现实情况看，博物馆信息化起步较晚，与国内许多行业相比相对滞后。由于缺乏有效的档案信息管理系统或档案管理规章制度的不完善，在博物馆对内对外工作中产生的大量档案因得不到有效、及时的整理归档而不断散失。因工作需要查询相关资料，也只能依靠工作经验和个人记忆在本来就无分类或分类不科学的档案堆中手工翻阅，查准率和查全率根本得不到任何保障，其过程和结果可想而知。大量的博物馆档案信息如文物档案信息、学术研究成果信息、行政档案等因档案基础工作薄弱，其重要价值无法表现出来。除此，还反映在馆际之间的各种领域和形式上的交流，在一定程度上受到交流双方档案信息资源开发能力的限制，如果一方无法有效地开发利用本馆的档案信息资源，双方的互动和交流是很难达到预期效果的。

二、当前博物馆档案管理信息化存在的突出问题

根据自己平时的工作实践，我感到主要存在以下几个问题。

（一）对博物馆档案管理信息化工作重视不够认识不高

博物馆档案管理工作是一项默默无闻的工作，整日里面对的是档案柜和一本本的档案，不像其他工作那样有色彩、有味道，怎么努力都没有明显的成绩。正是这样的静默，使得社会及相当一部分领导干部对档案工作的重视程度不够，且都存在一些误区。在人们的心里，档案工作就是登记、保管的事务性工作，谁都可以做，不是重要的岗位和重要的工作内容，保管好、不遗失、不泄密，能应付查档就可以，就是好档案员。而档案管理信息化是一项极容易被忽视的工作，提到日程上来的机会几乎没有。各单位的的档案工作，基本上是说起来重要、排起来次要、忙起来忘掉、用起来需要的局面，更谈不上什么信息化了。

（二）从事博物馆档案管理的人员素质不够高，工作积极性亟需提高

就目前各个博物馆的情况来看，从事博物馆档案管理的人员一是人数不多，二是素质不够高，三是工作积极性不够高，当一天和尚撞一天钟，得过且过，应付差事。其实，作为一名合格的博物馆档案信息化管理工作者，一要熟练使用计算机等各种信息工具，二要掌握网络等信息传输工具的理论知识和运用技能，三要具备对博物馆档案信息的加工、提炼能力，把有价值的档案信息有效地传递给档案利用者，只有既谙熟档案管理又掌握现代信息技术的复合型人才才能胜任这项工作。但是现阶段博物馆对档案管理人力资源方面投入资金有限及传统用人体制等原因，使得优秀人才又难以被吸纳进来，现有人员接受培训机会又比较少，直接导致了博物馆档案队伍综合素质普遍不高，严重制约了先进的技术和管理理念在博物馆档案管理信息化建设中的推广和应用。

（三）博物馆档案管理硬件设施和软件环境基础比较薄弱

硬件设施基础薄弱是指实施信息化管理的工具缺乏，硬件设施主要是相关的一系列必要的工具器材，如计算机、打印机、扫描仪、

数码相机、光盘刻录机、缩微设备、复印机以及光盘、磁盘等等。由于这些设备的配备都需要较大的经费投入做保障，而且设备的后期维护成本也比较高，资金缺乏往往就会导致设备配置紧张、维护不到位。缺乏了必要硬件支持，纸质的档案信息化转换处理、整理分析工作也会受到影响，快捷高效的信息化管理便无从谈起。软件环境基础薄弱是指博物馆档案信息管理各个环节的标准规范缺乏，比如在把纸质的档案转换成电子文档这个阶段，缺乏详细统一的标准来要求什么样的纸质档案应该采用何种转换格式，导致相同类型的纸质档案经过不同的部门和人员处理就有不同电子格式，增加了信息化管理的工作量和工作难度。还有一些电子表格，不同部门或人员填制的标准不相同，也增加了博物馆档案整理、归档的难度，如填写缺乏完整性、备注栏填写样式不同等情况。此外，在电子档案的保管、传递、调阅、使用等环节都没有统一的要求，导致博物馆档案信息化管理存在很多人为不确定性因素。

（四）博物馆档案信息的保密和安全得不到有效保障

博物馆档案信息需要共享，这是由博物馆档案信息资源自身的特点决定的，博物馆档案信息共享也是档案信息化建设的一个基本目标。由于档案信息在一定程度上具有保密性，因此其信息共享具有限制性，即是在一个特定范围内共享。但在信息化管理中，由于各种电子技术的应用，博物馆档案信息泄密的渠道和风险在不断增加，除了常见的网络病毒、黑客通过网络对存储系统入侵以及工作人员泄露等情况外，电磁泄露、剩磁泄露等威胁更是防不胜防。此外，由于博物馆馆藏物品和档案信息是相互分离的，泄密具有很强的隐蔽性，几乎无法判断是档案信息泄露还是藏品信息公开，因此，博物馆档案信息共享与安全保密形成了矛盾。

（五）博物馆档案信息资源的开发利用尚待大力加强

博物馆档案室承担着档案保管和档案利用的职能，但是，长期以来，博物馆档案部门主要依靠归档制度来保证档案实体的收集有据可循，始终未能摆脱"重藏轻用"的局面，即重视以实体为中心的"保管模式"，忽视以信息整合为中心的"后保管模式"；重视博物馆档案馆内部组织管理，轻视研究和预测社会对馆藏信息的需求；重视馆藏具体服务方式，轻视深层次的信息服务；重视馆藏档案信息的政治性和保密性，轻视馆藏档案信息的社会性和文化性，社会公众浏览网上档案馆多会因可读信息太少而失去兴趣。

三、现阶段逐步实现博物馆档案管理信息化的几点措施

（一）下大气力，加强博物馆档案管理信息化人才的培养和储备

首先，要不断强化博物馆档案业务人员和工作人员的档案信息化意识教育。博物馆档案信息工作决不仅仅是档案业务部门的日常工作，全体工作人员，特别是领导干部更要在工作中不断加强对博物馆档案管理信息化重要性的认识，进一步强化保护档案信息、利用档案信息及开发档案信息的全局意识，只有这样，博物馆的档案信息工作才能在更加牢固的群众基础上全面提升，才能不断推进博物馆档案信息工作的规范化。其次，要不断加大博物馆档案管理信息化人才的培养。博物馆档案信息化管理的主要内容和核心就是计算机技术和网络技术的应用，档案工作人员必须能熟练运用计算机以及各类现代化办公设备进行电子文档的制作、使用和维护。博物馆档案管理信息化是不断完善、优化的过程，始终要依赖于档案人员素质的提高。为了培养档案管理人才，使他们掌握新知识、新技能，必须要加强对现有博物馆档案工作者的继续教育和培训，使其除了掌握档案学理论和具有档案思维，更要具备创新意识和运用现代信息技术的能力。第三，在适度引进人才的同时，更要做好人才储备工作。一方面，当前博物馆档案信息管理急需人才和高端人才的引进，以解除档案信息管理人才缺乏的燃眉之急，及时调整档案信息管理人员的知识结构；另一方面，博物馆档案工作本身是对历史资料的收集和整理，是一项长期性、延续性工作，因此在适度引进人才的同时，更要通过博物馆岗位轮换、工作内容合理设计等途径，加大人才储备。

（二）统筹协调，夯实博物馆档案管理信息化基础

一是要争取多方力量的支持。由于档案工作不是博物馆的重点工作，因此博物馆档案部门必须正确认识自身所处的位置，多方面争取领导的重视和兄弟部门的理解，并将博物馆档案管理信息化工

作纳入整个单位信息化管理体系当中，力求从资金、人员等各方面获得支持，从而改善发展信息化的条件。二是合理利用博物馆档案部门现有硬件设备，按照既满足工作需要，又节约成本的原则，在配备计算机、扫描仪、数码相机、刻录机等基本硬件的基础上，严格设备专用要求，加大对现有设备的维护力度，保证设备的正常工作，以避免影响信息化管理的工作效率。三是加强标准化、规范化建设。博物馆档案电子文件从形成到归档，涉及到的岗位和人员众多，必须在电子文件的形成、运转、处置直到归档的各个环节，实行标准化、规范化、制度化的管理，确保同一类型的档案在不同部门和人员之间产生的电子文档格式、大小、样式一致。在此基础上，要严格博物馆电子档案管理的各个环节，包括生成、加工、保管、借阅的程序，做到归档统一、保管安全、使用有序，确保收集到的博物馆档案信息真实、完整和有效。

（三）加强管理，切实保护博物馆档案信息安全

首先，要建立健全信息安全机制。对博物馆档案信息保管安全，要通过多种方式建立档案数据的保存、迁移及校验机制，并建立功能齐全的信息处理工具和利用工具，确保信息的保管安全。其次，要建立权限设置。博物馆档案信息开发利用的正常运行，主要依赖于计算机网络的安全。对信息利用安全，要建立层次分明、角色明确的信息利用机制，并建立权限设置的流程。第三，要完善技术手段。在系统安全管理上，通过采取设置防火墙等技术手段，在计算机硬件环节上阻隔不安全隐患，确保档案信息资源的安全、有效以及网络系统正常运行安全。第四，要加强安全管理。由于信息时代，档案工作人员接触到的信息更加频繁和密集，其中包括单位的核心数据信息，因此要加强对工作流程、文件信息以及信息保管方式的管理，确保信息运转流畅、安全可靠，同时还要加强对信息工作人员的管理，建设一支高度自觉、遵纪守法的档案管理人员队伍。

（四）集中力量，不断加强博物馆档案信息化资源建设

档案信息资源建设是实现博物馆档案管理信息化建设的重要要素。一是要增加博物馆档案门类，要从丰富馆藏入手，狠抓档案信息的储备，广泛收集，广揽信息，改善馆藏结构，增加博物馆档案管理信息门类。二是要不断进行整合加工，在进行数字化处理时，

不仅是把现成的档案数字化，还要对分散的档案信息进行整合、加工，把经过二次加工的信息同时进行数字化，才能真正扩充信息资源，提高信息资源的质量和利用率。三是要加强共同标准的制定和应用。在博物馆档案管理系统建设中常遇到过分强调本单位特殊性、管理方式不可更改的情况，这种无视标准化、拒绝采用标准的观念极其有害。标准化意味着系统性的进步，对信息系统的长远发展有不可估量的推动作用，因此，必须大力推进共同标准的制定和应用。对耗费巨大的部分标准，例如电子档案的标准更应统一领导，集中力量，不断推进。

（五）整合资源，充分发挥博物馆网络平台互联互通作用

一是充分利用博物馆内部局域网建立博物馆内部网络通用平台。在信息化和办公自动化模式下，纸质办公文件的数量明显减少，电子文件占有越来越大的比例。针对这种情况，博物馆可以通过专用的软件在局域网上实现电子文件的自动上传，将在各部门单机上形成的单个电子文件即时传送到博物馆档案室的服务器上，由档案室统一归档。档案室服务器集中管理各部门传递来的并经过归档的电子文件，并在局域网内部提供有限制性或非保密电子文件查询和利用服务，从而实现信息资源共享。这样既能实现博物馆内部档案的集中保管，又方便各部门的利用，在一定程度上解决了集中与分散的矛盾。二是充分利用博物馆互联网站，最大限度地实现博物馆档案信息服务与社会信息资源共享。博物馆档案信息服务是博物馆充分开发和利用本馆档案信息资源并满足利用者不同需要的服务，具体做法就是在对博物馆档案信息进行深层信息挖掘和解读的基础上，完善档案信息数据库系统，利用互联网在保证档案信息安全的前提下，将博物馆档案信息进行有限度的向社会公开。这样既有利于博物馆的社会宣传，同时也为社会各界的信息需求打开了一扇窗户，不仅实现了档案资料的有效利用，还能为博物馆带来一定的经济效益，弥补经费的不足。

相信随着博物馆档案立法工作的不断加强，随着各级领导和从事档案工作人员对档案信息化工作的日益重视，随着博物馆内部管理体制的不断完善，博物馆档案管理信息化工作定会在不久的将来取得非常明显的成效。

周晶晶（北京古代建筑博物馆办公室，档案馆员）

《中华古建彩画》展览及其文创产品开发侧记

◎ 周海荣

2014 年 9 月，北京古代建筑博物馆经过精心筹划，隆重推出了《中国古建彩画》专题展览，此展览是《土木中华》系列展览之一。展览一经推出，新闻媒体纷纷报道，广受好评。博物馆的文化传播、宣传教育功能得到了充分发挥，取得了良好的社会效益，尤其是首次配合专题展览开发的一系列文创衍生品，一经推出，就受到参观者的喜欢，无论是展厅售卖还是宣传发放都备受推崇。本文主要就展览内容及专题文创产品开发的设计理念略做阐述。

一、《中华古建彩画》展览的基本情况

古建馆位于北京先农坛，是我国第一座收藏、研究和展示中国古代建筑技术、艺术及其发展历史的专题性博物馆，依托先农坛雄伟瑰丽的古建筑和厚重、悠久的先农文化，设有"中国古代建筑展"和"先农坛历史文化展"两大主题基本陈列。在做好基本陈列的同时，博物馆工作者们精益求精，不断开拓进取，扩大展线，在专题临展领域不断探索，做了大量尝试，自 2013 年开始陆续推出了《土木中华》、《中华牌楼》、《中华古桥》等有影响的专题临时展览。这些展览相对独立，是对基本陈列中某一重点章节的完善和丰富，使亮点更突出，极大地丰富了博物馆的展陈，较之基本陈列，此类展览规模较小，主题鲜明突出，时效性强，容易更新调整，具有"小快灵"的特点，能保持博物馆展陈的新意，提高博物馆吸引力，《中华古建彩画》展就是在这一背景下推出的专题临展。

古建彩画历史悠久，早在春秋时代，我国就开始出现建筑彩画，有"丹桓之楹，而刻其桷"之说。彩画技艺传承演变数千年，不断丰富发展，隋唐时期彩画华丽，宋代彩画清新优雅，明代时期建筑彩画技艺真正成熟，清代时期达到辉煌。数千年的积淀，绚丽多彩

的彩画艺术不仅具保护性及装饰性，也是中国古代建筑的重要特征，体现了中华民族的智慧及美学思想，是中国建筑文明发展的重要载体。如此华美的建筑艺术，在基本陈列《中国古代建筑展》的展线上只能用很小篇幅展示，无法满足文物爱好者的需求，所以才有了《中华古建彩画》这一专题临展的策划，力求通过这一专题展览向广大参观者展现我国建筑"雕梁画栋、溢彩流光"这一丰富多彩的艺术世界。此次展览是古建彩画这一题材的首次专项展览，展览于2014年9月在古建馆具服殿展出，展览周期为六个月，展览形式使用金属框架与布面结合，颜色的运用很到位，淡蓝色的展板与洁白的展台形成对比，突出了彩画的绚丽多彩，造型精巧，布局合理。展览分四个部分从古建筑彩画的早期的作用开始，细致地描述了各个时期彩画的工艺特征和彩画分类及存世的精美彩画赏析，剖析了建筑彩画的不同等级，呈现给观众们一个精美绝伦、华美绚丽的展览。

此次展览的一大亮点是彩画文创产品。在古建馆馆领导大力支持下，由业务人员组成开发团队设计了一系列的彩画题材的文创产品，与展览一同推出并作为商品在展厅内销售，很受参观者的喜爱，这是古建馆首次针对具体展览开发系列文创产品。专题文创产品与展览同场亮相，动静结合，既有"高大上"的艺术展示，使参观者徜徉在优秀传统文化氛围之中，又有轻松时尚的应用展示，非常贴近生活，使艺术展示与实际生活紧密相联。参观之余，带一件文创产品回家成为参观者博物馆之行不错的选择，经过半年调查统计，参观彩画展的观众购买整套文创产品的人很多，他们认为这些小巧精致并具有功能性的产品能带给朋友们新奇的感受，把自己的认知分享给朋友。因此，文创产品真正成为了展厅的延伸，较强的实用性能够使人们时常回想起博物馆参观的场景，展览现场展示销售配套的文创产品成为此次展览的一大特色、亮点。

二、展览专题文创产品开发过程

笔者作为博物馆社教信息部的工作人员，从事文创产品开发工作。2014年调入古建馆，在此之前，博物馆没有自己的研发人员，文创宣传多由第三方开发，对馆藏品内涵挖掘不够，契合度不是很高。此次产品开发，打破以往惯例，由博物馆自主开发。作为文创设计，笔者查阅了大量的书籍、文丛资料，熟悉展览大纲及展品特性，深入地了解了中国古建彩画的渊源、作用及特点之后，设计方面着力于古典艺术与现代时尚的结合，在多年的经验积累的基础上，根据不同时期的彩画特点，开发制作了一系列关于彩画的文创产品。

文创产品的设计体现了博物馆研发人员的心血，馆领导对文创产品的开发极为重视，经常与开发团队研究方案，经过不懈努力，一件件图稿经过反复修改，最终确定。共计设计开发了不同类别40余种产品，涉及生活用品、文具用品等，都是具有实际功能的产品，不同特征的彩画适合不同的产品，经过反复的推敲、不断的改进，做了行李牌、钥匙扣、穗子书签、便签本、磁性书签、荷叶墩U盘、丝巾、铅笔等产品。图案的设计以宋式彩画、明式彩画、清式彩画为基础，选用的图案如北京智化寺梁枋上的明式彩画、北京隆福寺明式彩画、青海瞿昙寺彩画以及苏式彩画中的图案，等等，设计开发注重创意与实用性的结合，赋予生动的文字说明。这些产品被赋予了独有的文化个性，承载了深厚的历史文化信息，展现出较高的艺术品位。整个研发过程，我们希望将彩画的精美赋予到实用功能的商品上，将中国古建彩画文化传达出去，使更多的国人及外国友人了解我们的文化。

三、中国古建彩画展文创产品的定位

人们外出旅行，大多都有购买当地"土特产"的习惯，无论是自己使用还是赠送亲友，在客观形式上都对当地人文进行了一次传播。文创产品的消费亦是如此，作为博物馆文化之旅的"土特产"，怎样才能吸引参观者使其自发消费呢？我们要做的就是要找准定位，价格适中，引导大众消费，培养消费习惯。

《中华古建彩画》展览文创产品的开发以亲民为原则，走"手礼"路线。我们的销售价格都很亲民，几乎都在百元以下，在定价之前，按照成本核算，将价格定为三种，征求馆里每位工作人员的意见，将最认可的价格作为销售价格，通过谨慎的调查后，我们的产品最终送到展厅的销售人员手中，面向游客。而销量最好的产品大多是生活实用品，如书签、钥匙链、便签本、冰箱贴、尺子等。当购买者每每使用或看到这一精致的文创商品，就不禁回想参观展览的过往，展览内容历历在目，从而加深公众对彩画展的文化认同感。观众每带走一件文创产品，博物馆文化价值和影响力的就成功输出、延伸一次，将中华古建彩画传统文化向社会生活领域渗透，融入人们的生活之中。

四、博物馆文创产品开发设计图片展示

笔记本设计

图案来源：

图一　宋营造法式卷三十三五彩额柱图样

宋彩丹青笔记本

设计理念：宋代是中国木构建筑彩画的蓬勃发展时期，它一反唐代以赤白装为主调的装饰手法，出现了五彩遍装（以青绿红为主色的五彩）、碾玉装（青绿色调）、青绿叠晕棱间装（退晕式）、介绿结花装、杂间装等多种风格和形式，并总结了一套用色经验。要求所绘画面深浅轻重任其自然，提倡用表现生动活泼的写生花卉，随其所绘不同题材和风格加以变化。因此文创产品就选用了青绿相间的五彩额柱纹样设计了宋式彩画的笔记本系列，命名"宋彩丹青"

系列，并在明显的地方做了标注。当购买这些产品的时候，也对宋式彩画进行了了解，仅仅是一件纸制品，非常恰当地将宋式彩画的特征表现出来。

软磁书签
图案来源：

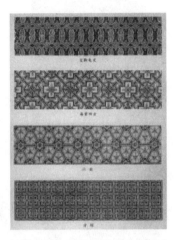

宋营造法式彩画作图样五彩琐文

五彩琐文　磁性书签

使用功能：软磁书签便于携带，小巧精致，一套书签四种图案，具有实用功能。

行李牌设计
图案来源：

北京雍和宫永佑殿外檐额枋梵文轱辘草彩画

明　智化寺如来殿内檐梁枋旋子彩画

斗拱彩画

行李牌
材质：pvc

实用功能：

1. 行李标识牌，人们火车、飞机出行行礼托运过程中使用非常便利，能有效提高行礼归属性，方便识别，防止丢失，便于沟通联系。使用过程中方寸之间时刻向人们传递博物馆信息，是博物馆的一张特殊名片，能够使人经常不经意的想起参观过博物馆。

2. IC 卡卡套，可以用作卡套，质地柔软适中，能防止 IC 卡受损，能有效防止遗失。

设计理念：行李牌的开发也是非常实用的，人们经常出差、旅行，行李署名之后便于联系、查找，因此制作了宋式彩画、明式彩画、清式彩画、斗拱四种行李牌，设计上使用艳丽的底色，不同时期的彩画图案，起到了醒目的作用，方便寻找。这一组彩画行李牌有很多观众都非常喜爱，我们的销售成绩也非常不错。

钥匙扣设计

设计理念：钥匙扣是常用的生活用品，源自四种彩画图案，分别是宋式彩画五彩额柱、清式轱辘草彩画彩画和苏式彩画的卡子图案，截取部分元素，制作出具有时代特点的金属制品的钥匙扣，材质选用金属仿珐琅工艺，光彩亮丽，不易磨损。

丝巾设计

图案来源

青海瞿昙寺鼓楼明间彩画

　　设计理念：丝巾的图案取自青海瞿昙寺鼓楼明间彩画，瞿昙寺内将明早期各阶段建筑彩画特征融于一体并完美呈现，具有特殊的艺术研究及历史研究价值，图案华美艳丽，具有明代传统彩画特点。

文具套装设计

套装包含一把木质直尺、一个荷叶墩 U 盘、两支彩画铅笔、一块橡皮，这一组文具套装将彩画淋漓尽致地表现出来，也是非常实用的一组工具，梁枋彩画、荷叶瓜柱图案、尺子上的外檐轮廓无不体现出中国古代建筑的精美。

苏式彩画便签本

五、博物馆文创产品开发工作展望

（一）国内博物馆文创产业的现状

1. 文创设计

我国的博物馆文创产品开发与国外博物馆纪念品相比算是起步

阶段，国内大众尚未形成文创产品消费习惯。博物馆缺少文化产品开发能力，没有专业的设计人员，在创意方面，产品缺乏本馆特色，常常是五花八门，商品也不够精美，为了降低成本，往往使用造价低的材料，没有主题，也没有形成品牌、系列，各种产品胡乱凑在一起销售。从长远来看，还是博物馆自主开发方式更具有生命力，博物馆是文物艺术藏品的"保护者"，日常工作就是"保护、研究"艺术藏品，要比专业设计人员更能完整准确地诠释文物的艺术价值和文化内涵，要为博物馆工作者插上"开发、利用"的翅膀。国内博物馆要调整发展战略，把创意产业作为自身运营的重要支撑，大力培养博物馆自己的设计人才，建立自主研发团队，要改变常规的销售模式，要从美学的角度上出发，需要具有艺术专业的团队进行产品的整合，经过深入市场分析，结合本馆特点，知道什么适合自己，与大众的切身生活一致，注重一些形式上比较大气的产品，做工精致，带领时尚潮流，独树一帜。

2. 文创经营

作为国家全额拨款的事业单位，博物馆的财政管理制度是"收支两条线"：一方面博物馆各项运营经费由财政全额拨款，国家经费不能用于经营开发与投资；另一方面博物馆所有收入都要上交，这就像是吃大锅饭，影响了博物馆主动开发文创产品的积极性。博物馆是不以营利为目的单位，经营活动受到一定限制，不能直接从事营利性活动，一方面是明摆着的文创产品市场需求，另一方面体现了理念上的禁锢，人力和资源的优势难以得到发挥和释放，这是一种资源浪费。如何突破瓶颈，把文化资源优势变成文化发展的优势，是一个亟待讨论和解决的问题，需要博物馆做更多的探索和尝试，只有改变这一体制，才能推动博物馆的商业运营，鼓励大家的积极性。

（二）下一步工作展望

文物保护并不是说着要死守着文物不能动，更重要的是对文物体现的优秀传统文化的继承和发扬，历史告诉我们，文化往往通过商品流通过程得到广泛而有效的传播，丝绸之路就是成功的文化传播范例。对文物进行创意性开发，不仅不会使文物本身受到损害，反而是对文物价值的发掘与传播。博物馆开发文创产品不是为了销售额，更重要的意义在于拉近观众与博物馆的距离，加深公众对博物馆的文化认同感，在商店里观众对展品的兴趣和认同可以通过文创产品实物化，进而转化为文化消费，是博物馆文化一次传播，可以说文创商店就是博物馆一个特殊的"展厅"。

实践发展表明，开发博物馆文创产品，既能推广与宣传博物馆文化、满足公众多层次需求，又能使博物馆获得一定经济收入，反哺博物馆经费的不足，是促进博物馆可持续发展的普遍做法。不说国外知名博物馆每年动辄上千万美元的"文创经营收入"，就说办内故宫博物馆、上海博物馆等大馆，文创工作起步较早，拥有自己开发团队，文创产品开发已经构成系列，文创商品每年经济收入也已过千万，可以说初步实现了良性循环。

随着博物馆文创产业规模的扩大，其对提升博物馆社会影响力、满足公众文化需求等方面的强大影响力已被博物馆界所认同。2013年5月，中国博物馆协会文创产品专业委员会的成立为中国博物馆文化创意产业界搭建了全国性的交流平台，首次以产业化联盟的姿态出现在中国博物馆文创领域，有效整合国内现有文化创意产业资源，为中国博物馆文化创意产业的发展打下良好的产业基础。

2015年3月20日开始实施的《博物馆条例》第34条第二款明文规定"国家鼓励博物馆挖掘藏品内涵，与文化创意、旅游等产业相结合，开发衍生产品，增强博物馆发展能力"，为博物馆开展文化创意工作、开发博物馆相关衍生产品提供了法律和制度保障，为博物馆文创产品的破题带来了福音，为加速博物馆文创产业的发展带来新机遇，可以预见到的周期内博物馆文创事业将迎来新的高增长期，井喷式发展。但是，文创产品要真正迎来"黄金时期"，在制度层还应出台相关实施细则，从业者还需要突破观念局限，结合市场寻找公益性经营可行模式，进一步落实配套措施。

在这一大背景下，古建馆作为一家中型专题博物馆，文创产品开发工作大有可为，应抓住机遇，认真贯彻《条例》精神，积极探索本馆文创产品开发、行销的良性模式；加强文创产品开发、行销综合人才的培养，成立文创机构，设立公益性创意商店；深入挖掘中国传统建筑营造法式的内涵及时尚元素，融入文创专业委员会的产业平台，加强馆际、馆企之间的交流，启迪文创产品的开发创意，丰富文创产品系列，发展壮大文创开发、行销业务，使文创商店真正成为博物馆的最后一个展厅。

周海荣（北京古代建筑博物馆社教与信息部，馆员）

博物馆藏品在利用中的保护工作

◎ 凌 琳

当前国内外文化交流日益广泛，国际、国内各博物馆之间的交流日益增多，国际、国内形式多样的展览，极大地丰富了人们的精神文化生活，提高了国民的文化素质，这对于增进各国人民之间的友谊和加强各国人民之间的友好往来都起到了很好的促进作用。随之而来，就是博物馆藏品的大量被利用，藏品利用率逐渐提高。在充分发挥博物馆藏品的社会效益和经济效益的同时，藏品在利用过程中的保护问题，成为博物馆藏品保管工作中的又一项重要内容。

博物馆展览可以分为出国境展览、境内展览和馆内展览。国家文物局先后颁布了《文物出境展览管理规定》、《出国（境）文物展品包装工作规范》、《出（国）境文物展览展品运输规定》、《馆藏文物出入库规范》、《馆藏文物展览点交规范》。应该严格按照以上规定、规范进行境内外展览工作，确保博物馆藏品安全。2013年、2014年、2015年是北京古代建筑博物馆举办出国（境）展览最多的3年，自己也经历了，就谈谈博物馆藏品在出（国）境展览利用中的保护工作的一点点体会。

一、藏品出境展览利用程序

出境展览首先确定展览项目，之后进行展览目录和协议草案议。

定，上报北京市文物局审批，得到批准后根据批文及正式协议进行藏品点交、出库、包装、运输等筹备工作。藏品点交包括文字点交记录及点交现场拍摄的藏品多角度照片，文件一式四份，点交双方两份，中方的两份文件由藏品收藏单位办公室和保管部各留存一份。

出境展览藏品点交、包装、运输标准规范应按照《文物出境展览管理规定》、《出国（境）文物展品包装工作规范》、《出（国）境文物展览展品运输规定》、《馆藏文物出入库规范》、《馆藏文物展览点交规范》中相关内容办理，确保藏品安全。

二、藏品利用中的搬运

藏品的搬运分为广义的搬运和狭义的搬运。广义的搬运是指有一定距离的藏品运输、搬迁，狭义的搬运是指的藏品包装和拆包时需要的库房内搬运。如何避免藏品在搬运过程中的损害，保证藏品的安全，需要我们在藏品搬运中注意以下几点。

（一）藏品搬运前排除潜在的不安全的因素

藏品搬动前认真仔细观察藏品现状及搬运环境。藏品在自然破坏因素的作用下，存在损坏的现象，如金属器物的腐蚀、石刻类的风化、木质类的干裂糟朽，还有的藏品经过修复，有粘合部位，这时藏品在包装中取出时有不当动作，就会对藏品造成损坏。藏品如果由几部分组成的，搬运前一定要检查是否有松动或可以分开搬运的。如果藏品为不可单独搬运的，要保证藏品整体移动过程中的安全。在上藏品前，应对展台、展柜等周边环境进行检查，排除不安全隐患，再进行藏品搬运。大件藏品需要多人协调搬运，应提前沟通好搬运方案，协调一致进行搬运，防止藏品因参与者不协调或沟通不好，在搬运过程中造成藏品的损坏。

（二）藏品搬运中的人的因素

藏品搬运中人是核心因素。首先是在岗保管员要在上岗前进行藏品安全操作培训，使每个人在工作中方法得当，确保藏品安全。藏品安全不仅仅是保管部的职责，也是藏品利用部门的工作职责。所有的藏品利用，现场必须有人进行藏品安全指导工作。工作时确保每个参与者服从指挥，认真踏实地工作。

（三）藏品搬运操作

藏品不论大下，要保证搬运安全。如小件器物，搬运时一只手托住器物下面，另一只手稳定器物，然后抬起。

尽可能地减少频繁搬运藏品。如藏品上展览，应提前了解展陈方式、展陈位置，争取藏品搬运一步到位，不要做不必要的搬运。

装载整箱藏品的藏品车，要徐徐推动，在搬运前，将藏品放于囊匣等专用包装物内，每个包装物之间做到没有缝隙，确保没一件藏品搬运安全。

三、藏品在包装中的保护

博物馆藏品只要出门，就有损坏的危险，应尽力将损耗减少到最小。藏品在运输中的保护有两个方面：①尽最大努力避免藏品在运输过程中的破损。②藏品在运输过程中的防撬防盗的安全保护。减少藏品在运输过程中的损耗是最重要的，因此好的包装是藏品在运输中的重中之重，如果包装好了，藏品在运输中损耗就可以降至最低。

藏品的包装和运输，表面上看仅仅是对出库的藏品外包以盒子，再从库房搬运到展厅，或者从甲地运到乙地的一个过程，实际上在藏品包装和运输的整个过程中自始至终包含着文物藏品的安全保护内容，缺乏了建立在这样一种认识基础上的做法，都会不可避免地使藏品遭受不同程度的损坏。因此，藏品的保护，不仅仅局限于博物馆库房内，在藏品移动的每一个环节上，都面临着一个保护问题，藏品的包装和运输，是特殊形式的保管工作，更需要讲究严密的科学性、措施的可靠性、方案的可行性。

（一）包装

包装历史源远流长。包装古已有之，我国古代人类对日用品的捆扎、包裹，最初只是生存的需要和人类的本能，对于猎获吃剩的动物和采集的野果，为了携带方便，便采用葫芦之类的植物果壳，较大植物叶子，以及其简陋的形式进行盛装包裹，或采用植物枝条、藤、葛之类植物进行捆扎。后来，经过相当长的岁月实践，人类从简易采摘、捡拾自然物发展到截生竹为筒，或采选一些植物柔软的枝条、藤或动物皮毛扭结成绳，对物品进行捆扎；或者模仿某些瓜果皮壳的半形或整形，用植物枝条编制成近似形的盘、筐、罗、篮等盛装物品的容器。这些创造性的劳动，便是古代人类包装活动的雏形。

随着人类社会生产的发展，产生了商品交换，货币流通。由于物品的储存、转运、交换的需要，从事制作各类物品包装材料器具的作坊、工厂也随之涌现，与包装有关的编织、纺织、木制容器及其材料得到广泛的开发。在唐宋时期，商品经济有了进一步的发展，一些高贵的商品，如丝绸、纺织品、陶瓷品、手工艺品等等，源源运往日本、印度、伊朗、印度尼西亚和东南亚、西域各国。因当时运输工具十分落后，又要长途跋涉，辗转万里，要保证这些物品完好无损，必须具备好的包装技术。由于商品等生产日益多样化，出口商品增多，单一材料的包装制品逐渐被几种特性的包装材料组合在一起的混合容器所取代。如包装容器内填缓冲材料或加带捆扎，或采用内外两种材料进行包装，等等，为今天我国包装科学技术留下了宝贵财富。

历史发展到今天，包装已形成了现代包装学，是一门包含物理、化学、数学、生物学、工艺学、美学等许多学科的综合性学科。随着科技水平的不断提高，新技术、新材料的不断出现，包装材料和包装手段也越加先进、使用和快捷。但是，目前针对以文物藏品为对象的包装研究，还缺乏系统的、科学的理论指导，这就需要从事文物保护工作人员，时刻了解包装新材料、新技术的发展动向，对包装学中出现的新技术进行鉴别和筛选，选择出适合对文物藏品包装的、有利于文物藏品安全的新材料，为包装文物藏品服务。

（二）藏品包装的原则

藏品包装的目的在于确保迁移过程中最大限度地保持藏品的缘由状态，防止因环境改变和外力等因素对藏品造成损坏。因藏品的稀缺性、不可再生性以及藏品本身脆弱的保存状况，藏品的包装与普通商品的包装比较，在包装材料的选择、支撑结构的设计、包装物的设计以及操作程序等方面，有着更加严格和细致的技术要求，以确保藏品的绝对安全。

20世纪末21世纪初中国博物馆进入了现代化建设的新时期，不少博物馆新建的馆舍具备国际先进、国内一流的水平，藏品管理的科学化与专业化势在必行。藏品包装运输时科学、安全管理藏品的重要环节，时藏品动态管理的主要内容，其标准化非常重要。

在国家文物局2001年颁布的《出国文物展品包装工作规范》的总则部分强调："为保证出国文物展览包装工作规范化、科学化，保证文物赴国外展出过程中安全无损，制定本规定……展品包装工作的要求是：结构合理、坚固耐用、拆卸方便、复位容易、美观简洁、一目了然，适合集装箱（车、飞机）装载，适于长途运输。"

在《出国文物展品包装工作规范》中还强调，"二包装单位和人员"的第五至七条对人员做了具体规定："举办出国文物展览的单位，必须指定专门的从事文物展品包装工作的单位或由专人负责包装工作，国家文物局认定有能力的单位可以从事专门的文物展品包装工作。从事包装工作的人员，必须经过国家文物局举办的专业技术培训班培训，并经考核获得资格证书后，方能从事文物展品包装工作。"

（三）藏品包装及材料

1. 藏品内包装

囊匣。囊匣的框架材料为纸板和复合板，内胆使用优质棉花、棉布、真丝等，外罩面料为宋锦或全棉，所有用料在制作前应消毒。囊匣能防灰尘，防紫外线照射，还可以隔绝抵制消除各种微生物对文物的侵蚀和污染，在室内环境下，囊匣能有效控制温度和湿度过大变化，有便于入库和提取、排架和防震。在长途运输过程中，能有效地防止物体的磕碰和挤压。

木质藏品箱。较重藏品和体积大的藏品可以采用木质藏品箱，木质藏品箱可以做出底足，底足的高度以适宜现代化搬运设备——叉车、手动液压搬运车为准，木箱的两侧安装把手，方便藏品搬运。

2. 藏品外包装及包装方法

根据我馆的具体情况，就简单说一种——木质藏品包装箱，主要有多层板和夹心板等，用于制作外包装箱，"制作内、外包装箱均使用目前国际通用的复合木材料为板材，如多层板、夹芯板等。禁止使用未经高温处理的原木为材料"。藏品外包装在考虑藏品体积的基础上最好设计成长方形，以便于大型化、集装化运输，外包装应具有坚固性、抗震性、抗冲撞性、抗压性和防水性。

外包装的包装方法又有很多种，其中有以下几种：

悬空减震法：外包装箱内立支架，将藏品置于支架上架空，然后固定住。

捆扎法：先将两块多层板做成直角形状框，再将藏品放置其上，用带子把藏品捆扎在背板上，特别注意的是一定要在底板和背板上都粘贴比较厚的防震层，最好在背板的防震层上依照藏品的形状旋挖出凹槽，把藏品嵌进去，以此增加藏品的接触面，以便增加固定效果，确保藏品安全。

点式固定法：在箱内壁上选出两组对称点，粘贴高密度板块，把藏品固定在箱内。

紧压法：选定若干个受力部位，用包裹海绵或包着绒布的木方将藏品紧压住，固定在箱体内。

卡拉法：在对一些比较高或结构复杂的藏品进行包装时可以在其底部、腹部、肩部和头部都找出合适的位置，用珍珠棉等材料将其卡住，以便保持藏品在箱内不动。

压杠法：把藏品放入铺垫好减震材料的包装箱内，将包裹了海绵的木杠压在藏品的上面或两边，并用螺丝钉固定在包装箱的边板上，然后在藏品周围填充减震材料，使其在箱内保持不会移动，这种方法适用于体积和重量都比较大的藏品。

四、藏品运输中的保护

藏品在包装装箱后，要上锁加坛封、钥匙密封后交给专人保管。所有装箱藏品都应登记造册，详细写明藏品登记号、名称、件数、完残情况、估价，最好每件藏品都附有现状的彩色照片；在委托保险公司运输时，必须订立藏品运输合同，签署保管和保护细则，作为双方履行的法定合同。

藏品在运输中要考虑的安全因素主要有几点：

（1）藏品置于交通工具空间中的位置，应该就前不就后，就下不就上。大家都知道，无论是飞机、火车、轮船、汽车，总是前比后、下比上稳当。

（2）一定要用外力将藏品包装箱固定在交通工具空间内，使其与交通工具相对成为一体，以减少不稳定性。反之，藏品包装箱与交通工具因因初在若即若离状态，极易使两者在正常颠簸中互相碰撞，伤及藏品，如遇突发外力，后果更不堪设想。

（3）包装箱不能重叠。交通工具总是处在运动中，那么藏品包装箱在运动中是随时在变动着，时时刻刻存在着不安全因素。

五、外展藏品在使用中的保护

博物馆藏品在经历了千辛万苦到达了目的地，拆箱卸装进入了展厅，随后又面临着减少藏品在使用中的损耗重任。

1. 藏品

在制定藏品外展名单时，选出的是我馆的精品，使之在展览中得到人们的惊叹，能够吸引着更多的参观者，更好地发挥藏品的社会效益。在定出名单后，需要修复的、清理的，马上定方案和报预算，批准后立刻进行修复和清理工作，保证我们的藏品经过整修后，焕然一新。

2. 人员

每次外展时，都安排藏品保管员做随展人员，因为保管员对藏品非常熟悉，如有破损在交接藏品时也能及时发现。如果安排了不熟悉藏品或不知道藏品保护知识的人员随展，应该在出国前对这些人员进行必要的藏品保护知识培训，并让他们参与围绕出国藏品而进行的准备工作，直到装箱等全部过程，让他们熟悉藏品，学习藏品保管保护知识，以便能应对藏品在外展中出现的情况和进行监督检查工作的需要。

3. 现场卸装

即藏品运到目的地后拆箱卸藏品布展和外展结束藏品包装入箱上车两道过程，这也是外展中藏品保护的两个重要环节。当拆箱搬出藏品时，要做一份登记表，写清箱号、箱内藏品名称、件数等，最好拍张照片。展览结束后，还必须维持原包装，因此卸下的包装材料必须要做好各种标记，集中存放好。另外，在现场一定要指导和监督，提醒需要注意事项，包装装箱到位，使藏品可以避免不必要的损坏。

总之，博物馆是文物藏品收藏机构，对藏品负有科学管理、保护、研究和提供利用的作用。藏品的利用，必须在保护藏品的前提下，充分发挥藏品的作用。博物馆要尽力加强藏品保护，尽可能延长藏品的寿命。保护是利用的前提，利用是保护的目的，这两者是相辅相成的。因而，在藏品利用的过程中，特别是到馆外、国外的利用，在藏品包装运输中，要有藏品保护的意识，是藏品保管的继续，而不是藏品保管的终止。有了这种观念，就会重视藏品运输的质量，就会提高藏品包装运输的水平，确保藏品在外展中的安全。

同时，在藏品包装运输中，加强博物馆工作人员的职业道德修养，也是藏品安全的重要保障。作为一名文物工作者，不仅要有丰富的专业知识和工作经验，更重要的是具有博物馆文物职业道德，模范遵守法规，要像爱护自己的眼睛一样爱护文物。

博物馆藏品保管保护是一门综合性学科，它涉及到物理、化学、机械学、微生物学等多种学科，集中了多门类知识，这就给从事博物馆保管工作的人们提出了更高的要求，不论藏品处于何种状态之下，保护工作要随时随地地进行。高度的责任心和广博的学识是做好这项工作的支柱，只有保护好藏品才能最大限度地利用藏品。

　　今后，博物馆的藏品将更多地走出库门，走出馆门，走出国门。藏品既要将它的内涵展示给更多的观众欣赏，又要减少它的损耗，因此藏品的包装和运输中的保护工作就成为了一个很重要的研究课题，需要我们不断地探索和研究。

凌琳（北京古代建筑博物馆保管部，馆员）

《雕梁画栋　溢彩流光——中华古建彩画展》大纲概略

◎　郭　爽

　　《雕梁画栋 溢彩流光——中华古建筑彩画展》是北京古代建筑博物馆2013年底申报的专题展览项目，被列入北京市文物局2014年博物馆展览季。展览以彩画模型、精美图片以及观众可参与动手的互动项目，将中华古建彩画的精彩形象以复原图的形式进行公开展示。利用现状图片资料与文字资料进行综合比较，透过构图、布局结构、典型纹样形式和色彩方案等一系列视觉表象，展示其深层美学因素，进而以其精神意蕴来诠释中华古建彩画所蕴涵的深层涵义。该展览在2014年9月12日开幕，展出时间为期半年。展览展出过程中，观众反响强烈，对于中国古建彩画这一领域表现出极大的兴趣，因此笔者决定将彩画展大纲的内容整理概述，更进一步帮助观众和相关人群了解彩画发展和传承的大致脉络。

　　展览的序言如是说："中华古建彩画源远流长，是古代人民在生活实践中摸索出的兼具保护性和装饰性的重要手段之一，也是构成中国建筑东方特色的表征。人们常以'雕梁画栋'、'金碧辉煌'、'青琐丹楹'等美丽辞藻形容中国古代建筑的华丽多彩，这足以证明古建彩画在建筑艺术表现力方面的重要作用，同时也表达了中国古代对于礼制和等级的尊崇。今天我们透过展览了解中华古建筑彩画的辉煌成就，感受中华民族自古对美的追求和所特有的美学思想，进而以其文化内涵来诠释中华古建彩画的精神意蕴，将这一独特的艺术瑰宝完整地继承和发扬下去，并注入我们今天的时代生命力。"紧随序言的是一幅精美的彩画临摹作品，作为展览的序厅部分展现在大家的眼前，它也确实让大家眼前一亮。这幅作品是著名彩画专家边精一先生临摹的明代寺庙法海寺壁画——水月观音。把一幅壁画作品放在序厅也是有特定意义的，是为了告诉观众壁画与彩画之间的关系，并不是两个体系。因此在说明牌上笔者给出了这样的定义："壁画，墙壁上的艺术，是人们直接画在墙面上的画。作为建筑物的附属部分，它的装饰和美化功能使它成为环境艺术的一个重要方面。壁画的历史源远流长，并作为人类历史上最早的彩画形式之一出现在人们的视线中。"

序厅结束后就进入了展览主题内容部分。本次展览内容上共分为四个部分，分别是"彩画匠心"、"彩画流光"、"彩画叠韵"和"彩画遗珍"。这四个部分分别展示了彩画的工艺，历朝历代彩画的特点，彩画的分类和现存明清建筑上彩画的鉴赏。在第一部分中我们以这样一段文字作为该部分的导言："在中国古代建筑彩画发展的绵延历史中，最早的彩画是基于材料防护和建筑审美的双重要求而产生的。在这两种要求不断提高的情况下，彩画技艺也随之成熟起来。在古建彩画的繁琐工序中，地仗工艺和沥粉贴金工艺是其中最重要、最不可或缺的两部分。"继而引出地仗工艺和沥粉贴金工艺的内容，并分别对这两个古建名词做了解释："地仗是指以砖粉做骨料，以猪血、桐油、面粉作黏结料，披麻糊布，刮涂在木构表面的一种工艺。这种做法是元代以后慢慢出现的，它在木层表面形成的基础性防护不仅提高了木构件的防火、防潮性，还对油饰彩画工程的优劣起着决定作用。"以及进行地仗工艺之前，还要对构件表面进行适当的处理，使地仗更为坚固，更符合功能要求。但由于构件表面的情况不同，所以采取的处理方法也不尽相同。同时解释了所谓的一麻五灰工艺，是指使麻、捉缝灰，扫荡灰，压麻灰、中灰、细灰、磨细灰、钻生油等几个主要工序。从工艺上来说，中国古建彩画的独到之处，就是通过调动色彩方面不同材质的精华，来营造一个美的意境。比如彩画使用颜料的组成，基本是颜料加水胶，涂饰以后，彩画工叫胶色，用现在的话说，就是水粉效果。水粉效果表面是不发光的，但在没有光泽的颜色底子上面，往往又添加一些亮度很高的金箔，通过这个反差，来追求一种有光与无光、有亮与没亮的装饰意境。

在谈到彩画起源及历朝历代彩画发展的特点部分，导言是这样描述的："中国古代建筑彩画历代相传，各具特色。唐代的浓墨重彩，宋代的清新淡雅美，元代的清丽素美，明代的规矩含蓄，清代的雍容华贵。经过历代嬗递传承，展现在我们面前的是一幅绵延悠长、流光溢彩的历史画卷。"

一、古朴奔放——早期彩画

早在春秋时期即在建筑上出现藻类的图案，并对不同阶层采用不同颜色，以区别身份地位不同。汉代时，大斗构件已开始施以彩画。随着佛教的传入和推广，南北朝时期的各类装饰领域引进了很多域外的纹样与图案，因而建筑内外檐的构件中均已出现简约的彩色图案，粗放且浓重。早期彩画就这样以木构建筑的实际需要走进古人的生活，以这样奔放、自由且尚无固定模式的形式进入了我们的眼帘。

二、浓墨重彩——隋唐彩画

隋唐时期是中国古代建筑艺术的辉煌时代，彩画艺术也得到进一步发展。图案绚丽，色彩丰富，绘制技巧也空前精湛，各种多彩纹样也相应而生，隋唐时期也在整个彩画发展的长河中画上了浓墨重彩的一笔。

三、清新淡雅——宋代彩画

随着那部为大家所熟知的建筑技术巨著《营造法式》的诞生，宋代彩画进入成熟期。这个时期的彩画具有很高的艺术成就，是中国古代建筑彩画发展的重要阶段，具有承前启后的作用。宋代彩画大致分为六种形式，即上等彩画——五彩遍装和碾玉装，中等彩画——青绿叠晕棱间装和解绿装以及下等彩画——丹粉刷饰和杂间装。这些有着优美名字的彩画，叠晕式地由浅入深，由深渐浅，柔和不造作地吹来了一股清新、淡雅的宋代之风。其中五彩遍装继承了唐代以来的装饰风格，即在建筑的梁、拱表面用青绿色或朱色的叠晕为外缘做轮廓，内部画彩色花饰。这种以青绿色或朱色衬底，色彩华丽，表达了一种富丽堂皇的氛围。碾玉装是以青绿两色的冷色调为主色，内在以淡绿或深青底子上做花饰。由于大量使用青绿色，并用叠晕的方式来处理花饰以及缘道，因此起到了揉色的作用，远远观看便有了碾磨过玉石般的质感。青绿叠晕棱间装是用青绿二色在外缘和缘内面上做对晕的处理，即外棱如用青色叠晕，则身内用绿色叠晕，外棱用绿色，则身内用青色叠晕，二者以浅色相接称之为对晕。它亦属于冷色调彩画，且面上不做花饰。解绿装为准冷色调的彩画，多用在斗拱、昂面上，表面通刷土朱，外缘用青绿色叠晕做轮廓，而并不做花纹，仅以缘道显示出构件的轮廓而已。丹粉刷饰为暖色调的刷饰，以白色为构件边缘，表面通刷土朱，底部用黄丹通刷，不设缘道，仅仅是在梁枋下缘用白粉阑界，是最简单的彩画，也只能称之为刷饰。杂间装是将前面所说的五种混合间杂搭配使用的一种彩画制度，如五彩遍装间碾玉装，这样是为了相间品配，使颜色鲜艳华丽。

四、清丽素美——元代彩画

元代统治不足百年，遗留下的彩画实例也屈指可数，但在古建彩画的发展史上却有着不可或缺的位置。元人在宋代彩画基础上进行了较大的演变和改革，创造了梁枋彩画布局的新局面，而最值得颂扬的是旋子彩画萌芽的出现。元代彩画一改往日游牧民族奔放、狂野的一面，继而展现的是其清丽、素美的另一面。

五、规矩含蓄——明代彩画

明代是彩画发展的真正成熟阶段，在样式、题材和表现手法均较之前朝更加丰富的情况下走向规范化、等级化。这一时期，彩画开始划分官式和地方两种做法，并在元代旋子彩画萌芽的基础上将其发扬光大，为我们带来瑰丽奇巧、炫目迷幻的感受，也为清代彩画成熟发展打下了良好基础。明代虽法式规范更加严密，但丝毫不影响它用含蓄的方式将彩画之美发挥得淋漓尽致，如明代官式旋子彩画。明代旋子彩画是走向规矩化的时代，同时是旋花造型逐渐成熟，图案设计逐渐规范化的时代（图1、2）。又如明代江南彩画。明代江南地区文化发达，经济富庶，建筑质量亦有上乘之作。江苏太湖以及皖南徽州地区的民居、祠堂和少量的寺庙建筑中都发现了许多风格独特的明代建筑彩画（图3、4、5、6）。

图1

图2

图3　　　　　　　　图4

图5

图6

六、雍容华贵——清代彩画

　　清代在中国历史上的存留时间较长，建筑艺术方面有较大成就。从遗存的众多清代建筑彩画实例上看，清代彩画在明代的基础上逐步发展，创造出宫殿式的和玺彩画和园林式的苏式彩画两个种类，最终形成清代灵活自由、雍容华贵、金碧辉煌的彩画风格。

　　在第三部分的彩画分类中，笔者从两个方面对彩画进行了分类，分别是清式彩画和地方彩画。

(一) 清式彩画

　　清代彩画在整个彩画发展过程中达到了一个成熟的高峰时期。它虽复杂绚丽、金碧辉煌，但在构图、设色和花饰内容上均形成了一套严格的制度。在清代彩画中，逐渐形成了以官式彩画为主的清式彩画系列。官式彩画，即施于官式建筑之上，等级和程式化较强，并受一定规范限制的彩画形式，它区别于一般建筑彩画，这其中包含了和玺彩画、旋子彩画、苏式彩画、宝珠吉祥草彩画和海墁彩画五大类。

　　1. 和玺彩画

　　和玺彩画是彩画中的最高等级，主要用在宫殿建筑上。它的布局是把梁枋分为三段，中央的枋心、左右两端的箍头以及箍头与枋心之间的藻头，这三段之间均用锯齿形的线相隔。和玺彩画就是在这三个部分中都用龙纹做装饰，龙的形状根据所处位置以及形式不同而不同（图7）。

图7

2. 旋子彩画

旋子彩画是等级仅次于和玺的彩画，多用在次要宫殿建筑和一些配殿、廊屋上。旋子彩画的布局大体与和玺彩画一致，所不同的就是在藻头部分不画龙纹，取而代之的则是旋子花纹（图8、9）。

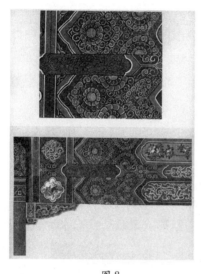

图8　　　　　　　　　　　　　　图9

3. 苏式彩画

苏式彩画是从南方的包袱彩画发展而来的一种彩画，它的特点是将外檐枋、檐檩和檐垫板三部分的枋心连通在一起形成一个半圆形的大画心，称为搭袱子，通称包袱。包袱边缘由许多曲线组成，并用颜色做退晕处理，包袱心内可绘山水、人物、花卉、翎毛、禽兽、鱼虫题材多样。当然苏式彩画是一大类彩画的总称，它有相对固定的格式，主要特征是在开间中部形成包袱构图或枋心构图，在包袱两侧均画有体量较小的聚锦、池子等陪衬性画面以及卡子、箍头等固定格式化的图案，这些都是苏式彩画最常见的基本的、共同的特征。然而人们在欣赏苏式彩画中，往往会发现虽然大体的格式相同，但风格却有很大的差别，其中有些非常精致华丽，有的则相对简单素雅，这便是苏式彩画分级的结果（图10）。

图 10

4. 宝珠吉祥草彩画

宝珠吉祥草彩画简称吉祥草彩画，是以运用较大型的宝珠和粗壮硕大的卷草作为彩画主题纹饰的，并以其整体色彩效果红火热烈为突出特征。它原本流行于我国东北满蒙少数民族地区，随着清军入关，定都北京，便作为清初一类官式彩画用于装饰皇宫城门等建筑之用。而绘制也有高低等级之分，西番草三宝珠金琢墨彩画为高等级者，烟琢墨西番草三宝珠五墨彩画则为低等级者（图11、12）。

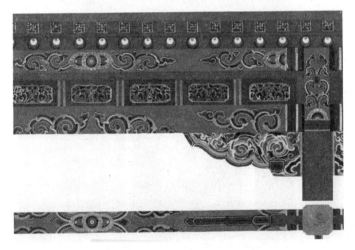

图 11

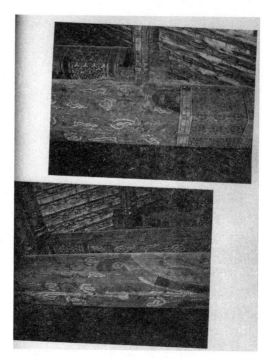

图 12

5. 海墁彩画

海墁彩画是以在建筑外露的上下架构件以及部位上便施彩画为主要特点的一类彩画，它的构图没有具体法式规则限制（图13）。

图 13

（二）地方彩画

地方彩画是指在全国各地的寺庙、祠堂、会馆、民宅等各类建筑上的彩画，它们的形式，在各地区一定范围内保持相同的式样，图案构图和设色也有共同规律，但又不完全遵循和符合宋代《营造法式》和清代《清工部工程做法》的标准形式，所以地方彩画呈现出更加丰富多彩的面貌。如云南丽江文峰寺和西藏拉萨大昭寺等地彩画，完全反映出当地的彩画风貌和特点（图14、15）。

图 14

图 15

彩画是画在建筑上的历史，也赋予了建筑鲜活的生命。当建筑渐渐消失，彩画也一去不返，即便建筑尚存，彩画也会随着时间的流逝慢慢褪去那份光鲜。我们无法回到过去，唯有从现存的明清建筑群中努力感受曾经的那份辉煌。在最后一部分中，笔者选取了现存明清古建筑中的一些经典彩画呈献给观众，使观众直观地能够感受到彩画散发的魅力。从现在建筑彩画存在的实际状况看，彩画范围分为七大文化圈，它们分别是：第一个圈是以北京为中心的官式彩画圈，力求华丽、庄重、等级严明。第二个圈是历史上的吴越圈（围绕着太湖周围），今天的江苏、浙江、福建、江西北半部、安徽南半部，就其彩画总的纹饰特征说，纹饰纤细，颜色淡雅，与建筑是和谐一致的。第三个圈是中原圈（河南、山东、山西、陕西、湖北），彩画介乎官式和华东吴越圈子之间的共性的圈子，彩画比较活泼。第四个圈是四川、贵州、云南圈，相对来说，该文化圈彩画数量比华东更丰富一些。这个地区彩画特点，除了汉族的文化特点外，还与西南少数民族的常用纹饰融合在一起。第五个圈是广东文化圈（潮汕地区），彩画相当丰富，不像华东和官式彩画。第六个圈是西北文化圈，如青海、西藏、宁夏、新疆的彩画有少数民族特点。第七个圈是东北文化圈，彩画具有满族、蒙古族和其他兄弟民族的成份。展览中列举了明代官式建筑彩画的典型代表，青海瞿昙寺、北京隆福寺藻井、北京智化寺和北京法海寺四处遗存，清代官式建筑彩画则选取了一些如北京颐和园苏式包袱彩画、北京北海苏式包袱彩画、孝东陵隆恩殿莲花水草彩画等。

（三）明代官式彩画

1. 青海瞿昙寺

瞿昙寺创建于明洪二十五年（1392 年），是我国西北地区迄今为止保存的最完整的一组明代建筑群，是青海省第二大胜迹，也是国务院颁布的全国第二批重点文物保护单位。寺院是典型的明代早期的官式建筑群，并拥有丰富的建筑彩画和壁画资源（图 16、17、18、19、20）。

图 16

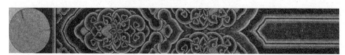

图 17

图 18

图 19

图 20

2. 隆福寺藻井

北京隆福寺始建于明代景泰三年（1425 年），是明代宗朱祁钰敕建的寺院。清雍正年间，隆福寺改为雍和宫下院，成为喇嘛庙，从此成为清廷的香火院。寺内藻井极为震撼，藻井之上遍布精美木雕和彩画（图 21、22、23）。

图 21

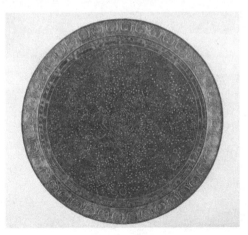

图 22

图 23

3. 北京智化寺

北京智化寺,明正统八年(1444年)建,初为司礼监太监王振家庙,后得明英宗皇帝赐名"报恩智化寺"。它独具明代特色,寺内彩画至今仍保持着明代早期的特征(图24、25、26、27、28)。

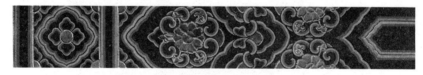

图 24

图 25   图 26

图 27

图 28

4. 北京法海寺

北京法海寺创建于明正统四年（1439 年），为明英宗朱祁镇的亲信大太监李童主持修建，落成后英宗亲题"敕建法海禅寺"。这座皇家寺院寺名"法海"，取自"佛法广大难测，譬之以海"。寺内大雄宝殿的明代壁画采用传统工笔重彩画法，笔法细腻，用色考究，堪称国宝。

图 29

图 30

（五）清代官式彩画

清代彩画艺术和技术水平的提高，使得彩画进入了多彩纷呈的阶段，官式建筑彩画在这个阶段却自成一定规制。在其形成的固定模式之上，清代官式彩画不仅展现了彩画构图、用色上的严谨、有序，也表现出其灵动鲜活的特点（图 31、32、33）。

图 31

莲花

桃柳争春

喜上眉梢　　　　　　风景

富贵花　　　　　　延年益寿

图 32

图 33

　　清代园林彩画中常常绘制人文内容，称为人文画。文人画有两种：一种水墨画包括有故事情节的人物画，绚烂多姿的花鸟画，富有文人情趣的水墨竹石、山水画，富有田园趣味的花果鱼虫，带有野情野趣的败荷凫雁，追求画面的意境。再一种工笔重彩画，如于斐安的花鸟，乾隆时袁越的界画。可是彩画匠借用过来，不是照搬照画，而是取其精华，去掉不适于在房梁上彩画表现的部分，如聚锦画的构图取材，受了南宋马远、夏圭的"院体画"的影响，利用剪裁法，画"一石一鸟"或"边角之景"、"小景山水"，提炼了所

描绘的景象，效果简练明确，轻重分明，同时又吸收了"简笔画法"，不拘泥于"一花一叶"、"一草一物"细节的刻画，而是从整体感觉出发，着力表现物的"灵、情、神"，它在注重法度和形神刻画的基础上，更多的吸收了写意画法，笔墨运用更为活泼自如。黑叶子花卉：清代彩画最喜欢画黑叶子花卉，绝大部分画在绿色地子上，这是彩画匠很有特色的画法。花朵包括荷花、牡丹花、茶花、菊花、月季，果实则包括石榴、桃、佛手、香圆等，用的是工笔写实法，模仿现实中花果、果实的颜色和质感，但花和果的叶子不按自然界中的颜色画。人物画则经常描写历史故事、神话传说、文学小说中的女性和宫廷仕女，如彩画里常画的"四儒八爱"儒负辛，一个壮年人身上背着一捆柴在苦读，历史上确有其人，叫朱卖臣，后来因为刻苦学习，考上状元。再如"孟母三迁"，孟子的母亲为了让孟子专心读书，几次搬家，最后孟子成了大家，这些具有劝人学习、促人上进文化内涵的画面在中国建筑彩画上应用的很多。再有表现民俗的画面，如戏曲中的"杨家将"等故事情节，原本是民间乐于接受的艺术形式，彩画上也表现出来了。

中华古建彩画是中国传统建筑艺术的重要组成部分，它植根于厚重的中国传统文化之上，经过几千年的积淀，成为中国传统建筑文化之瑰宝。在这里，中华古建彩画好似一首诗，有着严谨的结构，却也平仄分明；又好似一出戏，在动人的故事情节里，却也穿插着生旦净丑。那一朵朵盛开的旋花、一抹抹醉人的青绿，一点点耀眼的堆金，一段段动人的彩画故事无不折射出中国传统美学的思想，它处处体现着中国人优雅、含蓄且不乏热情、奔放的审美情调。今天我们用展览讲述中华古建彩画的一段往事，体味中国古代装饰艺术的灿烂，并希冀这一辉煌得到永远的珍视与传承。

郭爽（北京古代建筑博物馆社教与信息部，馆员）